KB092546

신비로운
전자부품
매크로 포토그래피

신비로운 전자부품 매크로 포토그래피

회로 안에 숨은 아름다움을 들여다보다

초판 1쇄 발행 2023년 11월 20일

지은이 에릭 슐래퍼, 윈델 H. 오스케이 / **옮긴이** 이하영 / **펴낸이** 전태호

펴낸곳 한빛미디어(주) / **주소** 서울시 서대문구 연희로2길 62 한빛미디어(주) IT출판2부

전화 02-325-5544 / **팩스** 02-336-7124

등록 1999년 6월 24일 제 25100-2017-000058호 / **ISBN** 979-11-6921-168-0 03500

총괄 송경석 / **책임편집** 서현 / **기획 · 편집** 최민이

디자인 윤혜원 / **전산편집** 다인

영업 김형진, 장경환, 조유미 / **마케팅** 박상용, 한종진, 이행은, 김선아, 고광일, 성화정, 김한솔 / **제작** 박성우, 김정우

이 책에 대한 의견이나 오탈자 및 잘못된 내용에 대한 수정 정보는 한빛미디어(주)의 홈페이지나 아래 이메일로 알려주십시오.
잘못된 책은 구입하신 서점에서 교환해 드립니다. 책값은 뒤표지에 표시되어 있습니다.

한빛미디어 홈페이지 www.hanbit.co.kr **| 이메일** ask@hanbit.co.kr

지금 하지 않으면 할 수 없는 일이 있습니다.
책으로 펴내고 싶은 아이디어나 원고를 메일(writer@hanbit.co.kr)로 보내주세요.
한빛미디어(주)는 여러분의 소중한 경험과 지식을 기다리고 있습니다.

신비로운 전자부품 매크로 포토그래피

회로 안에 숨은 아름다움을 들여다보다

에릭 숄래퍼, 윈델 H. 오스케이 지음
이하영 옮김

지은이·옮긴이 소개

지은이 에릭 슐래퍼Eric Schlaepfer

트위터(@TubeTimeUS)에 엔지니어링 관련 콘텐츠를 공유하며 인기를 얻고 있다. 각종 전자부품의 단면 사진을 올리고, 레트로 컴퓨팅 및 리버스 엔지니어링 프로젝트를 공유하고, 엔지니어링 사고를 연구하고, 심지어 때로는 진공관을 소개한다. 유명한 프로젝트로는 개별 트랜지스터로 만든 세계 최대 6502 마이크로프로세서인 MOnSter 6502, 유명한 사운드 블래스터 사운드 카드를 재현한 스나크 바커Snark Barker, 이블 매드 사이언티스트 랩Evil Mad Scientist Laboratories에서 구입할 수 있는 Three Fives와 XL741 트랜지스터 규모의 레플리카 칩 키트가 있다. 캘리포니아 폴리테크닉 주립대학교에서 전기 공학 학사 학위를 받았다.

지은이 윈델 H. 오스케이Windell H. Oskay

이블 매드 사이언티스트 랩의 공동 창립자로서 생계형으로 로봇을 설계하고 있다. 레이크 포리스트 칼리지에서 물리학 및 수학 학사 학위를 받고 텍사스 대학교 오스틴 캠퍼스에서 물리학 박사 학위를 받았다. 고등학생 때부터 사진을 찍고 있으며 고양이를 좋아한다.

옮긴이 이하영

이화여자대학교 통번역대학원 한영번역과를 졸업했다. 번역서로는 『짜릿짜릿 전자회로 DIY 3판』, 『전자부품 백과사전 2, 3권(공역)』, 『전자공학 만능 레시피』, 『언니는 연장을 탓하지 않는다』가 있다.

기술 감수자 소개

기술 감수 켄 시리프 Ken Shirriff

오래된 컴퓨터와 전자제품을 복원하고 컴퓨터 역사에 관해 글을 쓴다. 블로그(righto.com)를 운영하며 충전기부터 집적회로까지 모든 것을 들여다보고 있다. 캘리포니아 대학교 버클리 캠퍼스에서 컴퓨터 공학 박사 학위를 받았으며 구글에서 프로그래머로 일했다. 20개의 특허를 받았으며 유니코드에 7개의 문자를 추가했다. 트위터(@kenshirriff)를 활발히 사용한다.

옮긴이의 말

책을 처음 받아봤을 때 한 장 한 장 넘기면서 연신 감탄을 내뱉었다. 저항 내부가 이렇게 생겼다고? 이 작은 부품 안에 이렇게 많은 게 들어 있다고? 검은색 칩 안에 이렇게 아름다운 패턴이 숨어 있었다고? 부품을 깔끔하고 예쁘게 잘라놓은 것으로 모자라다는 듯 선명하게 확대한 사진을 하나하나 보고 있자니 시간이 어떻게 가는지 모르게 지나가 있었다.

내용도 제대로 보지 않고 "이 책 제가 꼭 번역하고 싶다"며 편집자에게 메일을 보냈다. 그런데 책 내용을 꼼꼼히 읽다 보니 스멀스멀 불안감이 올라오기 시작했다. 사진만 훑훑 넘겨볼 때는 공학도를 꿈꾸는 아이들을 위한 책이겠거니 했는데 생각보다 전자부품에 대한 이해 없이는 읽어내기가 쉽지 않았던 탓이었다. 그렇다고 이전에 작업했던 『전자부품 백과사전』처럼 각 부품을 깊이 있게 다루지도 않았다. 이 책, 대체 누구를 대상 독자로 쓴 거지?

어른들이 보기에는 이론적인 내용이 적어서 실용성이 떨어진다고 생각할 것 같고, 그렇다고 아이들이 보자니 내용이 너무 어려운 듯했다. 출판사에서 번역 결과물을 보고서는 시장성이 없다고 판단해 출간을 재고하면 어쩌나 덜컥 겁이 났다. 그렇지만 머릿속에 걱정이 쌓여가는 동안에도 나는 일하는 중에 페이지를 가득 채운 예쁜 사진들을 들여다보고 또 들여다보면서 번역 작업을 하고 있다는 사실을 종종 망각하곤 했다.

그러다 어느 순간 깨달았다. 그렇구나. 이 책은 사진만으로 이미 독자를 사로잡기에 충분하구나. 글은 사진 속 부품의 구성이나 원리나 재료에 관해 조금 더 알 수 있도록 거들 뿐이다. 부품을 자르고 확대해 촬영한 아름다운 사진이 있으니 그 외의 글은 때때로 사족처럼 느껴지기도 한다. 하지만 어떠랴. 사진이 이렇게 아름다운 걸.

어릴 적 고장난 전자제품을 분해해본 사람이 적지는 않으리라 생각한다. 대체 어떻게 이런 작은 부품들이 모여 이런 기능을 해낼 수 있을까 의아해하며 부품을 직접 잘라본 사람도 있을 것이다. 한편 직접 분해하고 잘라보지 않았더라도 그 속을 들여다보고 싶다고 생각한 사람은 분명 많을 것이다. 그런 이들이라면 아마도 이 책의 사진들을 보며 부품들이 그려내는 아름다움과 경이로움을 느낄 수 있으리라 믿는다.

이하영, 2023년 10월

감사의 말

이 책을 만드는 데 도움을 준 다음 분들에게 특별히 감사합니다. 존 맥마스터John McMaster는 저자들이 촬영한 칩에서 패키지를 제거하는 데 도움을 줬습니다. 벤 보이토비츠Ben Wojtowicz는 자신의 오래된 넥서스폰을 분해할 수 있도록 기꺼이 내줬습니다. 켄 숨랄Ken Sumrall은 자신의 방대한 HP 계산기 컬렉션에서 특히 사진 찍기 좋은 LED 디스플레이를 고르도록 해줬습니다. 그렉 슐래퍼Greg Schlaepfer는 빈티지 기타 앰프를 빌려줬습니다. 켄 시리프Ken Shirriff는 상세한 기술 분석으로 영감을 줬을 뿐 아니라 원고 내용이 기술적으로 정확한지 검토해줬습니다. 제시 빈센트Jesse Vincent는 키보드 키 스위치를 제공해줬습니다. 결국 책에 넣지는 못했지만 진심으로 감사합니다. 회로기판을 제공해준 브라이언 벤초프Brian Benchoff와 유익한 의견을 준 필립 프라이딘Philip Freidin에게도 감사합니다. 아이디어의 발판이 되어주고 가끔 손 모델이 되어줄 뿐 아니라 윈델이 책 작업을 위해 안식년을 가지도록 해준 레노어 에드먼Lenore Edman에게 감사합니다.

이 책이 나올 수 있게 해준 노 스타치의 직원들에게도 감사합니다.

마지막으로, 트위터에서 원본 단면 사진에 열렬한 반응을 보내줌으로써 이 책에 대한 영감을 준 모든 분에게 감사합니다.

에릭 슐래퍼, 윈델 H. 오스케이

목차

5 레트로 기술

6 복합 장치

뒷이야기: 단면 만들기

들어가는 말

형태는 기능을 따른다.

– 루이스 설리번Louis Sullivan, 비트루비어스Vitruvius

이음매 없이 설계된 휴대 전화를 손에 쥐어본다.
강물이 매끈하게 다듬어놓은 차가운 돌멩이 같다. 만지면 기분이 좋다.
어떤 휴대 전화는 기술적인 이점보다 외형과 질감 때문에 다른 것보다 좋아 보이기도 한다.
이는 의도된 것이다. 이것이 바로 '디자인'이다.
산업 디자이너와 엔지니어, 아티스트는 아주 긴 시간을 들여
곡선과 색상, 질감을 하나하나 조정한다.
좋은 디자인은 사람의 신체 감각, 궁극적으로는 우아함에 대한 감각을 자극한다.

우리가 사용하는 장치의 구성 요소인 **전자부품**electronic component 하나하나도 마찬가지로 디자인을 거쳐 만든 물건이다. 전자부품 자체도 더 작은 부품으로 이루어진 복합 장치이며 각 부품을 설계하고 고안하는 데 아주 긴 시간이 소요된다.

이 책에서는 여러 가지 흥미로운 전자부품을 자세히 들여다본다. 부품을 하나하나 살펴보면서 작동 방식과 제조 방식, 사용 방식을 가볍게 알아본다. 다만 이러한 부품에 대한 흥미를 불러일으키는 요인이 이 세 가지 범주에 언제나 들어맞지는 않는다. 단지 보는 것만으로 충분할 때가 많다.

때로는 아주 평범한 부품이 뜻밖에 예술성과 복잡성을 드러내기도 한다. 지질학자가 평범한 암석을 망치로 두드려 깼을 때 광물의 광택을 담은 정동석이 드러날 수도 있다. 여기서 망치는 무척이나 적절한 은유다. 이 책에서는 '무심한 듯 파괴적인' 방식으로 전자부품

을 살펴보는 여정을 이어나가기 때문이다. 부품의 내부를 살펴보기 위해 톱, 사포, 용제, 연마기용 휠, 엔드밀 같은 도구에 더해 목수의 망치도 종종 사용한다.

엔지니어가 볼 때 전자부품은 **인터페이스**interface, **활성 영역**active area, **패키지**package라는 세 부분으로 구성된다. 인터페이스는 전선을 부품 장착용 구멍에 연결하는 등 부품을 전기적 혹은 기계적으로 회로에 연결하는 것을 말한다. 활성 영역은 부품의 기능을 제공하는 부분이다. 예를 들어 트랜지스터에는 실리콘을 도포한 영역이 있는데 이곳에서 신호가 증폭된다. 패키지는 부품의 구조적 지지대이자 외형을 형성하며 부품을 환경으로부터 보호한다.

이 세 부분이 더해져 부품을 이룬다고 생각하면 '기술적인' 디자인을 이해하기가 수월하다. 활성 영역은 인터페이스와 패키지에 비하면 크기가 극히 작은 경우가 많다. 이는 많은 경우 그럴 만하다. 모래알만 한 발광 다이오드를 손가락으로 다룰 수 있을 만큼 크게 만들어야 한다고 생각해보자.

부품의 '미적' 디자인에 대한 고려는 완전히 다른 문제다. 디자이너와 예술가는 팀을 이루어 가전제품의 외형을 두고 함께 고민하지만 그 내부를 구성하는 각 부품의 외형에 대해서는 그러지 않는다. 보통 사람이라면 자신의 스마트폰 내부를 들여다볼 생각은 전혀 하지 않을 것이다.

이 책은 우연의 힘을 빌려 탄생한 디자인을 다루지 않는다. 우리가 살펴볼 전선, 저항기, 커패시터, 칩 등은 각각이 정밀도와 유용성, 비용의 측면에서 특정 기술 요건을 충족하도록 의도적으로 디자인됐다. 다만 이 책은 보게 되리라 예상하지 않았던 것들의 새로운 아름다움이라는 측면에서 우연의 미학을 다룬다.

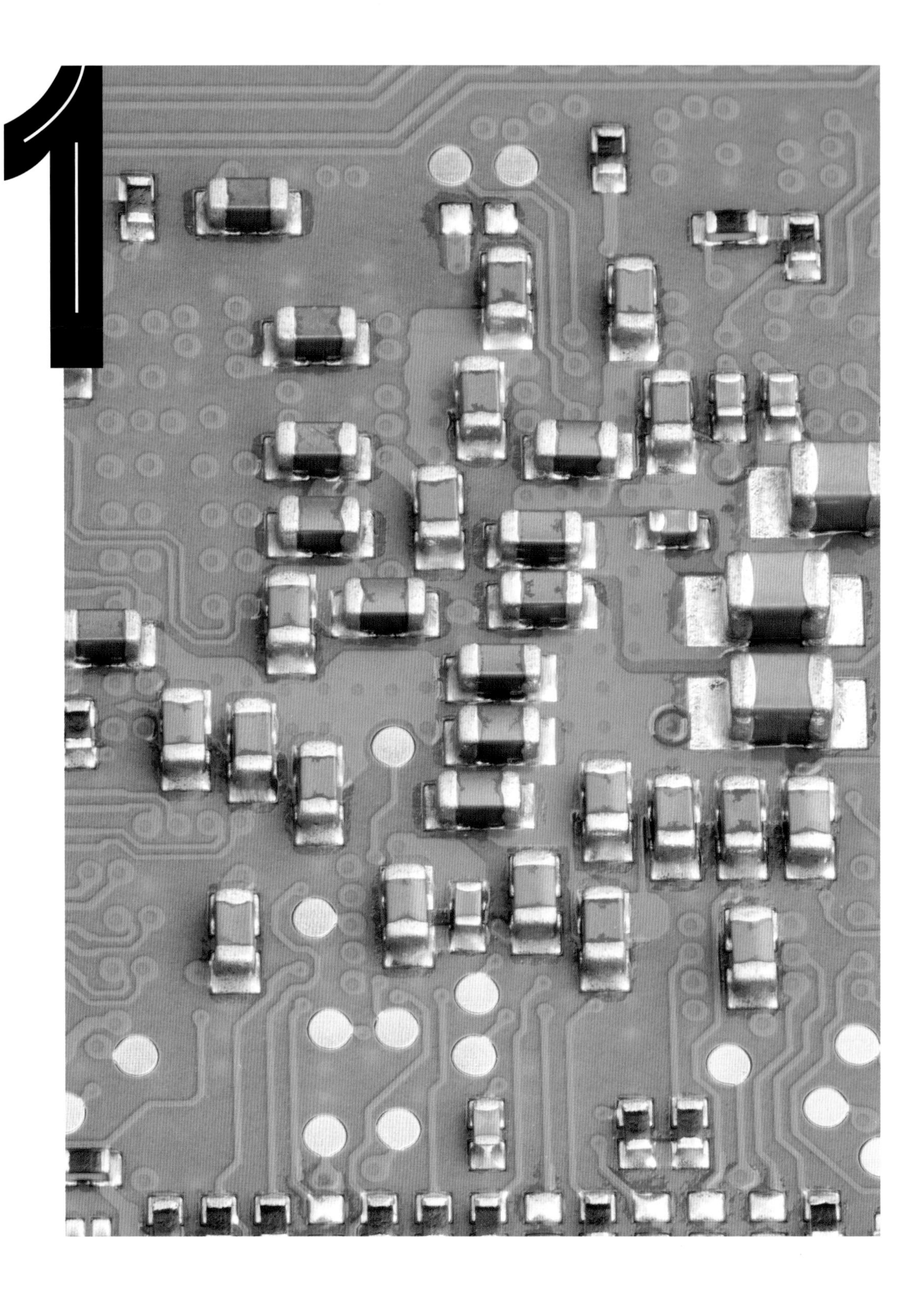

1

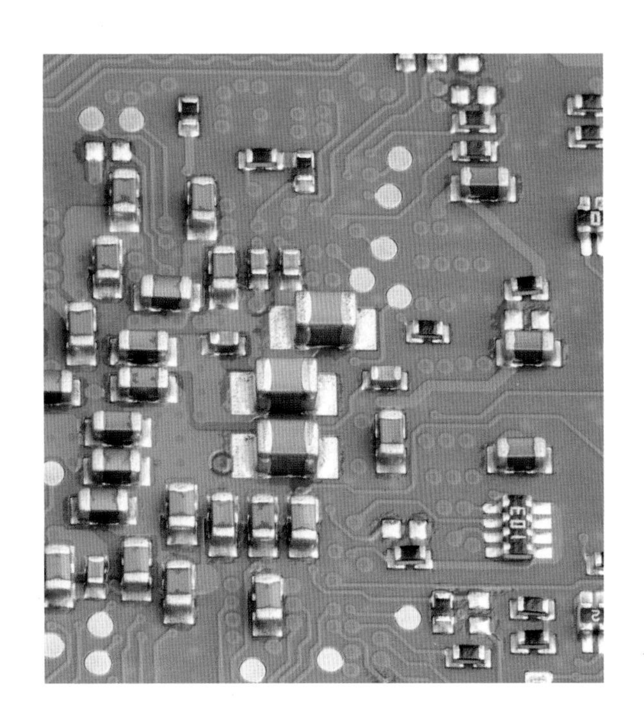

수동소자
Passive Components

저항기resistor, **커패시터**capacitor, **인덕터**inductor는 기본적으로 모든 전자 장치에서 찾아볼 수 있는 기본 전자부품이다. 셋은 수동소자의 대표적인 예다. 수동소자란 회로에 에너지를 가하지 않는 부품을 말하며 그 범주가 다양하다. 수동소자는 에너지를 가하지는 않지만 어떤 식으로든 에너지를 소비하거나 저장하고 변환한다. 겉이 줄무늬, 점, 유광 코팅, 수수께끼 같은 레이블 등으로 장식되어 있어 부품 중에는 가장 다채롭고 눈에 띈다. 하나씩 살펴보자.

32kHz 수정 진동자

32kHz Quartz Crystal

수정 진동식 손목시계quartz wristwatch 안쪽에는 반짝이는 수정을 잘라 만든 조그마한 소리굽쇠가 들어 있어 시계가 시간에 맞게 작동하도록 해준다. 소리굽쇠는 표면에 거울처럼 보이는 전극으로 도금되어 있으며 보호를 위해 단단한 금속 관에 들어 있다.

음악에서 사용하는 소리굽쇠는 A440으로 울리도록 만든다. 즉, 소리굽쇠가 울리면 초당 440회 진동(440Hz)해서 라(A) 음을 낸다. 한편 시계에 든 수정 진동식 소리굽쇠의 공진주파수resonant frequency는 사람의 가청 범위를 넘어서는 32,768Hz로 울리도록 정밀 조정된다(32,768Hz를 계속해서 2로 나누면 결국은 1Hz가 된다).

수정 진동자는 **압전소자**piezoelectric element다. 전압이 가해지면 아주 미세하게 휘면서 반대 방향으로 전압을 생성한다. 시계 회로가 전극에 미세한 전압을 가하면 수정 진동자가 휘면서 공진주파수로 진동한다. 이 과정에서 발진전압oscillating voltage을 발생시킨다. 그 결과 디지털 회로가 초당 32,768회의 진동을 계수해 초침을 한 칸 앞으로 이동시킨다.

소리굽쇠 끝부분에 보이는 긁힌 듯한 자국은 주파수를
미세 조정하는 과정에서 레이저로 트리밍한 자국이다.

탄소피막 저항기

Carbon Film Resistor

저항기는 전기의 흐름을 방해하거나 제한하는 장치다. 회로에서 전류의 양을 제어할 필요가 있는 곳이라면 어디든 사용한다. 이러한 **탄소피막 저항기**는 가전제품이나 장난감처럼 정밀도나 크기보다 비용이 더 중요한 전자제품에 주로 사용된다.

탄소피막 저항기는 얇은 탄소피막 층으로 코팅한 세라믹 막대로 만든다(이때 탄소피막 층은 약간의 저항으로 전기를 전도한다). 피막에 나선형으로 홈을 내서 막대의 한쪽 끝에서 다른 쪽 끝까지 코르크 나사 모양으로 이어지는 길고 좁은 탄소막 경로를 만든다. 양쪽 끝에는 금속 캡을 끼우고 리드선을 추가한다. 마지막으로 저항기에 보호용 코팅을 입히고 색상코드용 줄무늬를 그려 저항값을 표시한다.

이러한 모양의 저항기를 **축 스루홀 저항기** axial through-hole resistor라고 한다. 저항기 대칭축을 따라 리드선이 배열되어 있는데 이는 회로기판의 구멍을 통과하기 위한 것이다.

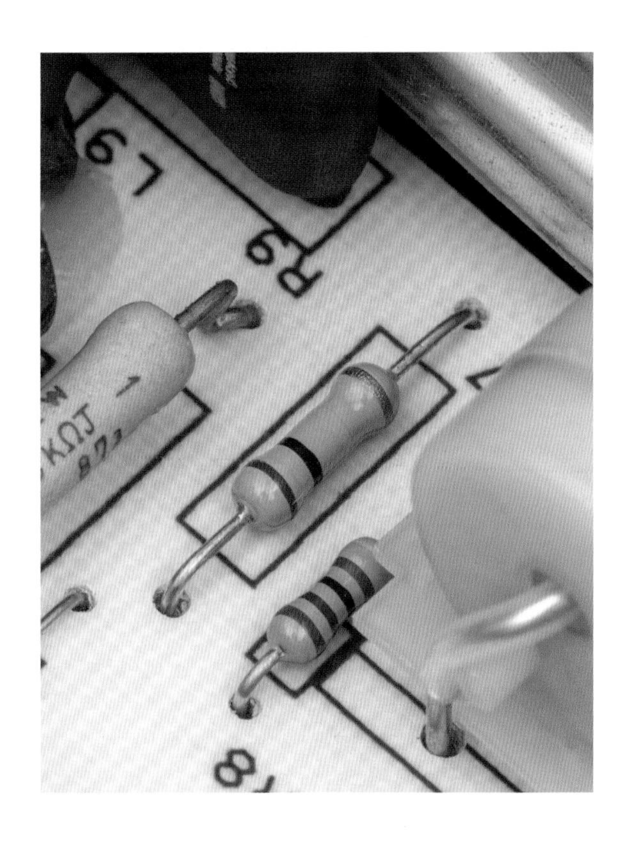

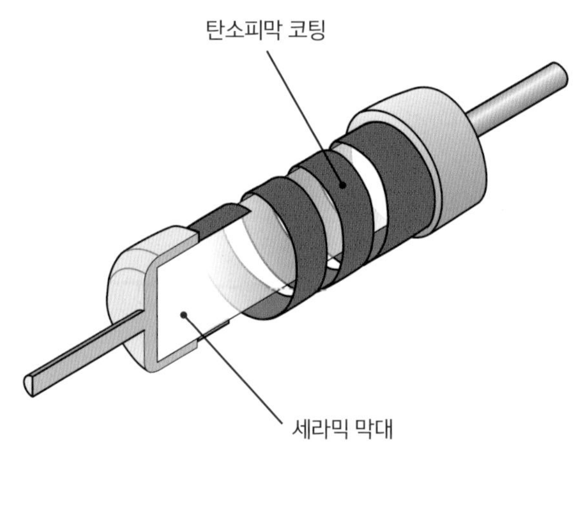

탄소피막은 상대적으로 얇다. 단면을 보면 피막을 나선형으로 파낸
부분은 세라믹 막대에서 살짝 파인 홈 정도로밖에 안 보인다.

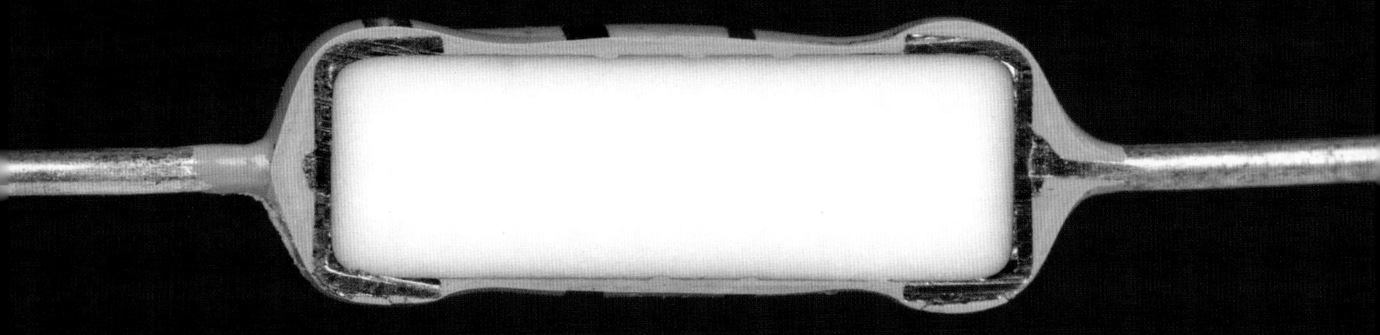

보호용 코팅을 제거하면 나선형 홈이 선명하게 보인다.

고안정성 피막 저항기

High-Stability Film Resistor

사진에 보이는 **고안정성 피막 저항기**는 지름이 약 4mm다. 만드는 방식은 저렴한 탄소피막 저항기와 거의 동일하지만 좀 더 정밀하다. 세라믹 막대에 얇은 저항성 피막 층을 입힌 다음 기계를 사용해 피막에 완벽하게 균일한 나선형 홈을 가공한다. 이때 피막 층으로는 얇은 금속, 금속산화물, 탄소 등을 사용한다.

저항기를 에폭시로 코팅하는 대신 광택이 나는 소형 유리 케이스로 밀폐한다. 이렇게 하면 저항기가 더욱 견고해지므로 저항기의 장기 안정성이 중요한 정밀 기준 계측 등 특수한 경우에 사용하기 적합하다.

유리 케이스는 습기나 기타 환경 변화로부터 저항기를 차단하는 효과가 에폭시 등 표준 방식 코팅에 비해 뛰어나다.

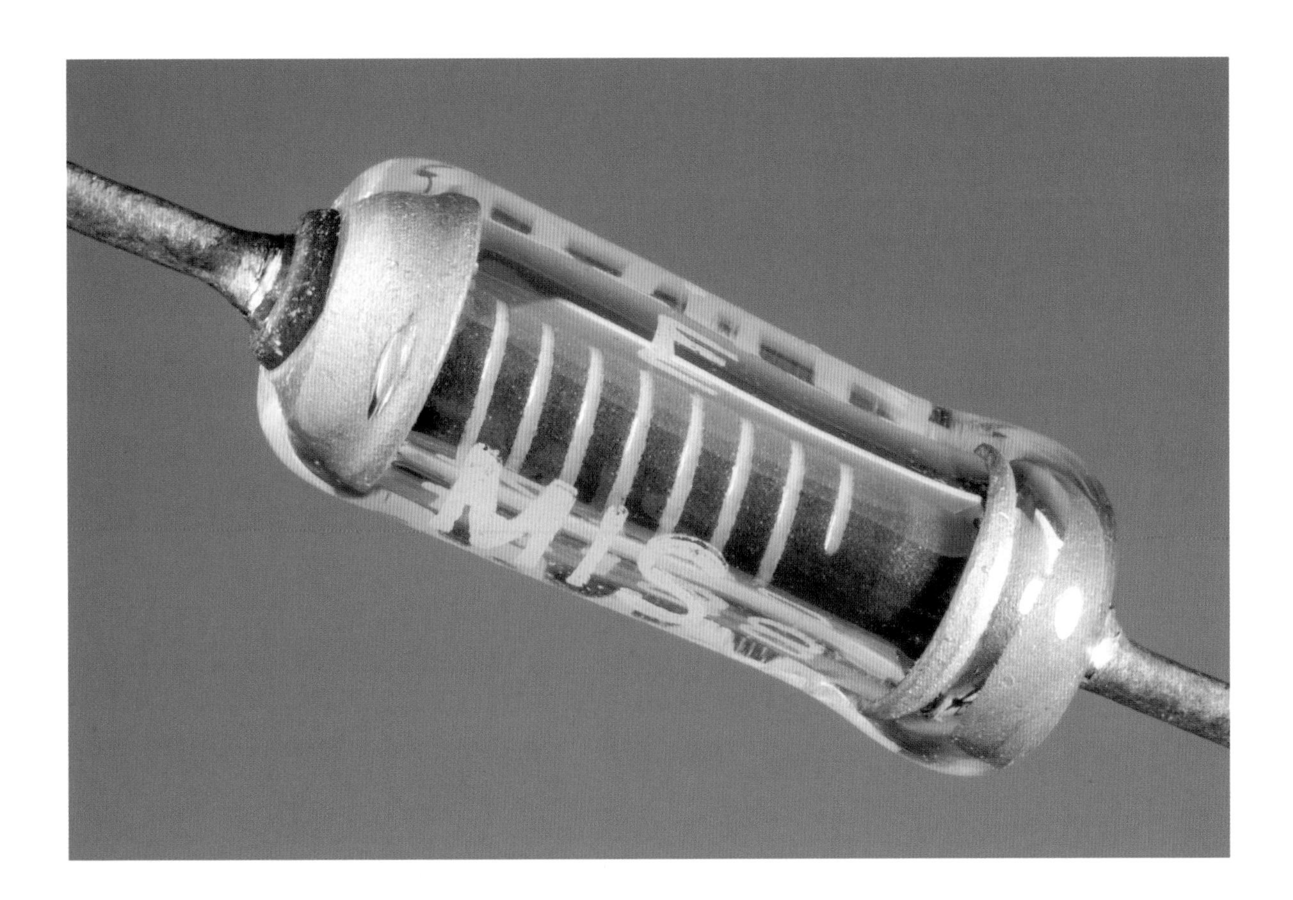

권선 저항기

Wirewound Power Resistor

전류가 저항기를 통해 흐르면 저항기는 일정량의 전기 에너지를 열로 변환한다. 범용 저항기는 대부분 열을 발산하는 능력이 거의 없어 높은 온도를 견딜 수 없다. 이러한 성질은 저항기가 처리할 수 있는 전력의 크기를 제한한다.

한편 **권선 저항기**는 땜납이나 에폭시 수지처럼 온도를 제한하는 재료로 이루어지지 않아 더 높은 전력을 처리한다. 일부 전원 공급 장치는 플러그를 꽂을 때 급격히 증가하는 전류를 제한하기 위해 권선 저항기를 사용한다. 이때 활성화되는 부분은 절연 코어 주변을 감싸고 있는 저항성 금속 전선이다. 저항성을 지니는 부분을 내열성 세라믹 케이스 안에 놓은 뒤 케이스에 시멘트를 채운다.

저항성 전선이 유리섬유 코어를 감고 있지만 저항기가
반으로 잘려 있어 전선의 잘린 단면들만 보인다.

후막 저항기 어레이

Thick-Film Resistor Array

회로에 동일한 저항기가 여러 개 필요한 경우는 많다. 예를 들어 디지털 데이터 버스에서 각 데이터 라인과 **종단저항**termination resistor을 직렬로 연결하거나 마이크로컨트롤러의 입출력 핀과 접지 사이에 **풀다운 저항**pulldown resistor을 연결하는 경우가 있다. 이때 저항기 어레이를 사용하면 개별 저항기를 여러 개 설치하지 않아도 된다. **저항기 어레이**resistor array는 저항기 여러 개를 하나로 제작한 부품이다.

사진에 보이는 **후막 어레이**thick-film array는 제조 기술에서 그 이름을 따왔다. 세라믹 기판에 실크스크린 처리된silkscreened 전도성과 저항성을 띠는 피막을 입힌 뒤 도자기 유약처럼 구워낸다.

금속 단자핀을 끼우고 납땜한 뒤 레이저로 저항성 재료의 일부를 태워서 개별 저항기를 사양대로 정확히 미세 조정한다. 마지막으로 보호를 위해 어레이를 에폭시 수지에 담가 코팅한다.

모든 단자가 일직선으로 배열된 단일 인라인 저항기 어레이single in-line resistor array(SIL)다.
이 어레이는 개별 저항기 네 개로 구성되며 저항기끼리는 서로 연결되어 있지 않다.

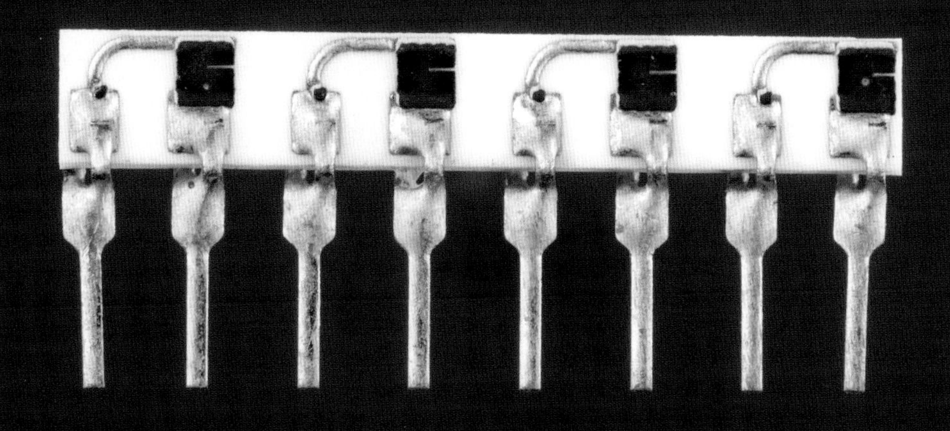

초록색 저항성 재료를 직선으로 절단한 부분에 트리밍용 레이저가 지나간 흔적이 보인다.

표면실장형 칩 저항기

Surface-Mount Chip Resistor

오늘날 가장 일반적인 개별 저항기는 **후막 표면실장형 저항기**다. 가지런한 사각형 패키지 형태를 띠어서 **칩 저항기**chip resistor라고도 하며 리드선이 없다. 칩 저항기는 매년 수십억 개가 생산되며 대량 생산되는 온갖 가전제품에서 찾아볼 수 있다.

칩 저항기는 리드선을 회로기판의 구멍에 통과시켜 납땜하는 대신 회로기판 표면에 직접 납땜하도록 설계한 **표면실장형 저항기**다. 레이저 트리밍에 이르기까지 후막 저항기 어레이와 구성 방식이 무척 유사하다.

표면실장형 칩 저항기. 표면 아래의 후막 소자가 드러나도록 에폭시 코팅을 벗겼다.

박막 저항기 어레이

Thin-Film Resistor Array

박막 저항기 어레이는 진공 증착한 금속산화물이나 **서멧**cermet(세라믹과 금속의 복합물)으로 이루어진 초박막 층에 패턴을 식각etching하는 방식으로 제조하는 정밀 장치다. 사진에 보이는 어레이는 나란히 배열된 박막 저항기 여덟 개로 구성되어 있다. 박막 어레이는 과학 실험용 혹은 의료용 장비처럼 회로에서 값이 정확하게 일치하거나 보정된 저항기가 필요할 때 사용한다.

저항성 재료로 이루어진 구불구불한 트랙에는 각 저항값을 미세 조정하기 위해 레이저로 트리밍할 수 있는 영역이 몇 군데 있다.

각 저항기 끝에는 공 모양의 땜납인 솔더볼solder ball 단자가 달려 있어 어레이를 회로기판에 직접 납땜할 수 있다.

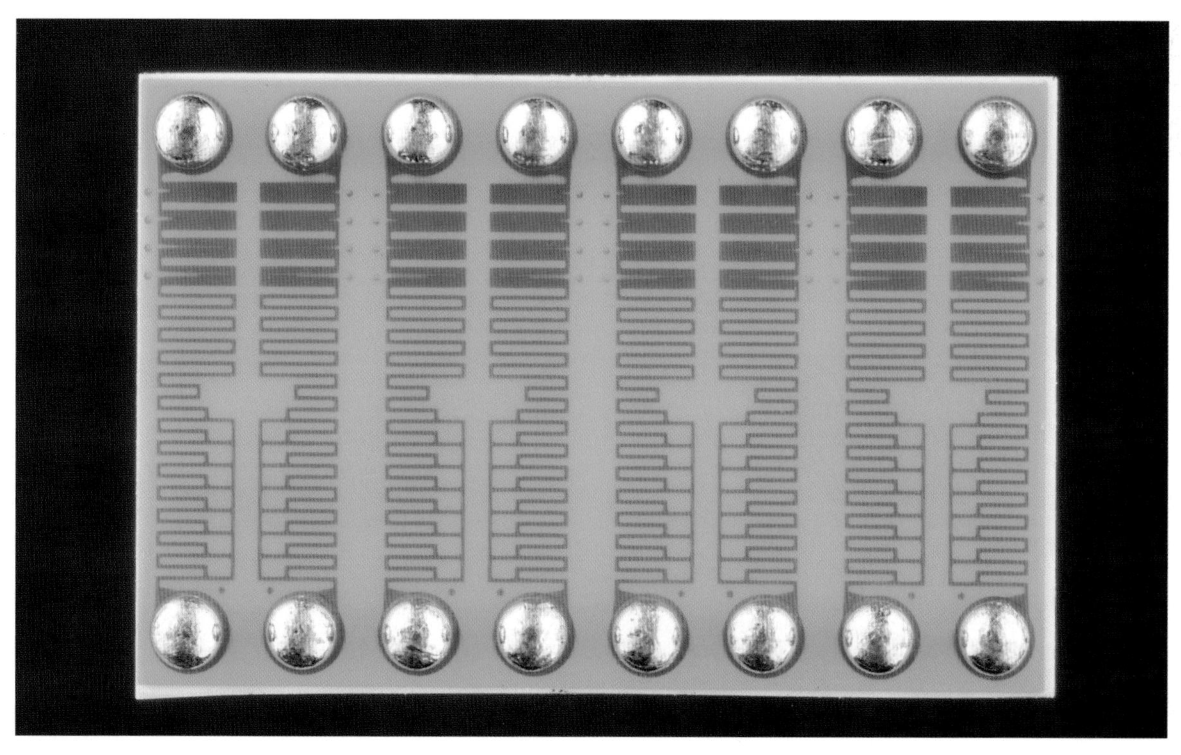

권선 가변저항기

Wirewound Potentiometer

가변저항기potentiometer는 저항값을 조절할 수 있는 저항기로, 실험실 장비에서 기타 앰프에 이르기까지 온갖 장치의 전면 패널에 달린 컨트롤 손잡이에 사용한다. 즉, 설정을 조정하기 위해 돌리는 손잡이라면 어디든 이 부품을 사용한다.

사진에 보이는 커다란 가변저항기는 1925년부터 오늘날까지 거의 변함없이 오래된 설계 방식으로 생산되고 있다. 세라믹 둘레에 저항성 전선을 감아 만든다.

가변저항기에는 저항성 전선의 양쪽 끝에 연결된 단자 두 개와 와이퍼wiper라고 하는 스프링 장착식 접점에 연결된 세 번째 단자가 있다. 와이퍼는 권선wire winding과 만나 전기적 연결을 형성하며 이러한 연결은 축shaft을 회전시킴에 따라 이동 가능하다.

와이퍼가 단자에서 멀어지거나 가까워지면 전류가 통과해야 하는 저항성 전선의 길이가 달라지며, 그 결과 와이퍼와 해당 단자 사이의 저항이 증가하거나 감소한다. 증폭기amplifier 회로는 이처럼 변화하는 저항을 더 큰 폭으로 변환하고 전열기는 저항의 변화를 온도 설정점으로 변환한다.

표준 가변저항기의 와이퍼는 두 개의
고정된 단자 사이에서 약 2/3~3/4바퀴
회전이 가능하다.

감은 전선은 대부분 도자기 유약과 유사한
법랑으로 덮여 있다. 전선은 와이퍼와 접촉
하는 표면에만 노출되어 있다.

트리머 가변저항기

Trimmer Potentiometer

유명 상표명을 따 **트림포트**Trimpot라고도 불리는 **트리머 가변저항기**는 최종 사용자가 조작하기 위한 용도는 아니다. 대신 초기 보정과 아주 가끔 필요한 조정을 위해 고안됐다. 공장에서나 서비스 기술자의 미세 조정이 필요한 정밀 전자제품에서 찾아볼 수 있다. 트리머 가변저항기의 수명은 조정을 수백 번 할 수 있는 정도에 불과하다.

사진에 보이는 트리머 가변저항기는 권선 대신 말굽 모양의 저항성 서멧 피막을 사용한다. 외부에서 플라스틱으로 된 조정 도구나 드라이버로 노란색 플라스틱 회전자rotor를 돌리면 내부에서 회전자가 와이퍼 역할을 하는 유연한 금속 스프링을 움직인다. 그에 따라 중앙 단자와 저항성 서멧 피막이 접촉하면서 중앙 단자와 나머지 두 단자 사이의 저항이 변한다.

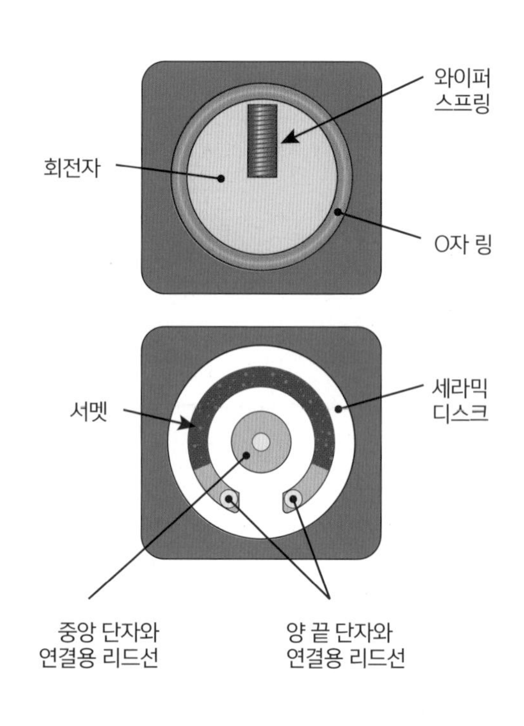

회전자 아래에 위치한 O자 링은 먼지와 이물질의 유입을 막고 마찰력을 제공해 조정 후 회전자가 움직이지 않도록 고정한다.

15회전 트리머 가변저항기

15-Turn Trimmer Potentiometer

15회전 트리머 가변저항기는 조정 나사를 15회 돌리면 저항 범위 한쪽 끝에서 다른 쪽 끝까지 이동한다. 미세한 조정 해상도가 필요한 회로에는 단일 회전 유형보다 이러한 유형의 트리머 가변저항기를 사용한다.

15회전 트리머에서 저항 역할을 하는 부분은 흰색 세라믹 기판에 실크스크린 처리된 서멧 띠로, 이 금속은 띠의 양 끝을 본딩용 전선과 이어준다. 단일 회전 트리머 가변저항기의 말굽 모양 저항소자를 평평한 선 모양으로 바꾼 형태다.

조정 나사를 돌리면 플라스틱 슬라이더가 트랙을 따라 움직인다. 와이퍼 역할을 하는 부분은 스프링이 장착된 금속 접점인 **스프링 핑거**spring finger로, 슬라이더에 부착되어 있다. 저항성 피막 띠 위의 선택된 지점과 금속 띠 사이에서 접점을 형성한다.

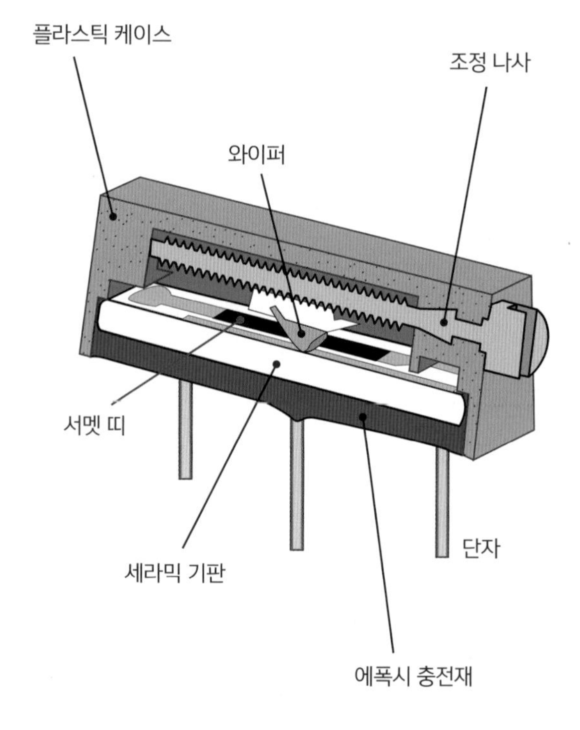

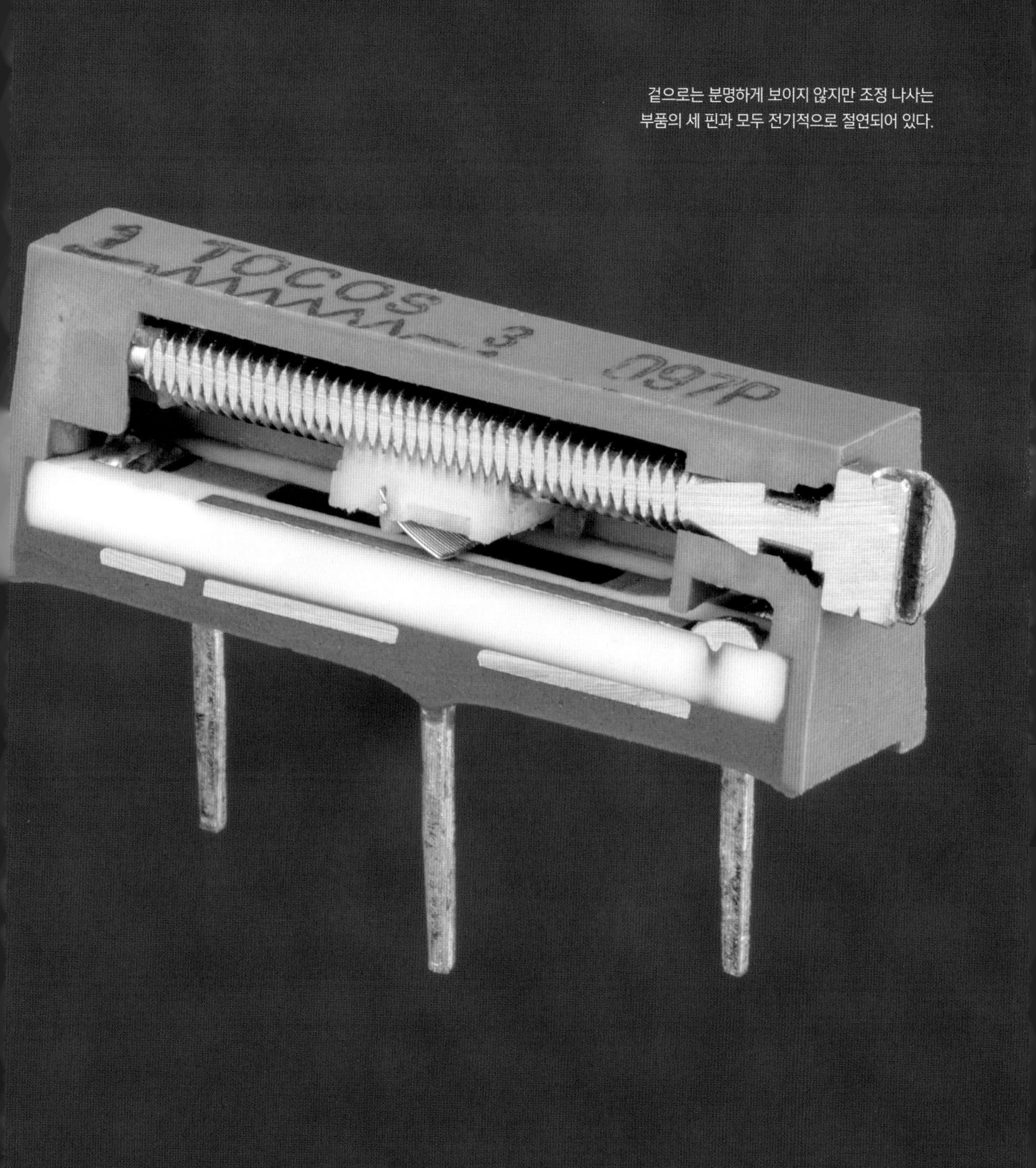

겉으로는 분명하게 보이지 않지만 조정 나사는 부품의 세 핀과 모두 전기적으로 절연되어 있다.

10회전 가변저항기

10-Turn Potentiometer

10회전 가변저항기는 권선 가변저항기와 아주 유사하지만 조정 범위가 한 바퀴가 채 되지 않는 권선 가변저항기와 달리 열 바퀴나 회전시킬 수 있다. 높은 조정 해상도가 필요한 민감한 장치의 입력 손잡이에 종종 사용하는 특수 부품이다.

10회전 가변저항기의 와이퍼는 나선형 트랙과 접점을 계속 유지하면서 축이 회전함에 따라 위아래로 움직인다. 트랙은 절연된 구리 형태를 단단히 감싼 저항성 전선으로 되어 있다. 전선의 양 끝은 단자 두 개와 연결된다.

와이퍼와 세 번째 단자 사이의 연결은 축과 함께 회전하는 수직 형태의 황동 띠를 통해 이루어진다. 와이퍼는 위아래로 움직이는 동안 스프링 핑거를 통해 황동 띠와의 접점을 유지한다. 또 다른 스프링 핑거는 황동 띠가 회전할 때 띠와 세 번째 단자가 접점을 유지하도록 해준다.

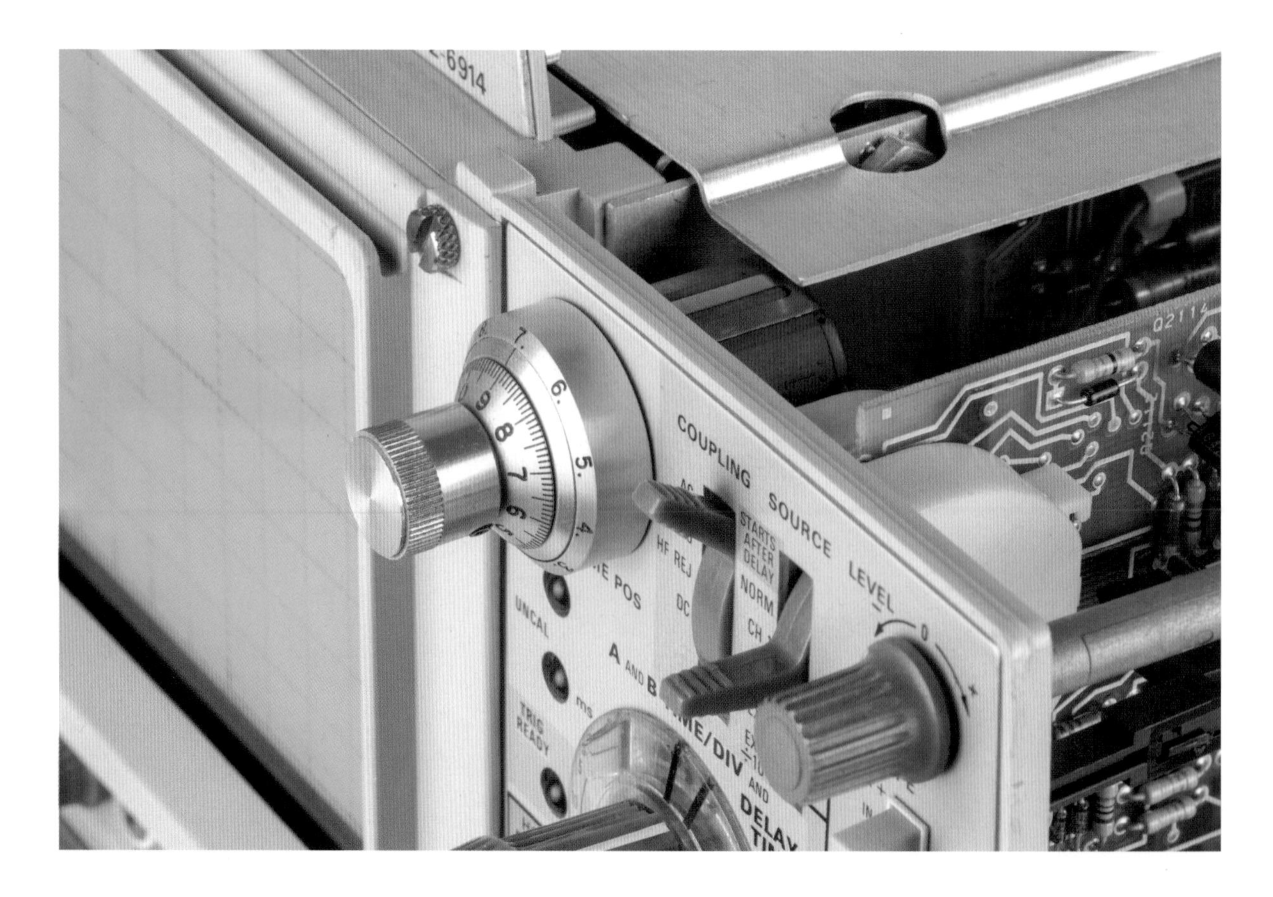

가변저항기 내부를 투명한 수지로 채워서 몸통을
자르는 동안 각 구성 요소가 제자리를 벗어나지
않도록 했다.

세라믹 디스크 커패시터

Ceramic Disc Capacitor

커패시터는 정전기 형태로 에너지를 저장하는 기본 전자부품이다. 다량의 에너지를 저장하거나 전자 신호를 평탄화smoothing out 하는 등 다양한 방식으로 사용되며 컴퓨터 메모리 셀로도 사용된다. 가장 단순한 커패시터는 금속판 두 개를 간격을 두고 평행하게 놓은 형태이지만 이 외에도 형태는 다양하다. 절연체로 분리시킨 **전극**electrode인 전도체 두 개만 있으면 커패시터의 요건을 갖춘다.

사진에 보이는 세라믹 디스크 커패시터는 가전제품과 장난감에서 흔히 찾아볼 수 있는 저가형 커패시터로, 세라믹 디스크가 절연체 역할을 한다. 평행한 판 두 개는 아주 얇은 금속을 증발 혹은 증착으로 디스크 표면에 코팅해 만든 것이다. 본딩용 전선은 땜납으로 고정하며 이렇게 고정한 것을 다공성 코팅 재료에 담가 단단하게 건조시켜 커패시터를 손상으로부터 보호한다.

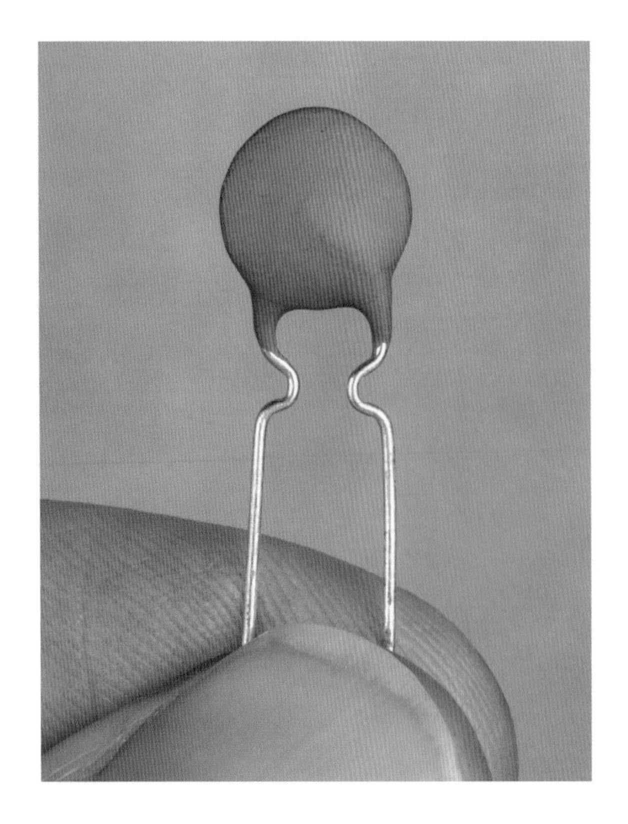

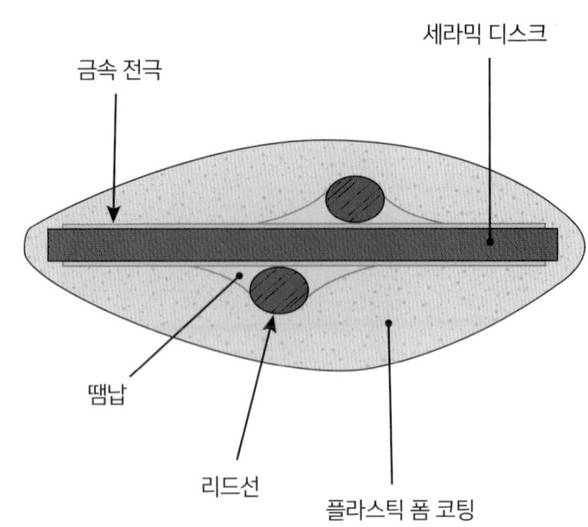

세라믹 디스크 표면에 코팅된 금속 층은
단면이 눈에 잘 보이지 않을 정도로 얇다.

유리 커패시터

Glass Capacitor

커패시터의 **정전용량**capacitance, 즉 주어진 전압에서 저장할 수 있는 전하의 양은 전도성 플레이트의 표면적, 플레이트가 서로 가까운 정도, 그 사이에 사용한 절연체 유형에 따라 달라진다. 이때 절연체를 **유전체**dielectric라고 한다. 공기를 비롯해 거의 모든 절연체를 유전체로 사용할 수 있지만 어떤 재료는 공기보다 훨씬 더 큰 정전용량을 제공한다.

사진과 같이 유리로 패키징된 커패시터에는 알루미늄 포일 플레이트 층 여러 세트가 서로 맞물려 있다. 이러한 식으로 여러 층을 쌓아 배열하면 표면적과 정전용량이 늘어난다. 여기서는 뛰어난 절연체인 유리를 얇게 배열한 층이 유전체 역할을 한다.

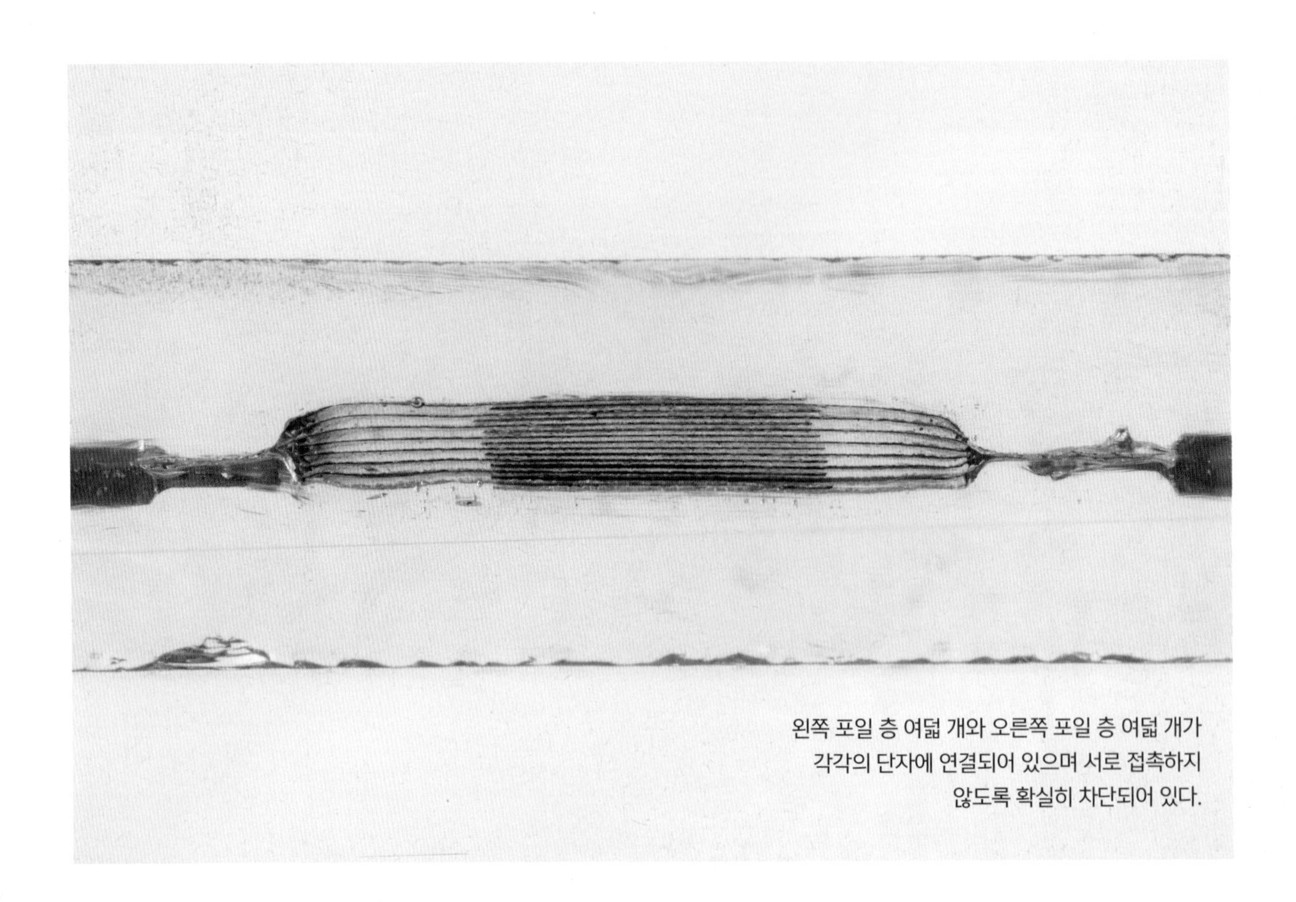

왼쪽 포일 층 여덟 개와 오른쪽 포일 층 여덟 개가 각각의 단자에 연결되어 있으며 서로 접촉하지 않도록 확실히 차단되어 있다.

패키지의 견고함을 위해 포일 층 사이에 둔 유리와
동일한 유리를 외부에 5mm 두께로 사용했다.

적층 세라믹 커패시터

Multilayer Ceramic Capacitor

적층 세라믹 커패시터(MLCC)는 오늘날 가장 흔하게 생산되는 개별 전자부품이다. 스마트폰에는 수백 개가 들어가기도 하며 대부분 회로의 여러 지점에서 안정적으로 전원을 공급하기 위해 사용된다.

MLCC는 표면실장형 **칩 커패시터**chip capacitor로, 인터리브 방식을 적용한interleaved 증착 금속 층을 특수 세라믹 층 사이에 배치하는 식으로 구성된다.

단면 사진에는 인터리브 방식을 적용한 1.5mm 길이의 금속 층 다섯 개가 보이는데 이 중 두 개는 한쪽 단자에, 나머지 세 개는 다른 단자에 연결되어 있다. 어떤 MLCC는 크기는 같더라도 특성에 따라 수천 개의 층이 있을 수 있다.

MLCC의 색상은 사용하는 세라믹의 등급에 따라 주로 결정된다.
이 커패시터에는 높은 안정성을 지닌 C0G라는 세라믹을 사용했다.

알루미늄 전해 커패시터

Aluminum Electrolytic Capacitor

알루미늄 전해 커패시터는 작은 공간에 큰 정전용량을 담을 수 있으며 전원 공급 장치에 아주 흔하게 사용된다. 외부의 금속 케이스는 전기전도성 유체인 **전해질**electrolyte로 채워져 있는데 유체 자체는 커패시터의 전도성 플레이트 역할을 한다. 또 다른 플레이트는 길고 얇은 알루미늄 포일 띠를 감아놓은 형태로 유체에 잠겨 있다.

알루미늄 포일은 **양극 산화**anodization 처리되며 그 결과로 포일 표면에 생성된 알루미늄 산화물은 포일과 유체 사이의 유전체 역할을 한다. 돌돌 감은 두 번째 알루미늄 포일 띠는 종이 절연체를 사용해 첫 번째 포일 띠와 분리되어 있으며 유체를 리드선과 연결하는 단자 역할을 한다.

양극 산화 처리에 앞서 알루미늄 포일을 식각해 표면적을 크게 늘릴 수 있으며 그에 따라 정전용량도 늘어난다.

필름 커패시터

Film Capacitor

필름 커패시터는 헤드폰 앰프, 레코드 플레이어, 그래픽 이퀄라이저, 라디오 튜너 등 고품질 오디오 장비에서 흔히 찾아볼 수 있다. 주요 특징은 유전체 재료dielectric material로 폴리에스터나 폴리프로필렌 같은 플라스틱 필름을 사용한다는 점이다.

사진에 보이는 필름 커패시터에서 금속 전극은 긴 플라스틱 필름 띠의 표면에 진공 증착된다. 여기에 리드선을 붙이고 필름을 돌돌 감은 뒤 에폭시에 담가서 모든 구성 요소를 하나로 고정한다. 완성된 결과물을 견고한 외부 코팅액에 담근 다음 값을 표시한다.

한편 필름을 돌돌 감는 대신 금속 증착 플라스틱 필름 층을 평평하게 쌓아 만드는 필름 커패시터도 있다.

필름 커패시터는 얇은 플라스틱 필름 층을 겹치는 방법을 사용해 좁은 공간에 넓은 표면적을 담는다.

플라스틱 필름은 무척 얇고 투명하다.

탄탈럼 커패시터

Dipped Tantalum Capacitor

탄탈럼 커패시터의 한가운데에는 탄탈럼 금속으로 된 다공성 펠릿이 자리하고 있다. 펠릿은 탄탈럼 분말을 사용해 소결sintering하거나 고온에서 압축해 밀도가 높은 스펀지 같은 고체로 만든다.

이렇게 하면 펠릿은 주방 스펀지처럼 단위 부피당 표면적이 커진다. 이어서 양극 산화 처리되고 마찬가지로 표면적이 큰 절연산화물 층을 형성한다. 이 과정을 통해 만들어진 스펀지와 같은 형태를 활용해 소형 장치에 큰 정전용량을 담을 수 있다. 이는 대부분의 커패시터같이 층을 쌓거나 돌돌 마는 방식과는 대비된다.

장치의 양극 단자인 **애노드**anode를 탄탈럼 금속과 직접 연결한다. 음극 단자인 **캐소드**cathode의 역할은 펠릿을 감싼 얇은 층의 전도성 이산화망간이 담당한다.

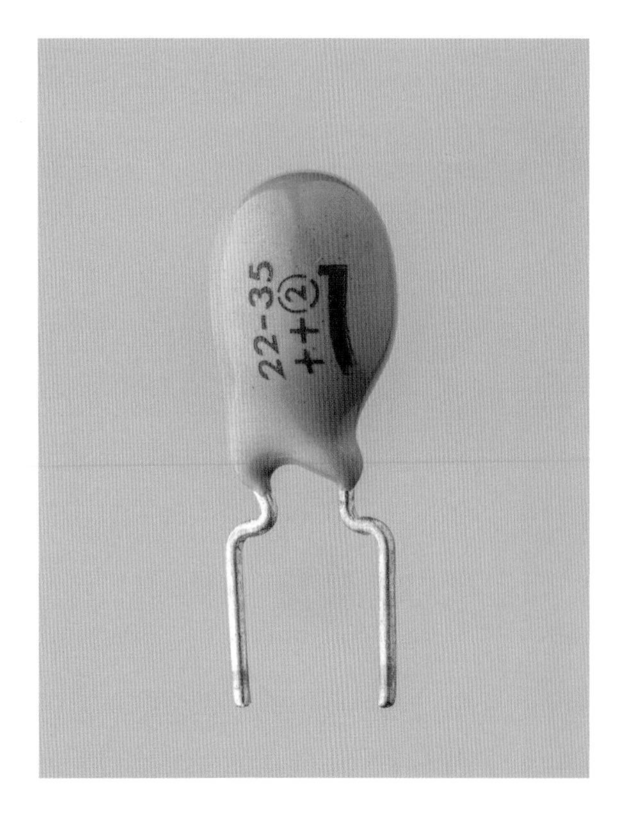

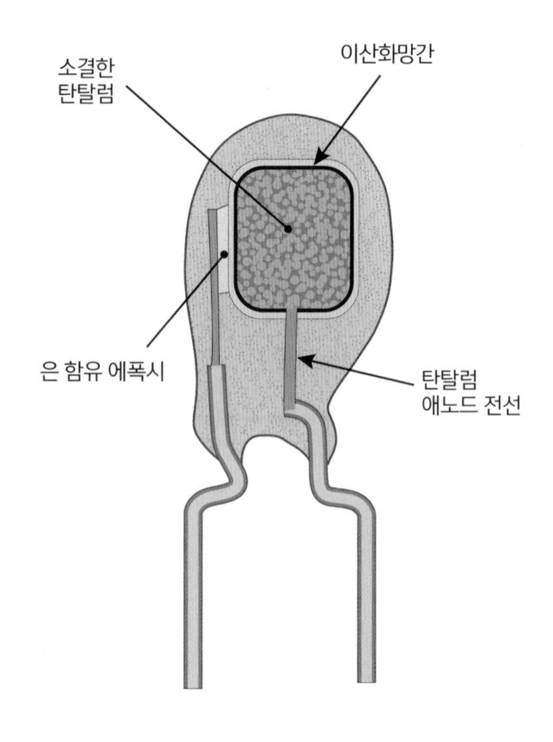

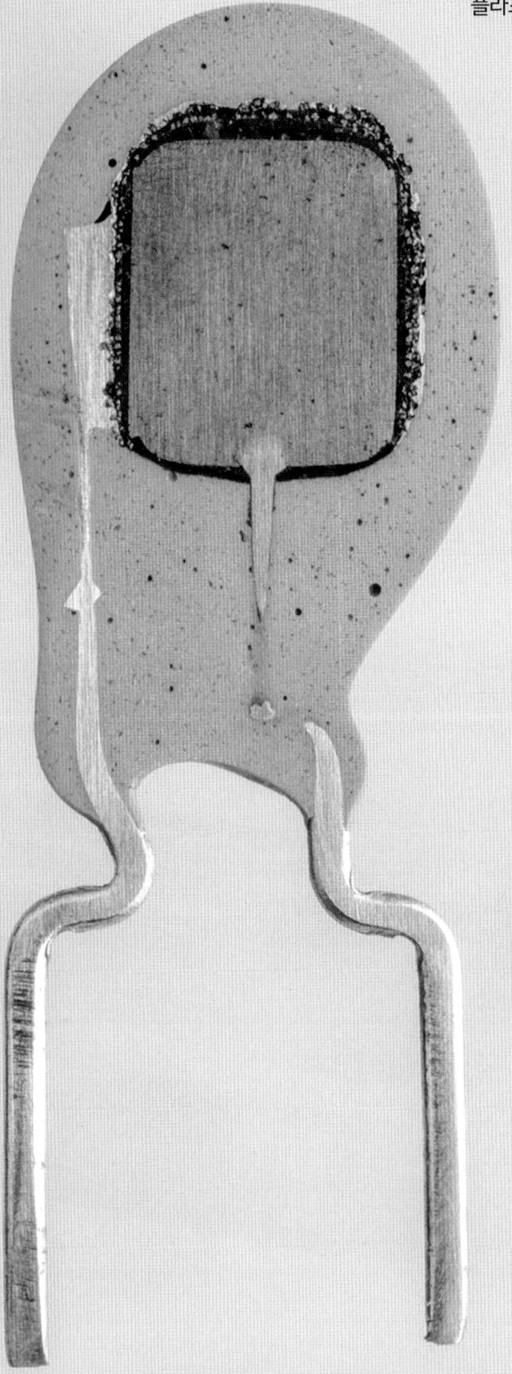

탄탈럼 커패시터를 반대 방향으로 연결하면
화학 반응을 일으켜 얇은 산화막이 손상된다.
플라스틱 코팅의 레이블에는 애노드 리드선
쪽에 '++'라고 표시되어 있다.

폴리머 탄탈럼 칩 커패시터

Polymer Tantalum Chip Capacitor

폴리머 탄탈럼 칩 커패시터는 일반 탄탈럼 커패시터와 밀접한 관련이 있다. 둘 다 산화시켜 표면적을 키운 탄탈럼 금속 슬러그를 기반으로 제작한다. 슬러그는 전도성 고분자 전해질로 코팅되어 있으며 전해질은 슬러그의 요철 속을 흐른다. 탄소와 은 페이스트로 이루어진 층이 폴리머와 캐소드 단자를 연결해준다.

사진에 보이는 부품은 성형 틀로 만든 에폭시 케이스를 패키지로 사용한다. 회로기판에 납땜할 수 있도록 주석으로 도금된 단자가 달려 있다. 커패시터는 극성을 지니므로 커패시터 값 외에 애노드가 함께 표시되어 있다.

탄탈럼이 커패시터에 사용되는 이유는 그 산화물이 유전체로 특히 효과적이기 때문이다.

폴리머 알루미늄 칩 커패시터

Polymer Aluminum Chip Capacitor

폴리머 알루미늄 칩 커패시터는 표준 전해 커패시터에서 개발되어 나온 부품이지만 내외부 생김새는 서로 다르다.

폴리머 알루미늄 칩 커패시터를 만들 때는 식각한 산화 알루미늄 포일을 돌돌 감는 대신 여러 겹으로 평평하게 놓고 접착한다. 그리고 액체 전해질 대신 전도성 폴리머를 캐소드로 사용한다.

이 커패시터는 스마트폰, 태블릿, 노트북에 흔히 사용된다. 이러한 유형이 인기가 있는 이유로 낮은 높이도 한몫한다. 높이가 더 높은 전해 커패시터를 사용할 수 없는 곳에 적합하다.

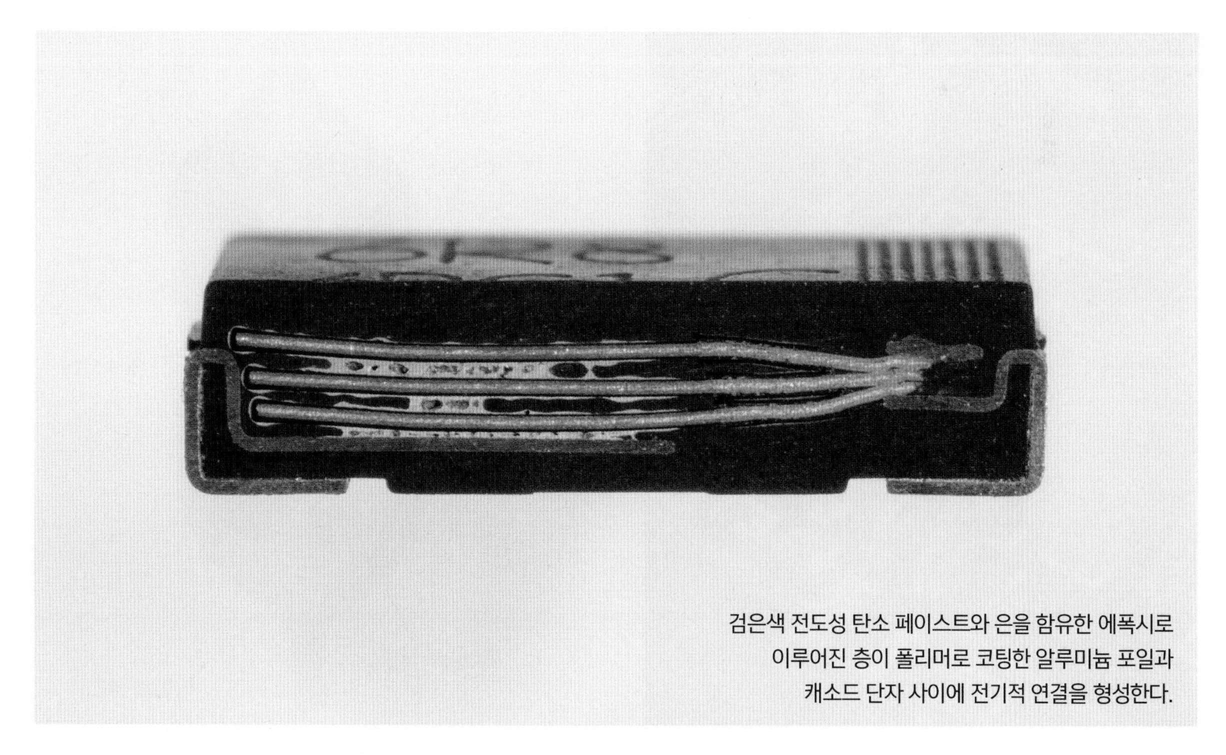

검은색 전도성 탄소 페이스트와 은을 함유한 에폭시로 이루어진 층이 폴리머로 코팅한 알루미늄 포일과 캐소드 단자 사이에 전기적 연결을 형성한다.

축 인덕터

Axial Inductor

인덕터는 자기장 형태로 에너지를 저장하는 기본 전자부품이다. 예를 들어 에너지를 번갈아 저장하고 방출해 전압을 변환하는 전원 공급 장치에 사용된다. 이처럼 에너지 효율을 고려한 설계는 휴대 전화 등 휴대용 전자제품의 배터리 수명을 늘리는 데 도움이 된다.

인덕터는 보통 산화철을 채운 세라믹인 **페라이트**ferrite나 철 등 자성 재료를 사용한 코어와 그 둘레를 절연 전선으로 감은 코일로 구성된다. 전류가 코어 둘레를 흐르면서 생기는 자기장은 전류가 고르게 흐르도록 하는 일종의 관성바퀴flywheel 역할을 함으로써 인덕터를 지나는 전류의 변화를 평탄화한다.

사진에 보이는 **축 인덕터**는 페라이트 둘레에 절연 구리선을 여러 차례 감고 두 단자에 구리 리드선을 납땜해 만든다. 이 인덕터에는 권선을 절연하기 위한 투명 코팅, 땜납 접합부를 덮는 밝은 초록색 코팅, 전체 부품을 보호하고 그 표면에 **인덕턴스**inductance 값을 나타내는 색띠를 표시할 초록색 외부 코팅 등 여러 겹의 보호 층이 있다.

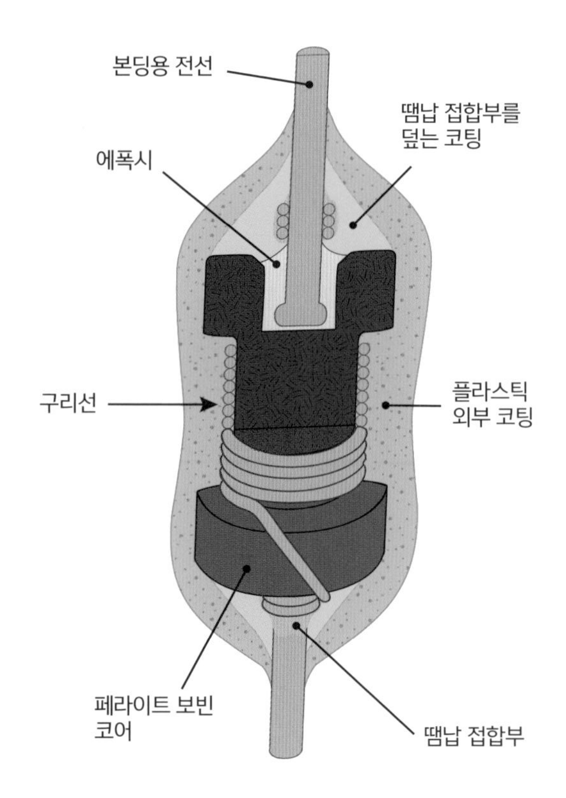

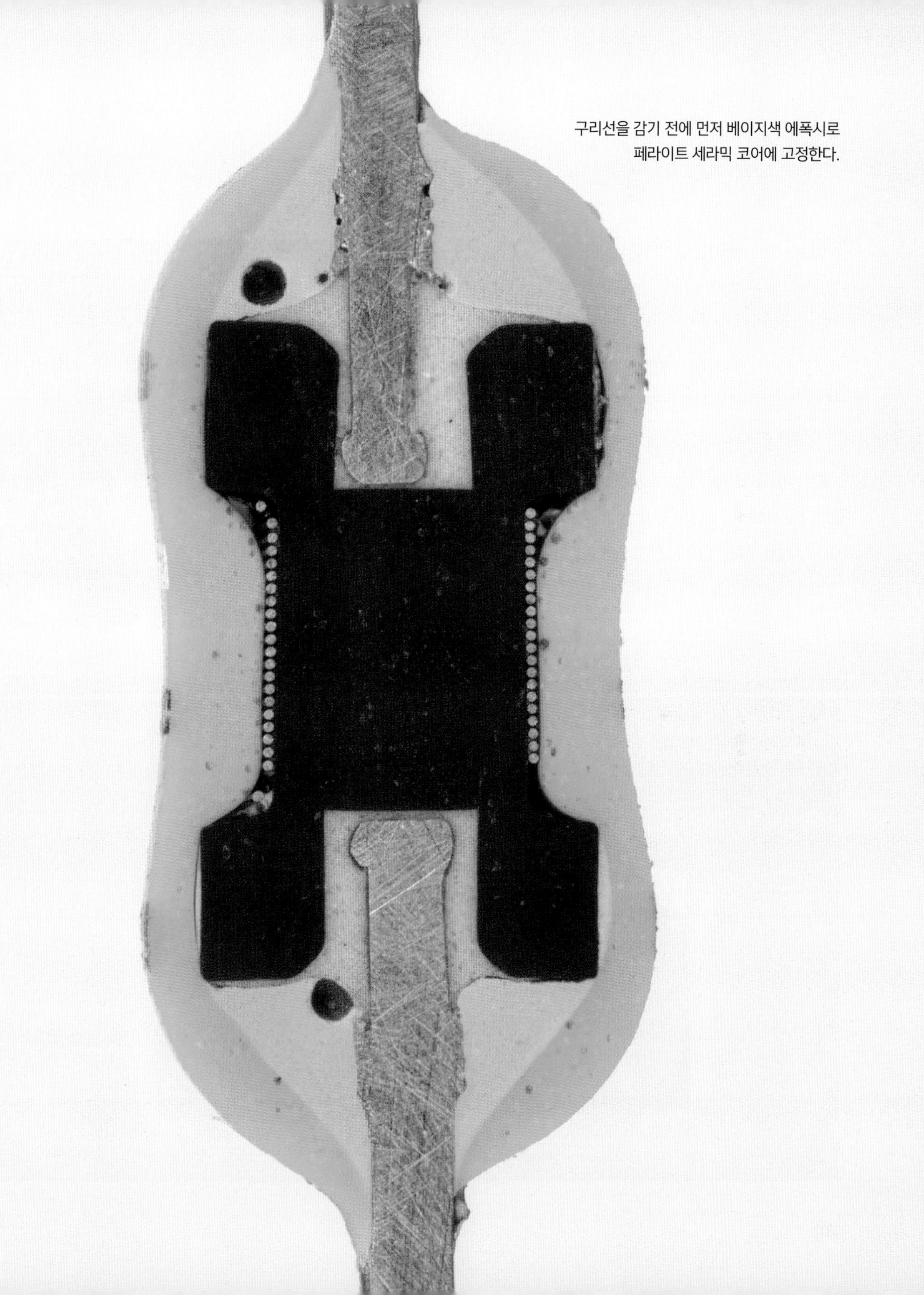

구리선을 감기 전에 먼저 베이지색 에폭시로
페라이트 세라믹 코어에 고정한다.

표면실장 인덕터

Surface-Mount Inductor

사진에 보이는 **표면실장 인덕터**는 지름이 5mm에 불과한 소형 부품으로, 자동화 장비에서 납땜하기 쉽도록 설계됐으며 값이 저렴하다. 휴대 전화, 태블릿, 노트북에서 찾아볼 수 있다.

축 인덕터에는 회로기판 구멍을 통과시킬 리드선이 달려 있는 반면 표면실장 인덕터에는 기판에 직접 놓고 납땜할 수 있도록 단자가 달려 있다.

사진에 보이는 인덕터에는 페라이트 세라믹으로 된 실패 형태의 보빈bobbin 둘레로 코팅제를 바른 얇은 구리 권선이 감겨 있다. 이 구리선을 자철선magnet wire이라고 한다. 이렇게 형성된 코어는 또 다른 페라이트 안에 들어 있어 누설자계stray magnetic field로부터 보호된다.

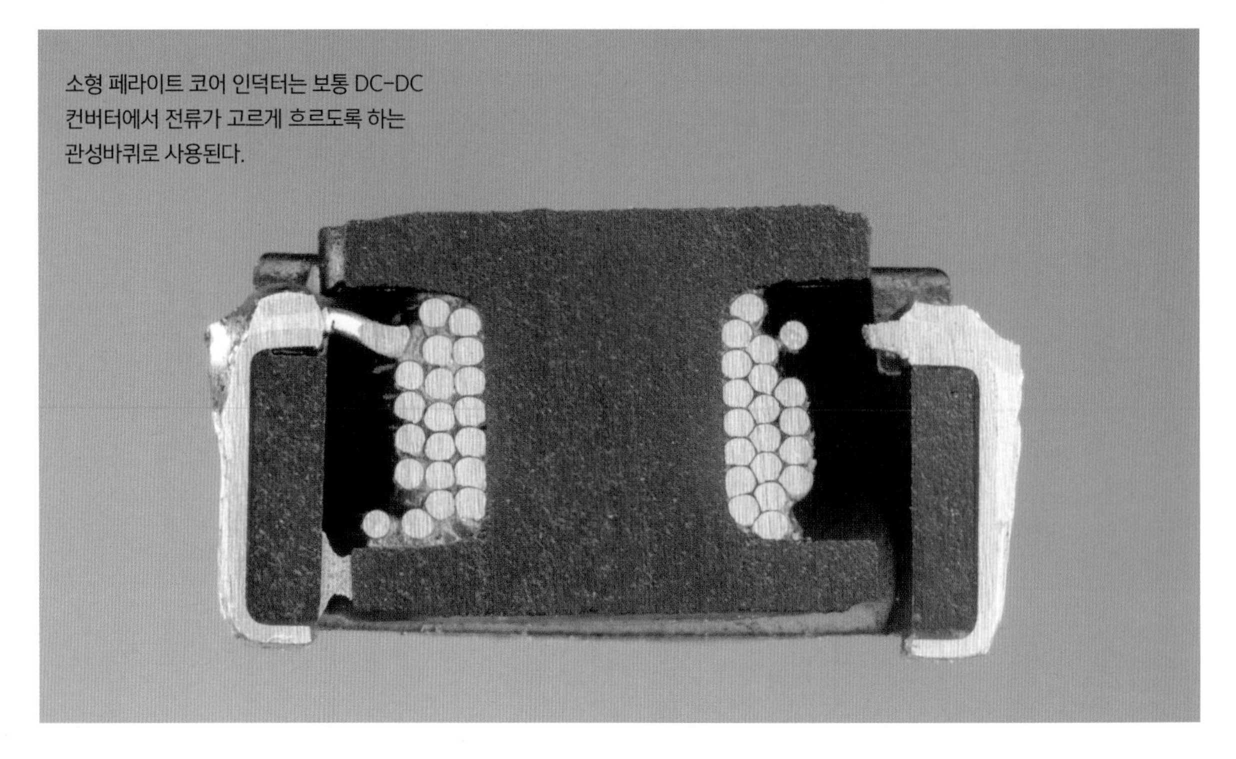

소형 페라이트 코어 인덕터는 보통 DC-DC 컨버터에서 전류가 고르게 흐르도록 하는 관성바퀴로 사용된다.

소결 페라이트 인덕터

Sintered Ferrite Inductor

소결 페라이트 인덕터는 폭이 약 6mm이며 구리선이 두 번 감겨 있다. 사진에는 보이지 않지만 감긴 전선의 양 끝은 왼쪽과 오른쪽의 구리 단자에 연결된다.

이 인덕터를 48쪽에서 본 표면실장 인덕터와 비교해서 보자. 표면실장 인덕터와 달리 마치 마술처럼 구리 권선이 고체 페라이트 내부에 떠 있는 것처럼 보인다. 이 부품은 미세 페라이트 분말을 압축해 권선 주변에 최종 형태를 형성하는 소결 공정을 거쳤다. 자세히 보면 소결 공정에 따라 구리 권선이 밀려 올라가면서 서로를 눌러 살짝 찌그러진 모습이 보인다.

감아둔 구리 자철선 주변으로 얇은 반투명 코팅 층이 윤곽을 형성한다.

페라이트 비드

Ferrite Bead

언뜻 보기에 **페라이트 비드**는 전혀 인덕터처럼 보이지 않을 수 있다. 전선은 어디에 감겨 있을까? 사실 전류가 흐르는 직선 형태의 도선도 자기장을 생성한다. 그리고 전선 주변을 감싼 페라이트 비드가 인덕턴스를 약간이나마 높여준다.

페라이트 비드를 사용하면 전자 장치에서 몰래 빠져나와 다른 전자 장치에서 간섭을 일으키는 누설전파stray radio wave를 방지할 수 있다. 또한 민감한 칩에 연결된 전원 공급을 필터링하거나 전기 잡음이 발생하는 칩이 회로기판에 놓인 다른 칩을 방해하지 않도록 막는 데 사용하기도 한다.

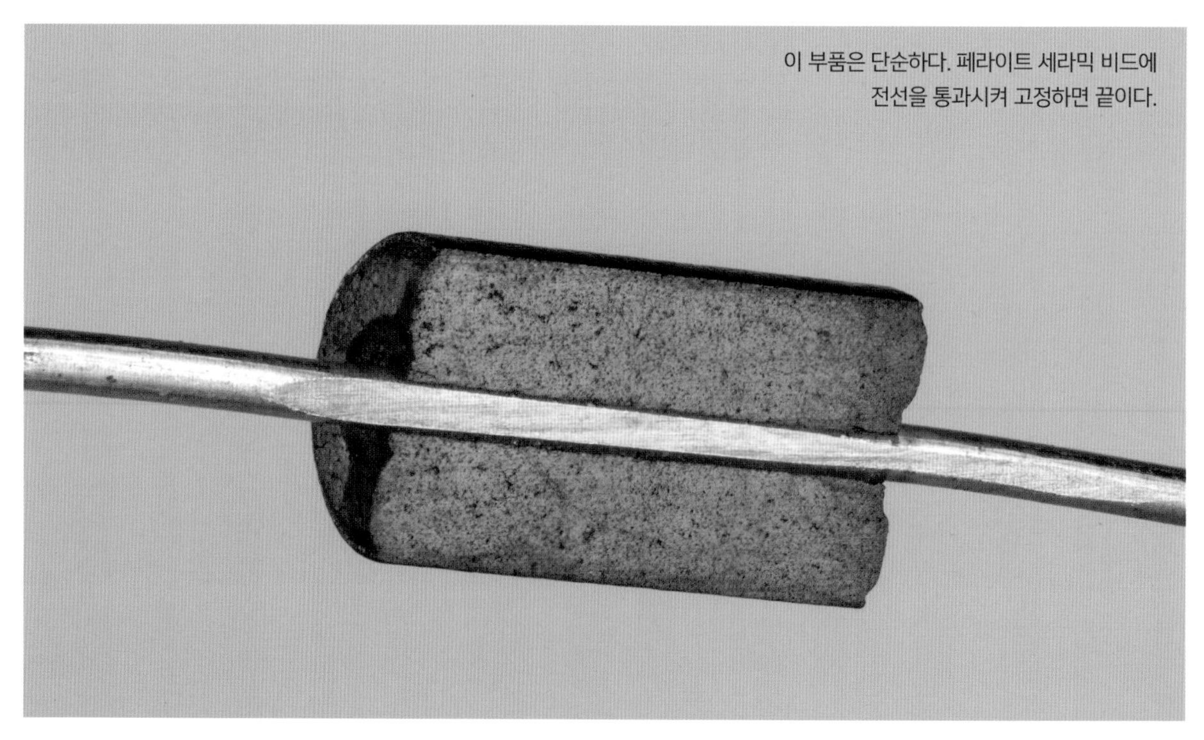

이 부품은 단순하다. 페라이트 세라믹 비드에 전선을 통과시켜 고정하면 끝이다.

3단자 필터 커패시터

Three-Terminal Filter Capacitor

이상하게 생긴 **3단자 필터 커패시터**는 인덕터 두 개와 커패시터 하나를 결합한 것이다. 페라이트 비드 두 개를 통과하는 구리선이 있고 두 비드 사이의 구리선에는 세라믹 커패시터의 한 면이 납땜되어 있다. 다른 면에는 새로운 구리선이 연결되어 부품의 세 번째 단자를 형성한다.

이것들이 모이면 필터 역할을 해 누설전파가 전자 장치 외부를 돌아다니다 TV나 Wi-Fi 신호를 방해하지 못하도록 막는다. 따라서 이 커패시터는 외부 세계로 연결되는 커넥터 주변의 회로기판에서 찾아볼 수 있다.

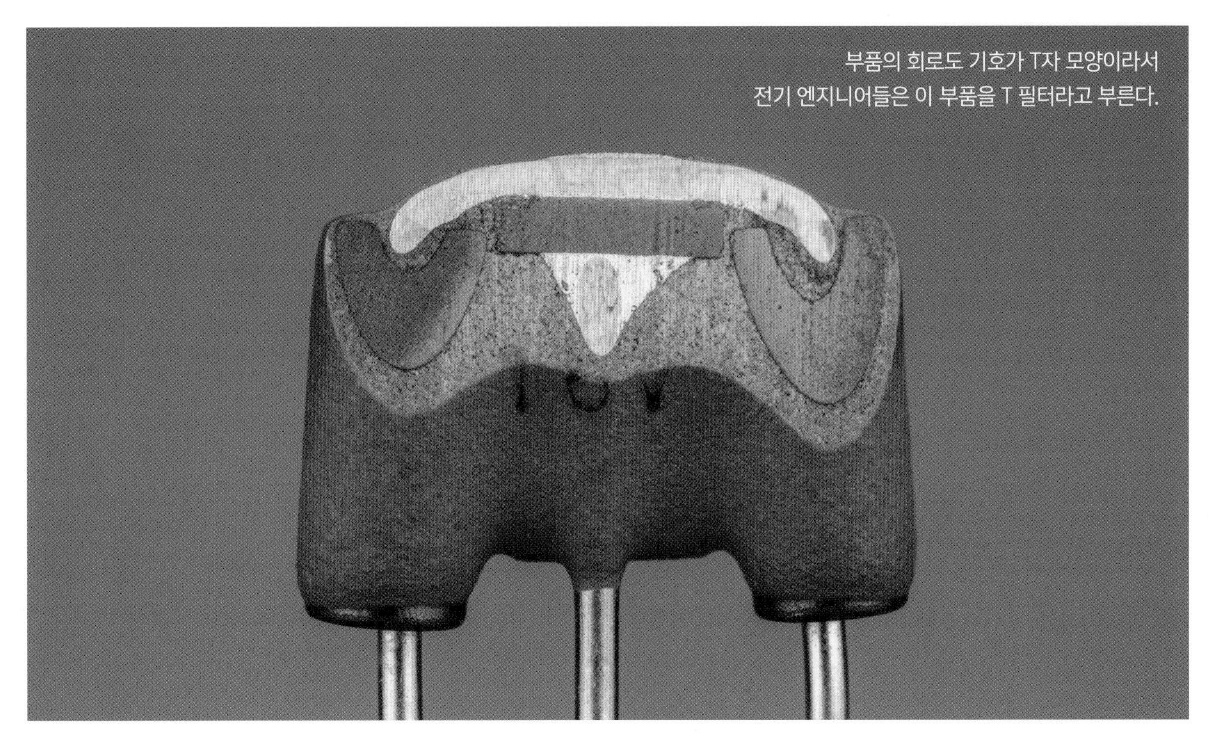

부품의 회로도 기호가 T자 모양이라서
전기 엔지니어들은 이 부품을 T 필터라고 부른다.

환상형 변압기

Toroidal Transformer

변압기transformer란 둘 이상의 전선을 코일 형태로 감은 인덕터를 말한다. **환상형 변압기**는 사진과 같이 도넛 모양 페라이트 코어에 코일이 감겨 있는 형태다.

전류가 전선을 통과해 흐르면 자기장이 발생한다. 마찬가지로 자기장이 변화하면 주변 전선에 전류가 유도된다. 따라서 하나의 코어에 여러 개의 코일을 감으면 한쪽 전선을 통과하는 전류에 변화를 줬을 때 자기장이 변하면서 다른 전선의 전류도 변화시킨다. 이를 통해 **전기적 절연**electrical isolation이 가능하다. 즉, 전선 간에 전기를 전도하는 경로가 없어도 전력이나 신호를 전송할 수 있다.

서로 다른 권선에서 전선을 감은 횟수를 다르게 하면 AC 전압을 고전압에서 저전압으로, 또는 저전압에서 고전압으로 변환할 수 있다. 이러한 유형의 변압기는 흔히 전원 공급 장치에서 승압이나 강압을 목적으로 사용한다.

이 변압기는 초크choke 코일을 사용한 특수한 유형으로,
전자 장치 외부로 빠져나가는 누설전파를 차단하도록 설계됐다.

전원 공급용 변압기

Power Supply Transformer

전원 공급용 변압기는 권선 세트 여러 개로 구성되어 있으며 벽면 콘센트같이 단일 AC 입력에서 여러 AC 전압 출력을 생성하는 전원 공급 장치에 사용된다.

중심 쪽의 가는 전선으로 이루어진 부분은 '임피던스가 높은' 자철선을 감아놓은 것이다. 이 권선은 비교적 높은 전압과 낮은 전류를 전달한다. 이 위에 테이프를 여러 겹 감고 동박 정전기 실드를 둔 뒤 다시 테이프를 감아서 권선을 보호한다.

바깥쪽의 '임피던스가 낮은' 권선은 더 두꺼운 절연 전선을 더 적게 감아 만든다. 비교적 낮은 전압과 높은 전류를 처리한다.

내부 및 외부 권선은 모두 검은색 플라스틱 보빈에 감겨 있다. 변압기 중심에는 페라이트 세라믹 조각 두 개가 결합한 자기 코어가 자리하고 있다.

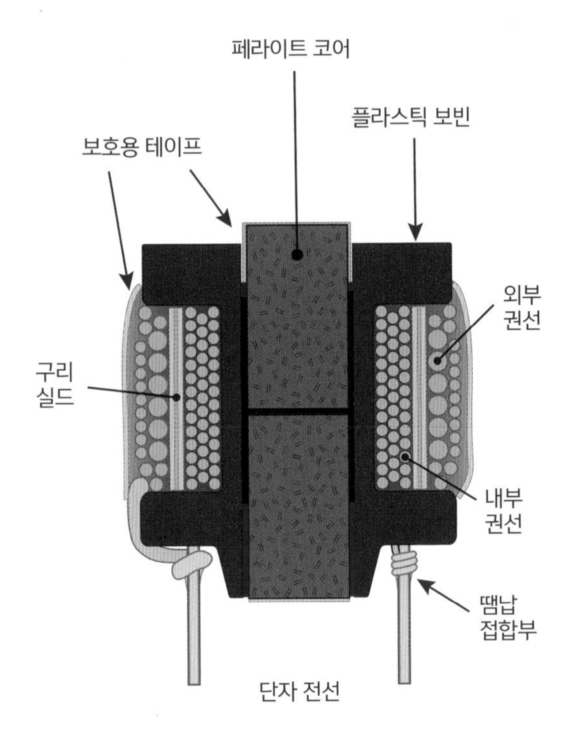

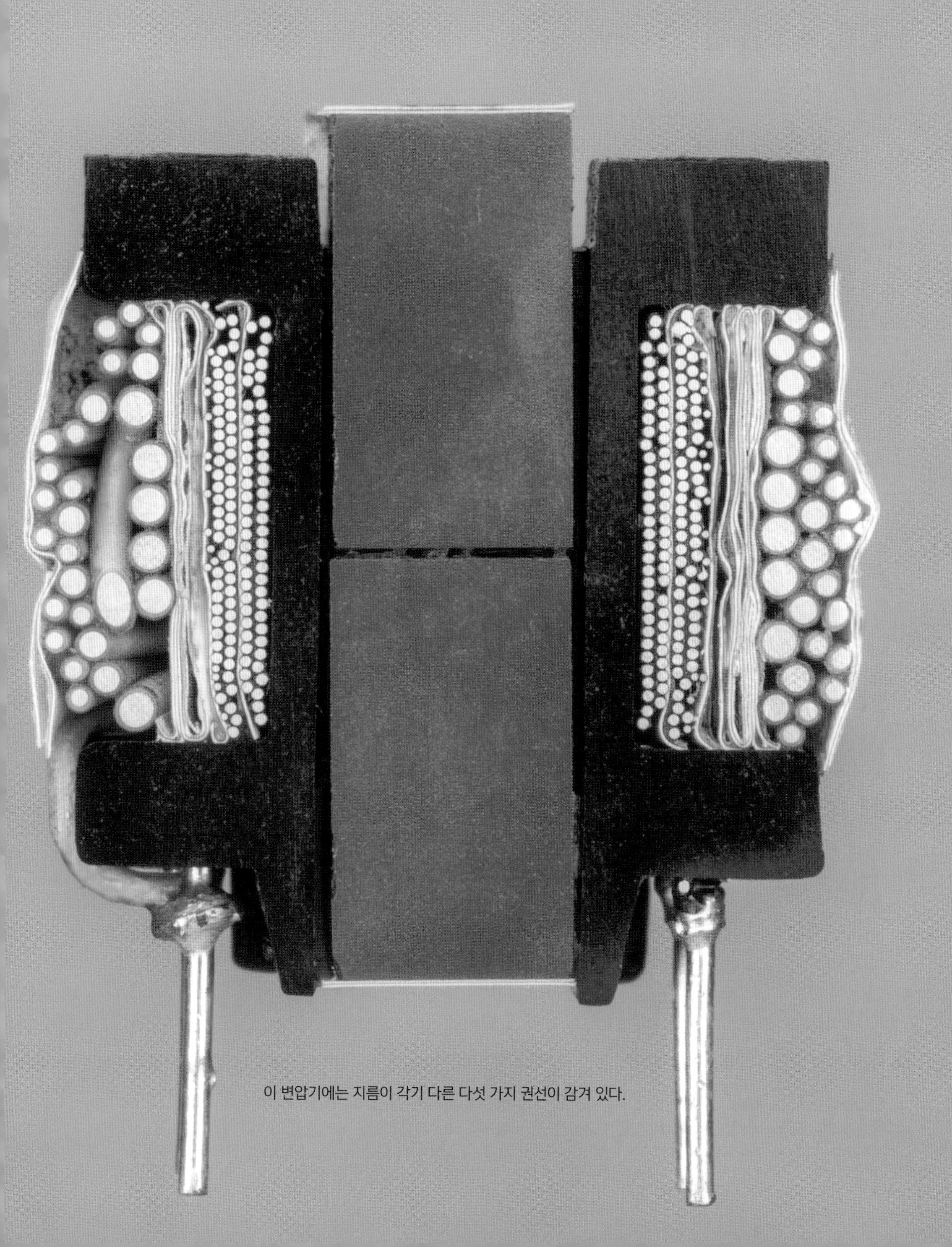

이 변압기에는 지름이 각기 다른 다섯 가지 권선이 감겨 있다.

저전력 카트리지 퓨즈

Low-Power Cartridge Fuse

퓨즈fuse는 정해진 양보다 많은 전류가 통과할 때 회로를 차단하거나 개방해 다른 부품의 손상을 막는 전기 부품이다.

오른쪽 페이지의 사진에는 지름이 각각 0.25in(약 6mm)인 유리 카트리지 퓨즈가 보인다. 왼쪽 두 개는 정격전류가 각각 10A와 15A인 **속단**fast-acting 퓨즈다. 둥글거나 납작한 금속 전선이 퓨즈 양 끝을 연결한다. 전류가 퓨즈의 정격전류를 초과하면 전선이 가열되다 못해 녹으면서 그 즉시 회로가 끊어진다.

오른쪽 두 개는 **시간 지연식**time-delay/slow-blow 퓨즈이며 둘 다 정격전류가 0.25A다. 시간 지연식 퓨즈는 정격전류를 초과하는 스파이크 전류에 반해 작동하며 퓨즈가 끊어지려면 해당 값 이상의 전류가 계속해서 흘러야 한다. 하나는 가열에 시간이 걸리도록 유리섬유 코어 주위로 얇은 전선이 감겨 있다. 다른 하나는 저항기와 스프링으로 구성된다. 저항기가 과열되어 땜납이 녹으면 스프링이 튀어나가면서 회로가 개방된다.

초저전류용 퓨즈에는 머리카락보다 훨씬 얇은 가용성 전선을 사용한다.

최종 사용자가 교체할 수 있는 카트리지 퓨즈다.
유리 케이스 제품을 사용하면 퓨즈가 끊어졌을 때 확인하기 쉽다.

축 방향 리드선 퓨즈

Axial Lead Fuse

사진에 보이는 밝은 초록색 부품은 저항기 같기도 하지만 사실은 소형 퓨즈에 축 방향 리드선이 달린 것이다. 외부 플라스틱 코팅 안쪽에는 퓨즈 전선이 든 세라믹 관이 보인다. 퓨즈 전선은 구리 리드선과 연결된 양 끝의 황동 캡에 대고 납땜했다.

축 방향 리드선 퓨즈는 회로기판에 납땜하도록 설계되어 사용자가 교체할 수 없다. 다른 보호회로가 고장 나면 회로를 추가로 보호할 용도로 자주 사용한다.

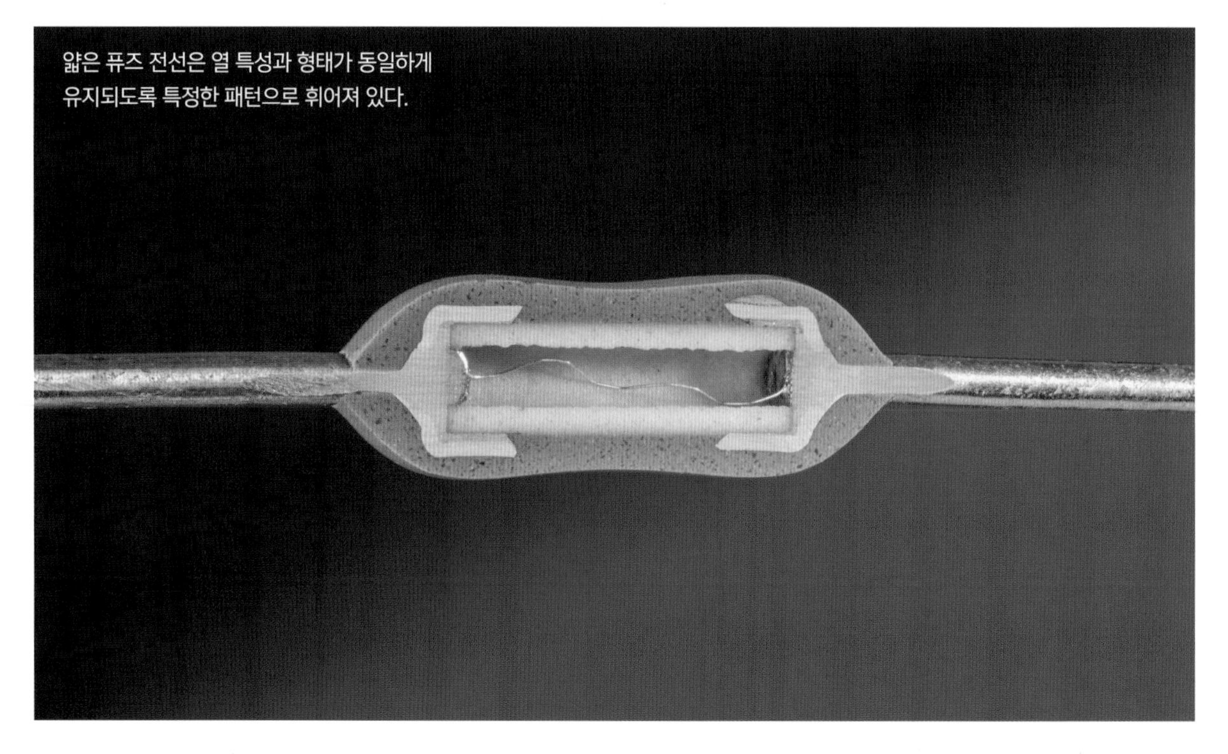

얇은 퓨즈 전선은 열 특성과 형태가 동일하게 유지되도록 특정한 패턴으로 휘어져 있다.

액체충진 전원 퓨즈

Liquid Power Fuse

전압이 지나치게 높으면 회로를 차단하기가 까다롭다. 금속과 금속이 분리되면 그 사이에 기다란 전기 아크electrical arc가 쉽게 형성되어 전류 흐름이 유지되기 때문이다. 이러한 문제는 사진과 같이 거대한 **액체충진 전원 퓨즈**를 사용해 해결할 수 있다.

퓨즈는 정격전류는 15A에 불과하지만 최대 23,000V의 전압을 처리하도록 설계됐다. 퓨즈가 끊어지면 긴 스프링이 액체 표면 아래로 들어가면서 퓨즈 전선이 떨어지도록 양 끝을 잡아당긴다. 액체는 전선 끝부분을 절연해 전기 아크를 꺼뜨린다.

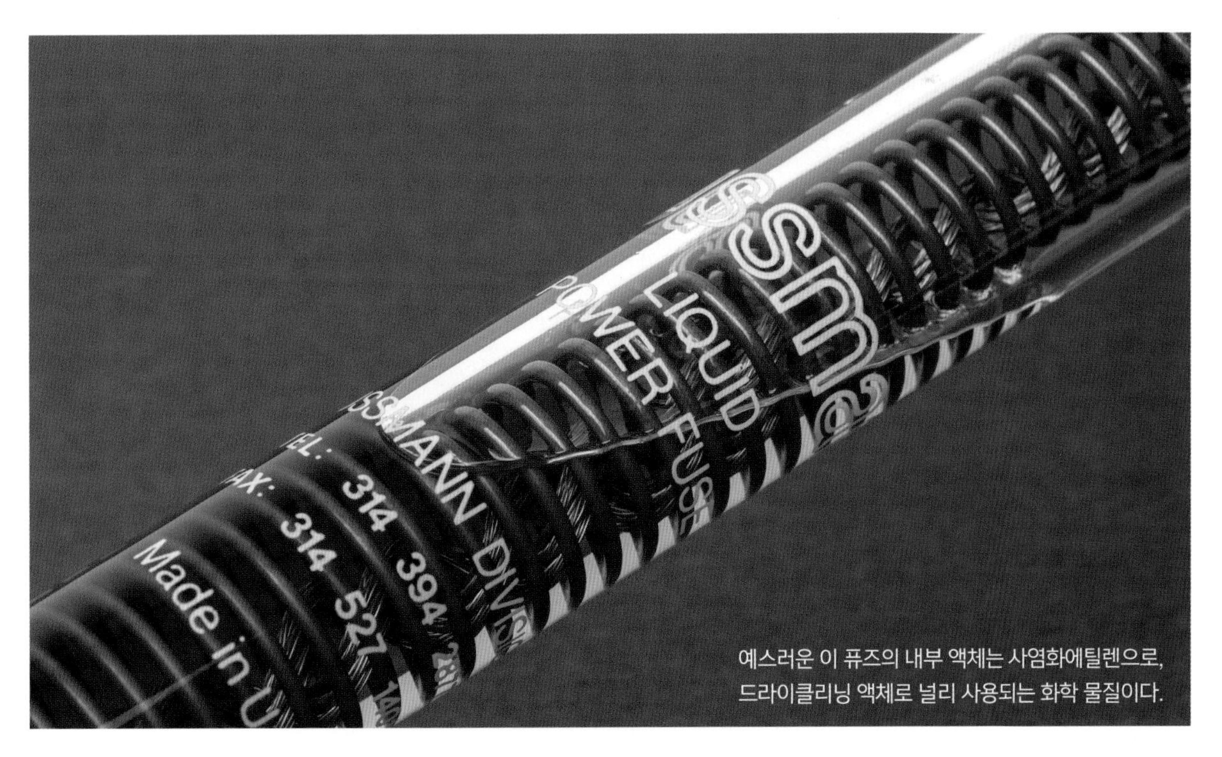

예스러운 이 퓨즈의 내부 액체는 사염화에틸렌으로, 드라이클리닝 액체로 널리 사용되는 화학 물질이다.

소형 전원 퓨즈

Compact Power Fuse

휴대용 디지털 계측기 중에는 과전압과 과전류 상태에서 장치를 보호할 목적으로 **소형 전원 퓨즈**를 사용하는 제품이 많다. 이러한 퓨즈의 경우 가용 전선 주변을 의외의 물질이 감싸고 있다. 바로 실리카 모래 알갱이다. 실리카는 에너지를 흡수하고 퓨즈가 끊어질 때 발생할 수 있는 전기 아크 불꽃을 꺼뜨려 전류를 차단하고 회로를 완전히 차단한다.

소형 전원 퓨즈에는 전선 대신 금속 리본을 사용해 더 높은 전류를 처리하도록 한다. 리본의 **땜납점**a dot of solder은 녹기까지 시간이 걸리기 때문에 간단히 시간을 지연시키는 역할을 한다. 견고한 외부의 유리섬유 관은 퓨즈가 끊어질 때 발생할 수 있는 강한 열로부터 주변 회로를 보호한다.

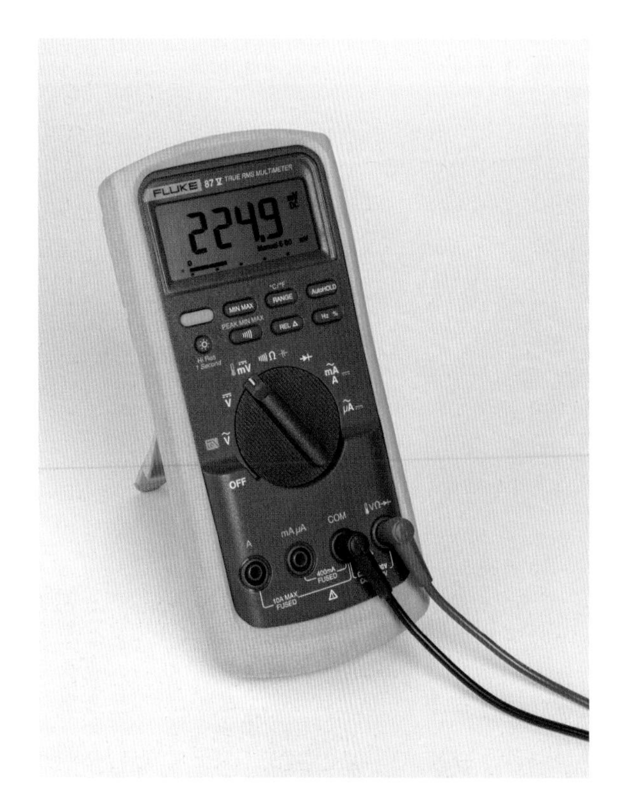

퓨즈 내부에 든 모래는 액체충진 전원 퓨즈에 든
액체와 마찬가지로 전기 아크 불꽃을 방지한다.

온도 퓨즈

Thermal Fuse

온도 퓨즈thermal fuse/thermal cutoff는 대체로 일반 퓨즈와 같지만 전류 대신 온도가 특정 수준 이상으로 올라갈 때 전기 회로를 개방한다. 온도 퓨즈는 커피메이커, 헤어드라이어, 전기밥솥 등 발열체가 포함된 가전제품에서 안전장치 역할을 한다. 온도 퓨즈를 사용하면 회로의 일부가 고장 났을 때 발생하는 화재를 예방할 수 있다.

온도 퓨즈는 금속 케이스 가장자리에 연결된 스프링 와이퍼를 통해 한 리드선에서 다른 리드선으로 전기적 연결을 만든다. 와이퍼는 스프링 두 개로 제자리에 고정되고 스프링은 다시 특정 온도에서 녹는 왁스 알갱이가 받쳐준다. 왁스가 녹으면 스프링이 그 사이로 늘어나면서 전기적 연결을 끊는다. 왁스가 식어 다시 응고되어도 연결은 되돌아오지 않는다.

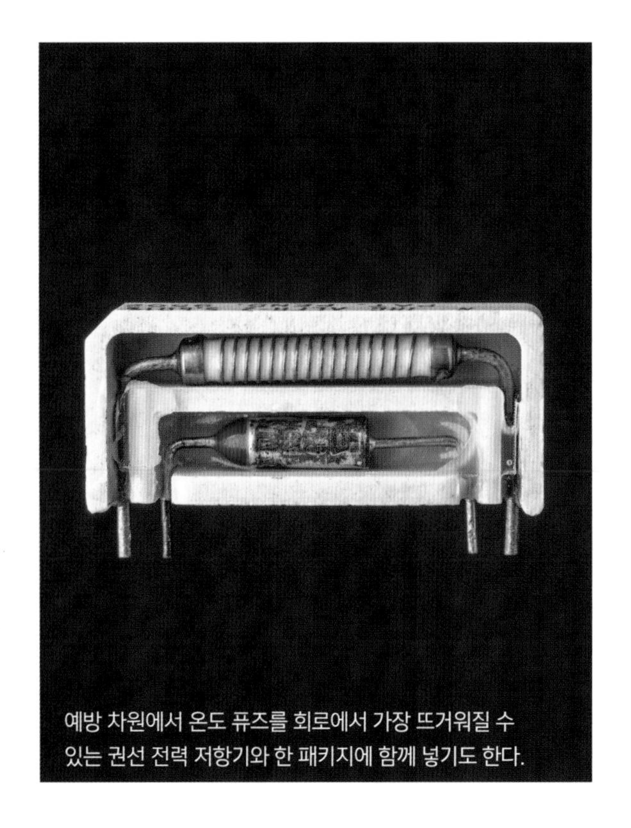

예방 차원에서 온도 퓨즈를 회로에서 가장 뜨거워질 수 있는 권선 전력 저항기와 한 패키지에 함께 넣기도 한다.

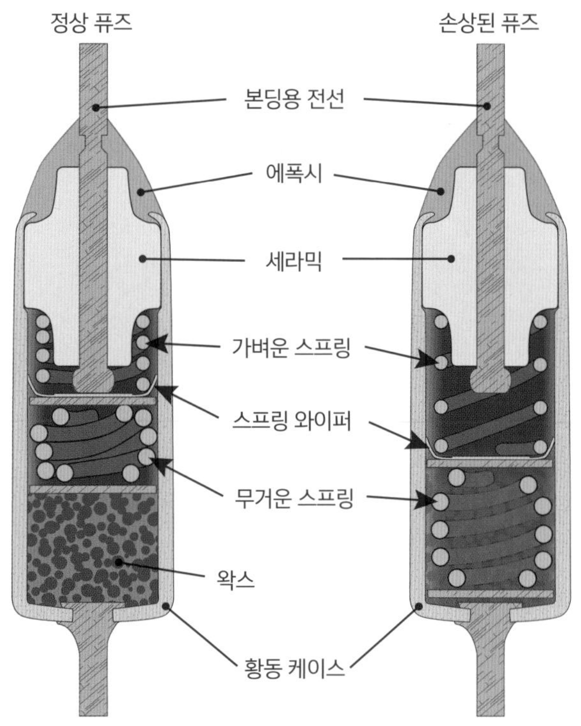

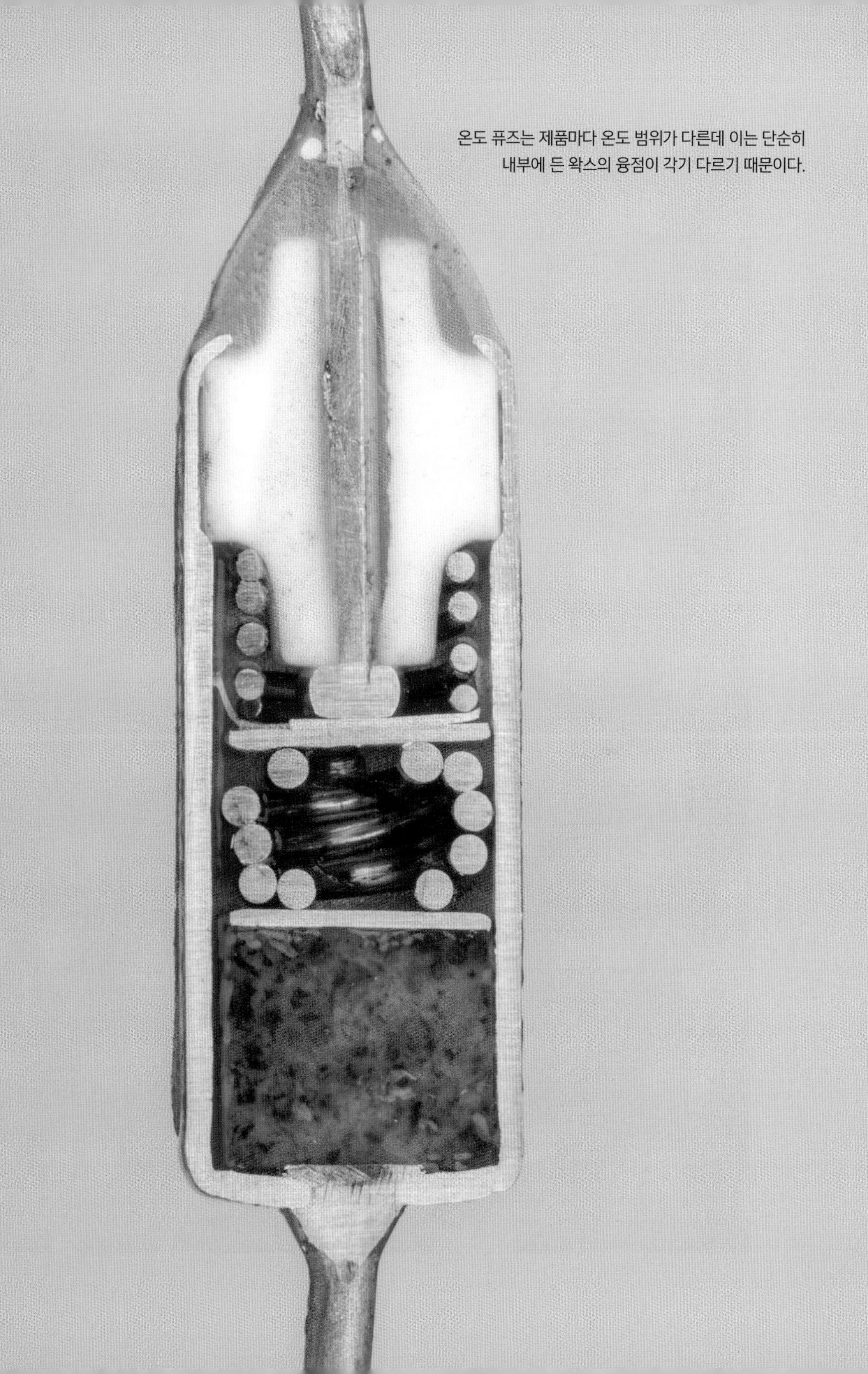

온도 퓨즈는 제품마다 온도 범위가 다른데 이는 단순히
내부에 든 왁스의 융점이 각기 다르기 때문이다.

2

반도체
Semiconductors

반도체 소자는 개발된 이래로 현대 생활의 온갖 영역에 많은 영향을 미치고 있다. **발광 다이오드**light-emitting diode(LED)는 건물에 빛을 비추고 광고판 영상에 생명을 불어넣는다. 컴퓨터 칩, 카메라 센서, 태양전지판도 모두 반도체다. 반도체는 실리콘 같은 초순도 결정질 물질에 미량의 불순물을 넣어 의도적으로 오염시킬 때 생기는 놀랍고도 이상한 전기적 특성을 이용한다. 반도체 부품은 회로기판에서 기능은 알지만 작동 원리는 알 수 없는 '블랙박스'가 되기도 한다. 몇 가지 부품을 열어서 내부를 살펴보자.

1N4002 다이오드

1N4002 Diode

다이오드는 배관의 역류 방지 밸브처럼 전류가 한 방향으로만 흐르도록 하는 부품이다. 보통 전원 공급 장치에서 교류전류를 직류전류로 변환하는 데 사용한다.

다이오드 자체는 **다이**die라고 부르는 작은 실리콘 칩을 말한다. 나머지 초순도 실리콘은 두 가지 영역, 즉 전자가 전류를 전달하는 영역과 전자가 존재하지 않는 **정공**hole이 있는 영역으로 구분되도록 조정된다. 두 영역 사이 접합부는 다이오드의 활성 영역이며 여기에서는 전류를 한 방향으로만 전도할 수 있다.

1N4002 다이오드에는 주석으로 도금한 두꺼운 구리선 두 개가 실리콘 칩에 납땜되어 있으며 이 전체가 다시 검은색 에폭시 플라스틱 케이스에 담겨 있다. 구리선의 튀어나온 '귀' 부분은 구리선을 에폭시에 고정하는 기능을 한다. 실리콘을 리드선과 연결해주는 얇은 땜납 층은 조립 공정 중에 녹아서 얇은 디스크 형태로 변한다.

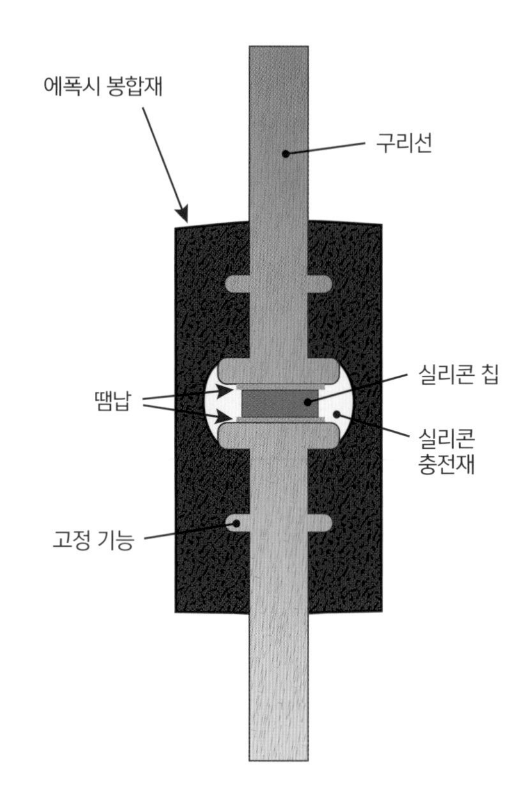

다이 주변의 흰색 물질은 가정에서 흔히 사용하는
코킹재caulking와 동일한 실리콘 고무로,
조립 과정에서 실리콘 칩을 보호한다.

유리 케이스 다이오드

Glass-Encapsulated Diode

저전력 실리콘 다이오드는 흔히 관형 유리 케이스를 패키지로 사용하며 종류가 다양하다. 다이오드에서 실리콘 조각은 아주 작으며 두 접점 사이에 위치한다. 다이오드 중에는 금속 스프링 클립을 이용해 실리콘과 단자 하나를 연결하는 종류도 있다. 대부분은 두 개의 본딩용 전선 모두 다이오드와 직접 접점을 형성한다.

일반적인 **유리 케이스 다이오드**는 외부 유리 케이스에 리드선이 하나 달린 형태다. 다이오드를 부착하기 전 실리콘 다이에는 교류 전류 전기도금조electroplating bath에서 만든 땜납점 하나가 있다. 다이오드 자체가 전류를 한 방향으로 흐르게 하는 장치이므로 땜납점은 한쪽에만 만든다.

미리 부착되어 있던 리드선에 실리콘 칩을 납땜하거나 전도성 에폭시로 부착하고 나면 다른 리드선을 붙일 수 있다.

회로기판에 장착한 유리 케이스 1N740 다이오드

1N914 다이오드. 작은 정사각형 다이가 중앙에서 벗어난 위치에 있는데 이는 제조 오류일 수 있다.

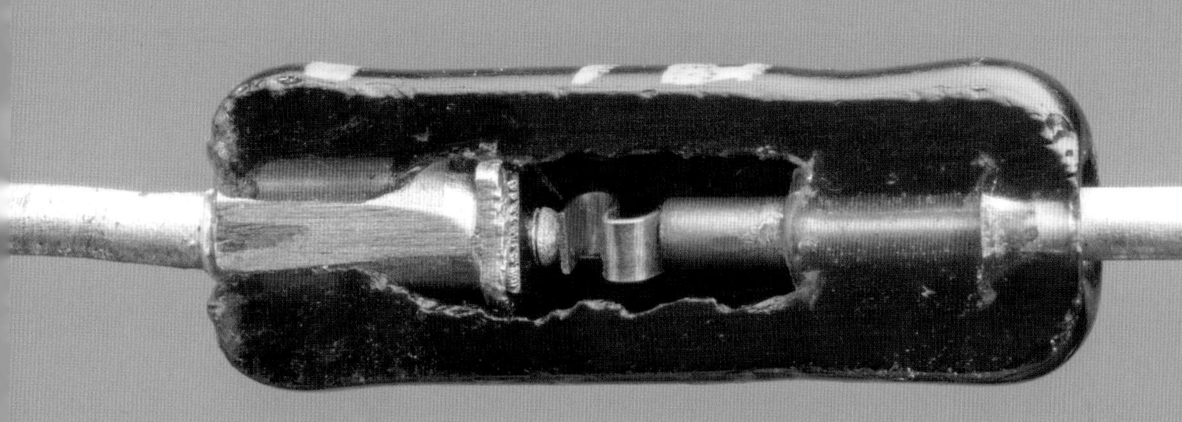

1N5236B 제너 다이오드. 투명 유리 케이스가 검은색으로 색칠되어 있고 S자 스프링이 다이와 접점을 형성한다.

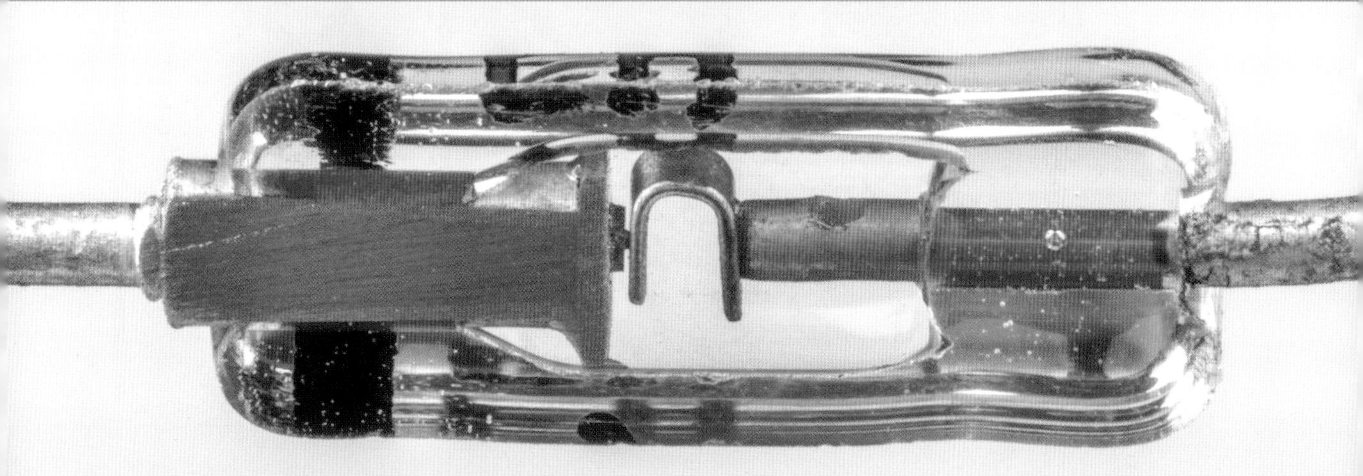

1N1100 다이오드. 다이에 튀어나와 있는 작은 솔더범프solder bump는 C자 스프링의 접점과 연결되어 있다.

정류기 브리지

Rectifier Bridge

정류기 브리지는 겉보기에 작고 단조로운 하키 퍽 같지만 절연 플라스틱 케이스를 벗겨내면 우아한 회로 조각이 나타난다. 이 부품은 벽면 콘센트에 연결하는 전원 공급 장치에서 흔히 볼 수 있다. 실리콘 다이오드 네 개로 구성되며 이 다이오드들은 교류전압(AC)을 직류전압(DC)으로 변환하는 특수한 브리지bridge 배열로 연결되어 있다.

오른쪽 페이지의 사진에는 전선들 사이에 반짝이는 회색 실리콘 다이 네 개가 놓인 모습이 보인다. 이 작은 회로에서 다이는 전류가 흐르는 방향에 따라 두 개는 위를, 나머지 두 개는 아래를 향한다.

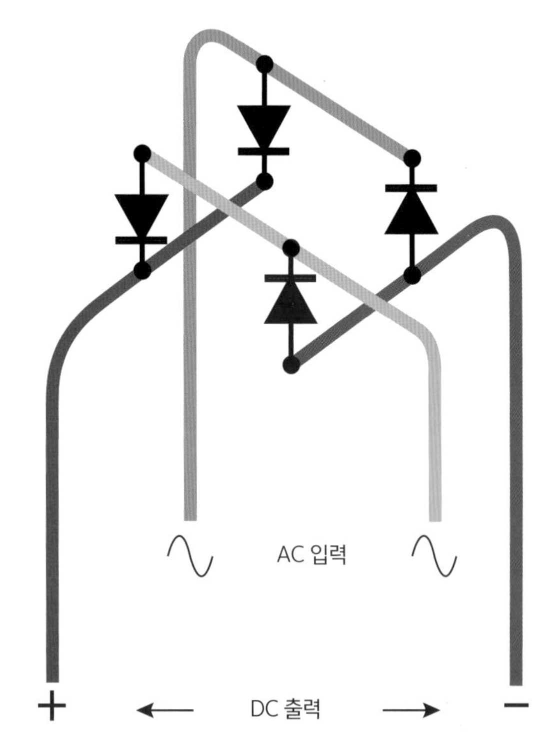

리드선은 구리를 은으로 도금한 것이다. 아랫부분은 공기에 노출되어 변색됐으나
은색 부분은 플라스틱 패키지에 보호되어 깨끗하다.

2N2222 트랜지스터

2N2222 Transistor

트랜지스터는 20세기의 주요 발명품으로, 하나의 전기 신호가 다른 신호를 제어할 수 있도록 하는 반도체 소자다. 트랜지스터는 보통 신호를 증폭하는 용도나 논리 스위치로 사용한다.

사진에 보이는 **2N2222 트랜지스터**는 캔 형태의 TO-18 금속 패키지를 사용하는 고전적인 **바이폴라 접합 트랜지스터**(BJT)다. 작고 반짝이는 실리콘 다이가 활성 영역이다. 무게와 부피가 매우 작아 장치는 거의 패키지로 이루어져 있다고 볼 수 있다.

바이폴라 접합 트랜지스터에는 단자가 세 개 있다. 베이스base와 이미터emitter 단자는 머리카락처럼 얇은 알루미늄 본딩용 전선을 통해 다이와 연결되며 본딩용 전선은 단자 끝에서 다이 상단까지 이어진다. 세 번째 연결은 다이 바닥을 통과해 금속 캔에 전기적으로 연결된 세 번째 단자인 컬렉터collector에 연결된다. 세 단자 모두 장치 하단의 유리 충진재를 사용해 제자리에 고정된다.

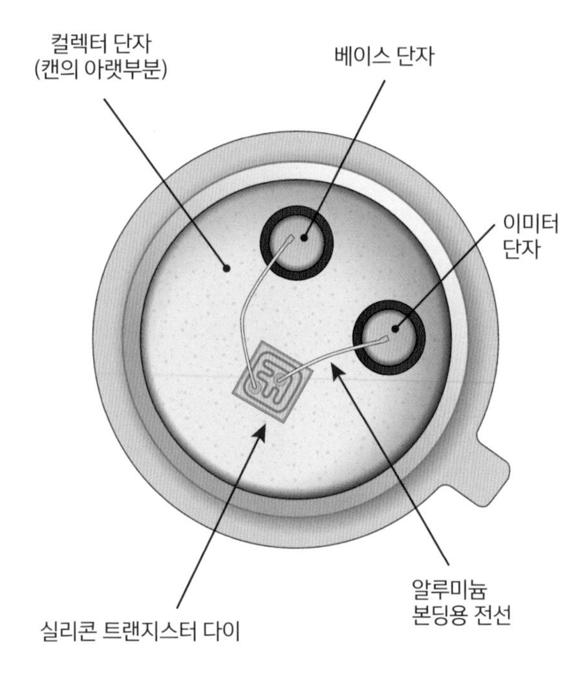

2N3904 트랜지스터

2N3904 Transistor

2N3904 트랜지스터는 2N2222와 전기적으로 유사하지만 저렴한 플라스틱 패키지인 TO-92를 사용하므로 겉보기에 무척 다르다.

이 트랜지스터의 활성 영역은 2N2222와 매우 유사하게 단자가 세 개 달린 작고 반짝이는 실리콘 다이이다. 다른 바이폴라 접합 트랜지스터와 마찬가지로 베이스 단자는 마치 전자 밸브처럼 컬렉터 단자와 이미터 단자 사이에 흐르는 전류를 제어한다.

장치 대부분을 이루고 있는 검은색 플라스틱은 이산화규소를 채운 에폭시로 만든다. 에폭시를 비롯한 모든 재료는 온도에 따라 팽창하거나 수축한다. 이산화규소는 에폭시의 열팽창률이 내부 다이와 전선의 열팽창률과 같아지도록 조정함으로써 온도 범위 한계에서 장치에 가해지는 응력을 줄여준다.

금으로 된 본딩용 전선 두 개가 검은색 에폭시 내장재를 통과한다.
전선 하나는 실리콘 다이 상단에 연결되어 있다.

LM309K 전압 조정기

LM309K Voltage Regulator

LM309K 실리콘 칩은 크기는 크지만 상대적으로 단순한 **집적회로**integrated circuit(IC)다. IC란 트랜지스터와 저항기 같은 여러 부속품으로 구성된 회로를 하나의 실리콘 조각으로 제작한 부품을 의미한다.

사진에 보이는 IC는 **전압 조정기**voltage regulator로, 일정 범위 내의 전압을 입력받아 낮은 고정값의 전압을 안정적으로 출력한다. TO-3 유형의 대형 금속 패키지는 전압 조정기가 작동할 때 발생하는 열을 분산하는 데 도움이 된다. 이 장치의 단자 세 개 중 두 개는 절연핀이며 나머지 하나는 패키지에 연결되어 있다.

오른쪽 페이지 아래 사진에는 실리콘 다이 표면에 위치한 회로가 보인다. 칩의 오른쪽 3분의 2는 입력 연결에서 출력 연결로 흐르는 전류를 조정하는 대형 전력 트랜지스터가 차지한다.

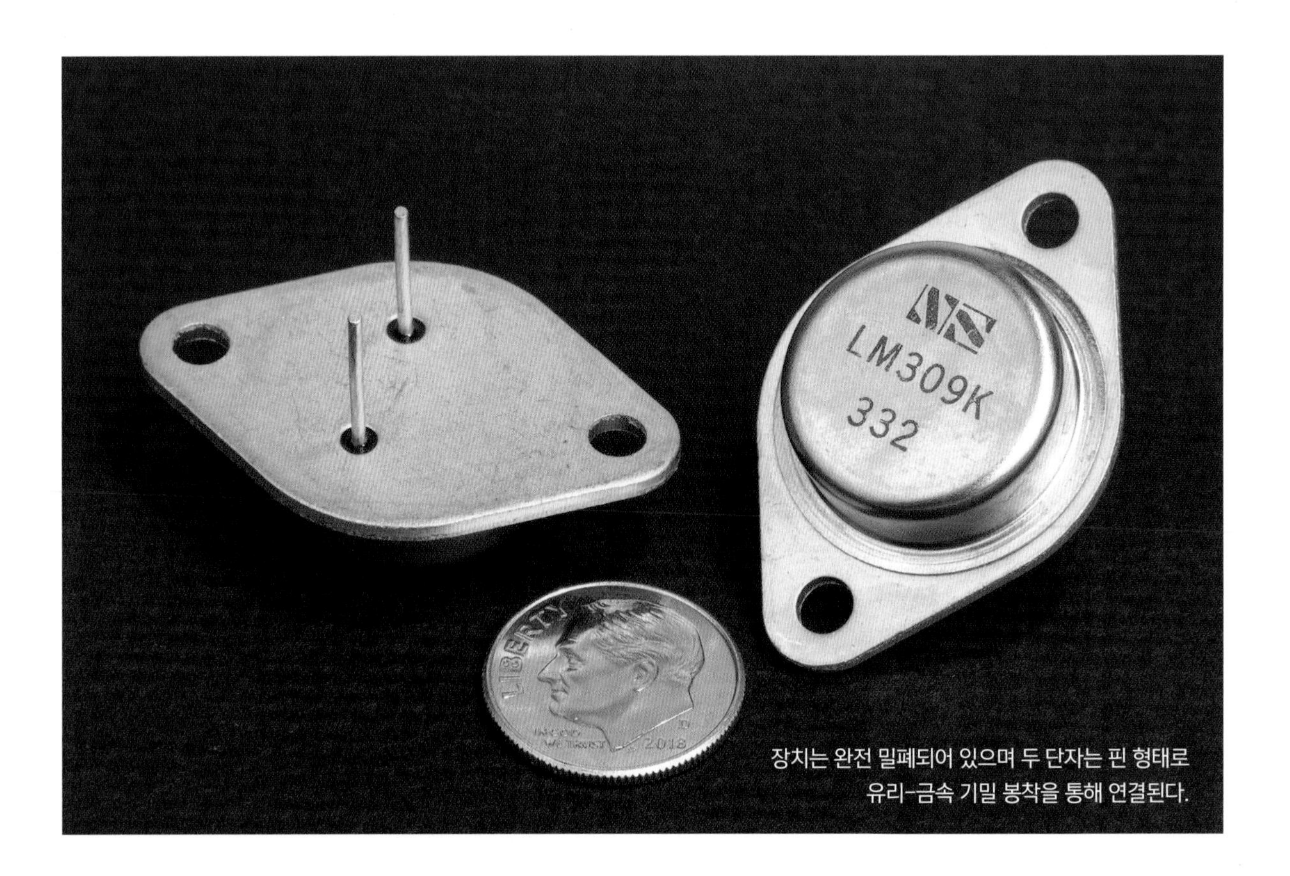

장치는 완전 밀폐되어 있으며 두 단자는 핀 형태로 유리-금속 기밀 봉착을 통해 연결된다.

입출력 본딩용 전선은 각각 병렬로 연결된 전선 두 개로 구성되어 있어 전달하는 전류용량current capacity이 두 배다.

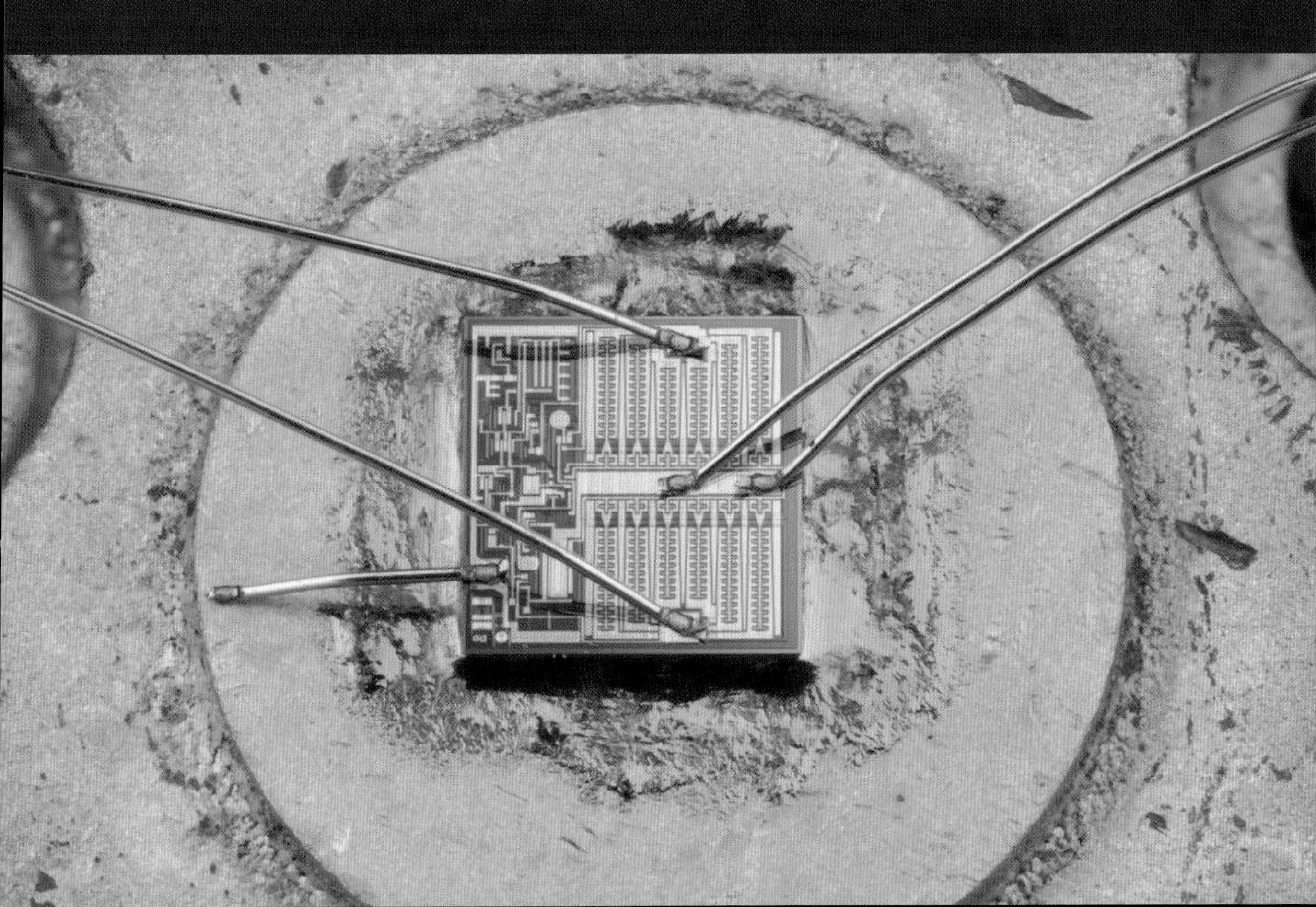

이중 인라인 패키지(DIP) IC

Dual In-Line Package (DIP) IC

지금까지 살펴본 부품들은 단자가 두세 개에 그쳤지만 IC는 그보다 더 많을 수 있다.

이중 인라인 패키지(DIP)는 대표적인 IC 전용 패키지이며 연결용 리드선이 더 많다. 두 줄로 병렬, 즉 이중 인라인을 이루고 있는 단자핀이 단단한 금속 **리드 프레임**lead frame에 연결되어 있으며 리드 프레임은 다시 머리카락처럼 가는 본딩용 전선을 통해 중앙 칩에 연결되어 있다.

세라믹 DIP는 유리질 분말glass frit 층 한쪽에 세라믹 판 두 개를 부착한 형태이며 작은 유리구슬을 함께 녹여 IC와 본딩용 전선 주변으로 공기가 통하지 않도록 밀폐해 만든다. 반면 플라스틱 DIP는 일반적으로 검은색 플라스틱으로 이루어져 있으며 IC와 본딩용 전선, 리드 프레임을 직접 덮는 형태로 만든다. 투명한 플라스틱 DIP는 거미줄 형태의 리드 프레임이 겉에서 들여다보여서 리드 프레임이 본딩용 전선을 통해 IC에 연결되는 방식을 알 수 있다.

1985년에 모토로라가 논리칩으로 출시한 세라믹 DIP.
빛이 유리질 분말 층을 가로지르면 DIP에 무지갯빛이 생긴다.

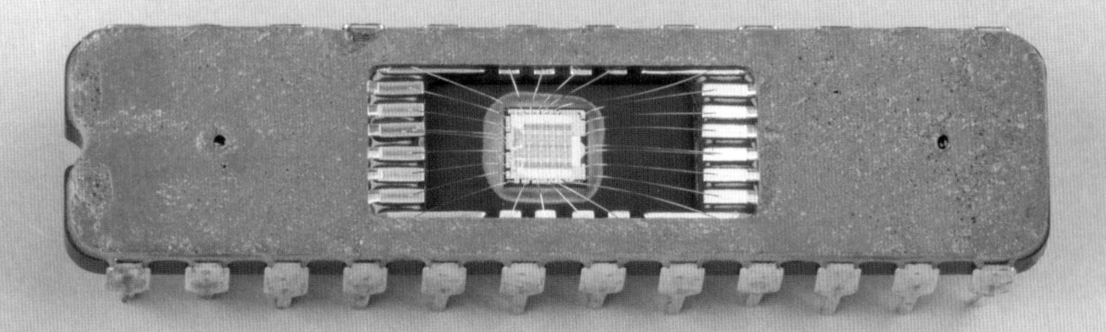

패키지에서 각 활성핀은 내부의 IC에 연결되는
최소 한 개 이상의 본딩용 전선과 쌍을 이룬다.

ULN-2232A 동작감지기 IC의 투명 플라스틱 패키지는
빛이 칩 중간에 위치한 정사각형 광센서photosensor에 도달하도록 한다.

ATmega328 마이크로컨트롤러

ATmega328 Microcontroller

마이크로컨트롤러microcontroller는 칩 하나로 만든 느리고 단순한 컴퓨터다. 가전제품, 장난감, 손전등, 라디오 등 다양한 장치에서 전자두뇌 역할을 한다.

ATmega328 마이크로컨트롤러는 전자부품에 관심이 많은 일반인에게 특히 인기를 끈다. 사진에 보이는 28핀 플라스틱 DIP 외에도 다양한 패키지가 있다. 8비트 마이크로컨트롤러의 처리 능력은 애플 II 등 초기 세대 가정용 컴퓨터와 비슷한 수준이다.

오른쪽 페이지 사진에 보이는 마이크로컨트롤러는 내부 실리콘 다이가 겉으로 드러나도록 검은색 플라스틱 패키지를 발연성을 지닌 강질산concentrated nitric acid으로 조심스럽게 부식시킨 것이다. 이러한 칩에 사용하는 개별 트랜지스터는 최소 수십만 개이며 사진을 이 정도 배율로 확대해서는 눈에 보이지 않는다. 패키지를 강질산으로 부식시켜보면 플라스틱 자체가 74쪽에서 본 2N3904 트랜지스터처럼 이산화규소로 조밀하게 채워져 있음을 알 수 있다.

이 마이크로컨트롤러는 아두이노 우노Arduino Uno 개발 기판의 핵심 부품이다.

실리콘 다이는 전체 패키지에 비해 상당히 작다.

SOIC

Small Outline Integrated Circuit

일부 전자부품은 아직도 DIP로 제조하지만 오늘날에는 사진에 보이는 **SOIC** 패키지처럼 더 작고 공간 효율이 뛰어난 표면실장형 패키지를 훨씬 많이 사용한다. SOIC의 핀은 간격이 0.1in(=2.54mm)인 DIP에 비해 훨씬 촘촘한 0.05in(=1.27mm)에 불과하다.

패키지의 크기 차이 때문에 SOIC 패키지 내부의 실리콘 칩도 DIP 패키지에 사용된 칩에 비해 크다고 생각할 수 있지만 사실 SOIC 패키지나 DIP 패키지나 칩 크기 자체는 별반 다르지 않다.

SOIC 패키지를 적용한 제품으로는 오른쪽 페이지 아래 사진과 같은 컬러 센서가 있다. 패키지가 투명해 전선이 다이와 핀을 어떻게 연결하는지 정확히 확인할 수 있다.

24LC64 직렬 EEPROM 칩은 문자 메시지 50개 정도로 용량이 적은 데이터를 비휘발성 메모리에 저장한다.

실리콘 다이는 SOIC 한가운데의 구리 리드 프레임에 놓여 있다. 다이는 짧은 본딩용 전선을 통해 여러 핀과 연결되지만 단면에서는 그중 하나만 보인다.

센서는 빨간색, 초록색, 파란색과 투명 컬러 필터를 내장하고 있어 우리 눈이 감지하는 것과 동일한 파장의 빛을 감지한다.

TQFP

Thin Quad Flat Pack

TQFP 또한 표면실장형 칩이다. SOIC는 두 면에 핀이 연결되어 있는 반면 TQFP는 네 면에 모두 리드선이 연결되어 있다. TQFP는 상당히 얇지만 그보다 훨씬 얇은 칩도 있다.

TQFP 안쪽의 패키지 재료를 제거하면 패키지 중앙에 놓인 IC 다이가 보인다. 본딩용 전선은 반대편에 있어 보이지 않지만 구리 리드 프레임에서 흥미로운 형태가 보인다. 리드선이 떨어지지 않도록 에폭시로 고정되어 있는 모습에서 프레임의 측면을 주의 깊게 설계했음을 알 수 있다.

오른쪽 페이지에 보이는 보석같이 투명한 TQFP는 광학 마우스에 들어 있던 이미지 센서다. 실리콘 다이, 리드 프레임, 본딩용 전선의 위치와 배열이 들여다보인다.

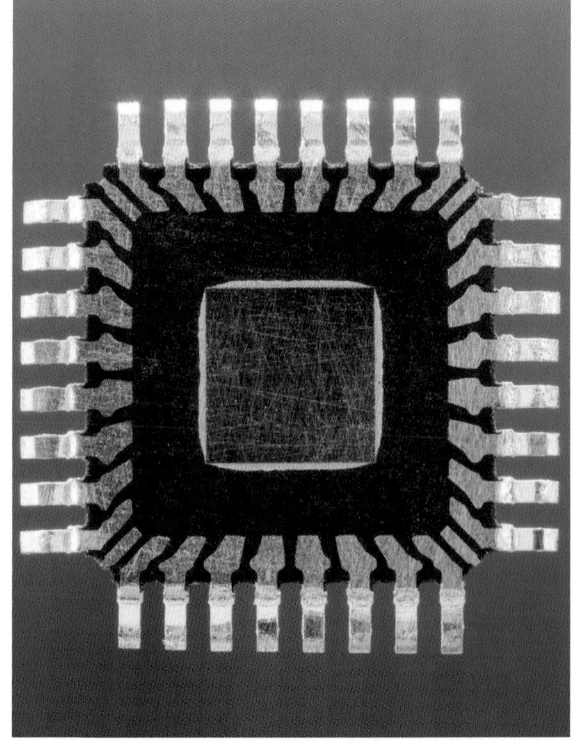

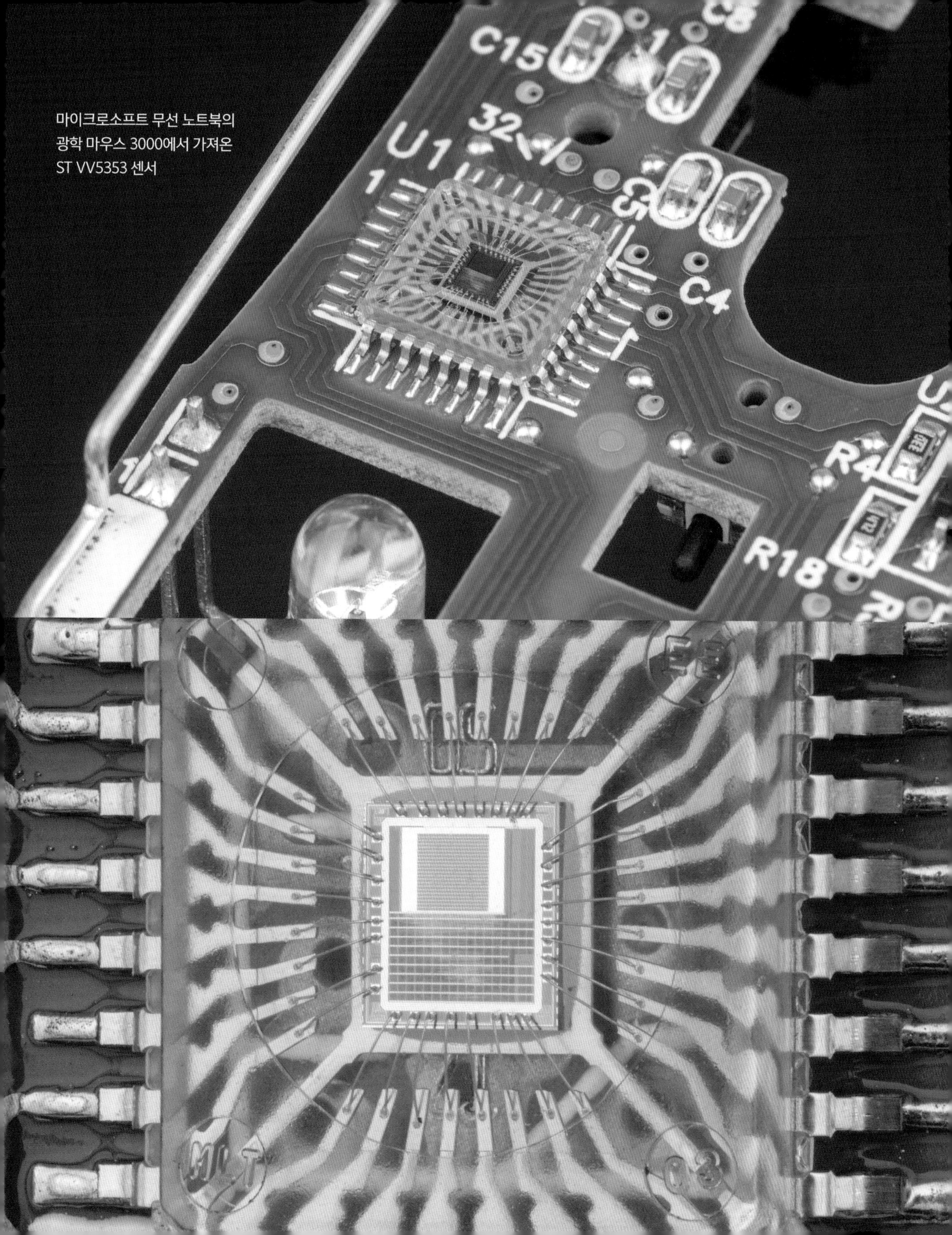

마이크로소프트 무선 노트북의
광학 마우스 3000에서 가져온
ST VV5353 센서

볼 그리드 어레이

Ball Grid Array

최근 출시되는 칩 상당수는 공간 절약을 위해 측면에 위치한 핀이나 단자 대신 솔더볼을 사용해 회로기판에 연결한다. 부품 밑면에 작은 공 모양 땜납인 솔더볼이 격자 형태로 배치되어 있다. 이러한 **볼 그리드 어레이**(BGA) 패키지는 최신 스마트폰이나 노트북처럼 복잡한 소형 전자제품에 널리 사용된다.

칩 패키지에 내장된 **재배선 층**redistribution layer(RDL)이라고 하는 얇은 2층 구조의 인쇄회로기판에 솔더볼이 자리하고 있다. 얇게 도포된 구리와 I자형 **비아**via는 재배선 층 밑면의 솔더볼을 윗면의 본딩용 전선과 연결하며 결과적으로 실리콘 칩과의 연결이 생성된다.

조립 과정에서 솔더볼이 녹으면서 부품을 회로기판에
연결한다. 연결점은 때로 수천 개에 달하기도 한다.

마이크로프로세서 SoC

Microprocessor SoC

SoC[System on a chip]는 고기능 마이크로프로세서로, 그래픽 지원 등의 추가 기능을 컴퓨터 마더보드에 별도 칩을 장착해 구현하는 대신 프로세서와 통합한 부품이다. 보통 스마트폰은 기기에 필요한 기능 일체로 구성한 맞춤식 SoC를 메인 프로세서로 사용한다.

사진에 보이는 SoC는 회로기판에 장착할 용도로 볼 그리드 어레이 패키지를 사용한다. IC 다이는 다이 자체에 달린 작은 공 모양 땜납인 솔더범프를 통해 재배선 층에 부착된다.

본딩용 전선 대신 솔더범프를 사용하면 연결 수를 쉽게 늘릴 수 있다. 다만 연결을 더 큰 볼 그리드 어레이로 팬아웃[fan out]하려면 고밀도 재배선 층이 필요하다. 이러한 재배선 층에는 열 개의 구리 층이 있으며 레이저로 뚫은 천공인 **마이크로비아**[microvia]가 이 구리 층들을 연결한다.

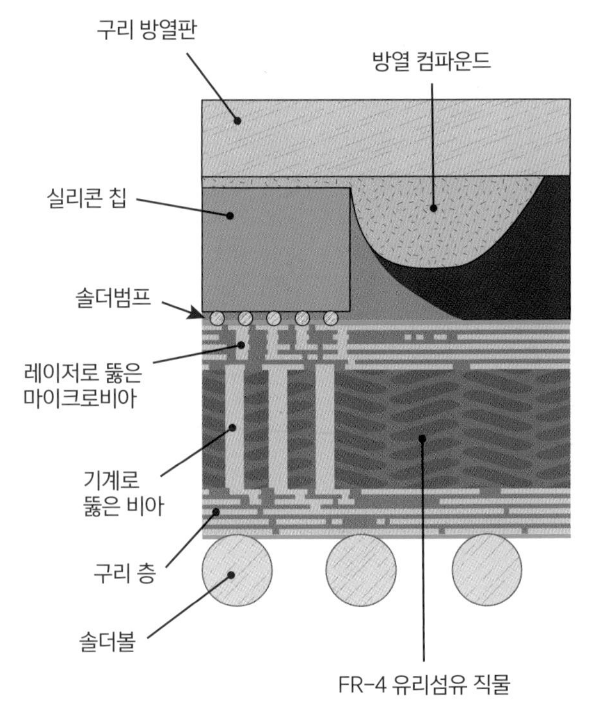

SoC를 덮고 있는 대형 니켈 도금 구리 방열판이 덮개cap 역할을 한다.
덮개는 방열 컴파운드를 사용해 실리콘 다이 윗면에 장착된다.

솔더범프를 사용해 장착하는 기법을 플립 칩flip chip 패키징이라고 한다.
다이가 위를 보는 형태로 본딩용 전선을 사용해 연결하는 대신 아래를
향하도록 장착하므로 뒤집는다는 의미의 'flip'이라는 단어를 사용한다.

적색 스루홀 LED

Through-Hole Red LED

한결같이 매력적이고 믿기 어려울 만큼 단순한 **LED**는 눈에 띄지는 않지만 세심하게 설계된 구성 요소로 가득하다.

LED의 반도체 다이는 실리콘은 아니지만 작동하면 원하는 색상의 빛을 내도록 맞춤식으로 설계된 반도체다. 예를 들어 사진에 보이는 적색 LED를 만드는 데는 보통 AlGaAs(알루미늄갈륨비소)를 사용한다.

이상한 모양의 연결용 금속 리드선에 가는 줄을 여러 개 새긴다. 이렇게 하면 에폭시 밀봉재에 리드선을 고정할 수 있으면서도 깨지기 쉬운 LED 다이를 손상하지 않고 리드선을 구부릴 수 있다. 더 긴 캐소드 리드선은 다이 아래에서 반사 장치로서 컵 모양을 하고 있어 빛이 앞쪽을 향하도록 한다. 이보다 작은 애노드 리드선은 머리카락처럼 얇은 전선을 이용해 다이 상단 표면에 연결된다.

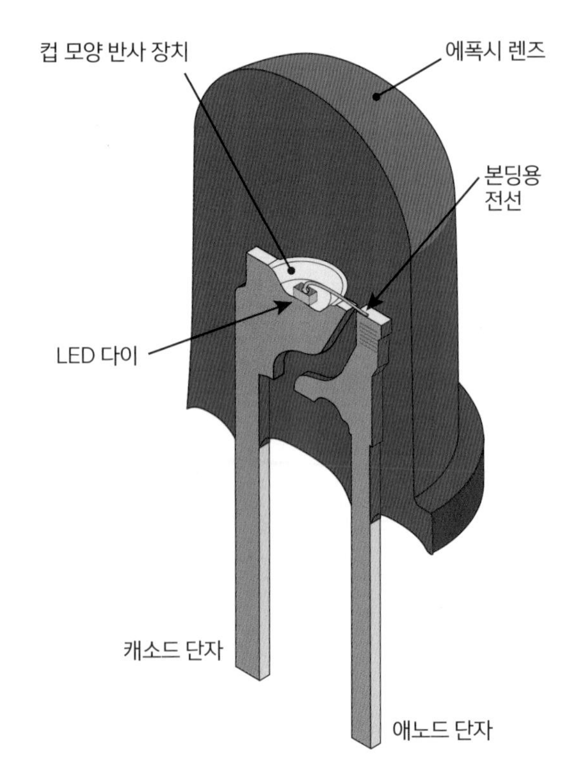

LED는 기판에 꽂아 사용하는 장치이며 반도체 다이의
상단 표면에서만 빛을 방출한다. 다이는 다루기 쉽도록
군더더기 없는 정육면체 모양으로 절단되어 있다.

표면실장형 LED

Surface-Mount LED

표면실장형 LED는 패키지를 제외하면 스루홀 LED와 완전히 동일하다. 이 LED는 리드선 대신 도금 단자가 달린 얇은 회로기판에 장착해서 더 큰 기판에 납땜할 수 있다. 얇은 회로기판에 바로 성형된 투명 플라스틱 렌즈가 LED 다이와 본딩용 전선을 감싸서 보호한다.

사진에 보이는 LED는 반도체 구성에 따라 초록색으로 켜진다.

이 사진은 노출 시간이 서로 다른 사진 여러 장을 합성해서 부품이 더 잘 보이도록 손본 결과다.

적녹 2색 LED

Red Green Bicolor LED

사진에 보이는 **2색 LED** 내부는 리드선 두 개와 개별 LED 다이 두 개로 구성되어 있으며 이 부속품들은 각각 본딩용 전선으로 병렬로 연결되어 있다. 적녹 LED는 전류가 어느 한 방향으로 흐르면 빨간색이 켜지고, 전압을 반대로 가해 전류 방향이 바뀌면 초록색이 켜지는 방식으로 작동한다. 전류가 각 방향으로 흐르는 상대적인 시간을 바꾸는 등 섬세히 설계해 LED가 빨간색, 파란색, 노란색 또는 그 사이의 특정 색이 켜진 것처럼 보이게 할 수도 있다.

이러한 LED는 전면 패널 표시등으로 사용하기도 한다. 초기 세대 적녹 LED 전광판과 주유소 간판에는 대규모로 배열한 적녹 LED를 사용하기도 했다.

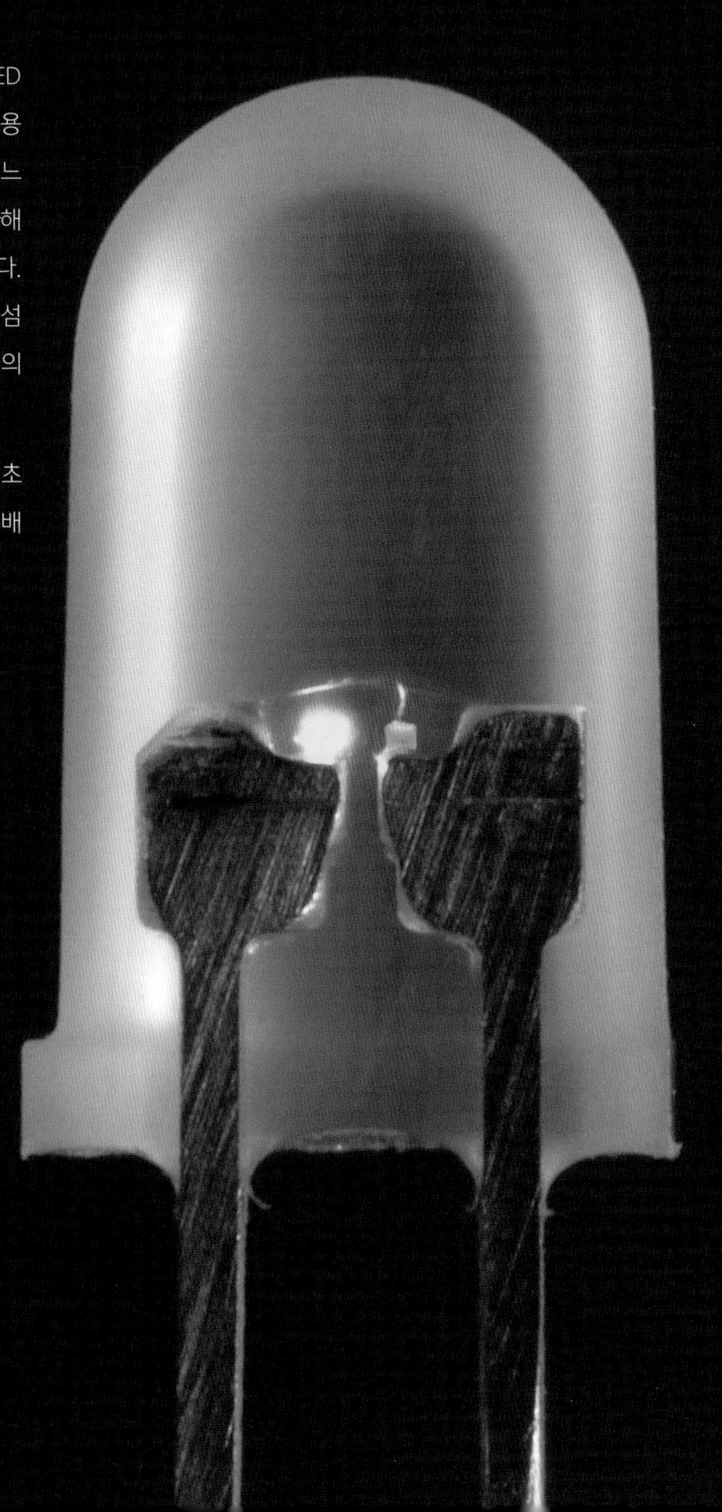

백색 LED
White LED

백색 LED라고 불리는 이 장치는 LED와 똑똑한 화학작용이 더해진 결과다. 사실 진짜 백색광이라면 모든 무지갯빛을 포함해야 하지만 LED는 반도체 특성에 따라 결정되는 한 가지 색의 빛만 방출할 수 있다. 이 문제에 대한 해결책으로 빨간색, 초록색, 파란색 빛을 모두 합치면 사람의 눈으로는 마치 흰색을 보고 있는 것처럼 느끼게 된다.

백색 LED의 다이는 컵 모양 반사 장치의 바닥에 위치하며 실제로는 청색광을 방출한다. 반사 장치는 **인광체**phosphor라는 화합물로 채워져 있어 청색광을 흡수하면서 약간 붉은색을 띠는 광범위한 색상 스펙트럼을 방출한다. 인광체의 빛은 LED에서 방출하는 청색광과 결합해 사람의 눈이 밝은 백색광이라고 인식하는 빛을 발생시킨다.

노출 수준이 서로 다른 사진을 합성한 사진으로, LED 다이 주변으로 비치는 청색광을 보여준다. 이 청색광은 포착하기가 쉽지 않다.

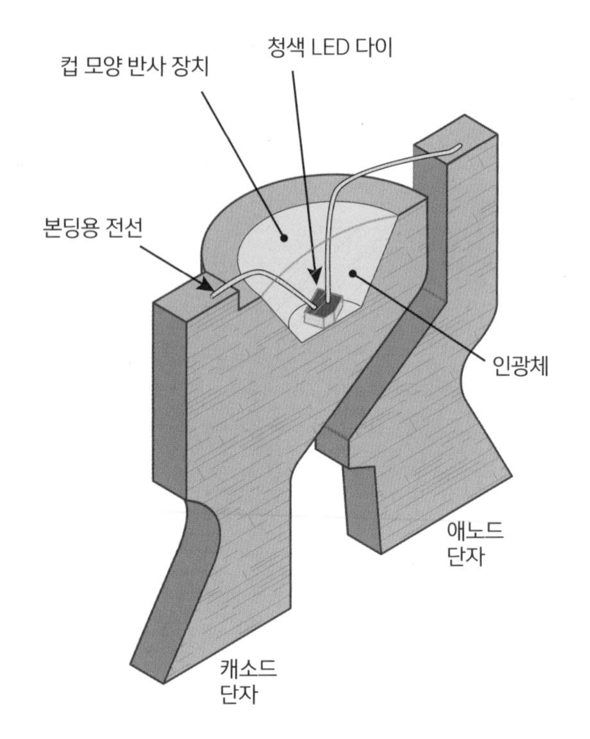

겉으로 봐서는 알 수 없지만 모든 백색 LED의
중심에는 청색 LED가 들어 있다.

레이저 다이오드

Laser Diode

레이저 프린터라는 이름은 종이에 이미지를 인쇄할 때 레이저를 사용하는 방식에서 따왔다. 아래 사진에 보이는 **레이저 다이오드**는 최신 데스크톱용 컬러 레이저 프린터에서 가져왔다.

레이저 다이오드는 TO-56 금속 캔 패키지에 내장되어 있으며 패키지에는 무반사 코팅 유리창과 방열판, 레이저 출력량을 측정할 때 사용하는 민감한 광검출기light detecter인 **포토다이오드**photodiode가 있다.

레이저 부품 자체는 크기가 작고 앞면이 빨간색인 레이저 다이오드 다이로, 더 큰 실리콘 포토다이오드 다이 위에 놓여 있다. 각 다이는 본딩용 전선을 통해 단자와 연결된다. 세 번째 공통common 단자는 금속 캔 케이스를 통해 연결된다.

레이저 다이오드 다이가 활성화되면 수직으로 빛을 방출하는 LED와 달리 수평으로 빛을 방출한다. 이러한 유형의 레이저는 사람의 눈으로 볼 수 있는 가장 붉은색 가시광선에서 살짝 벗어난 근적외선을 방출한다.

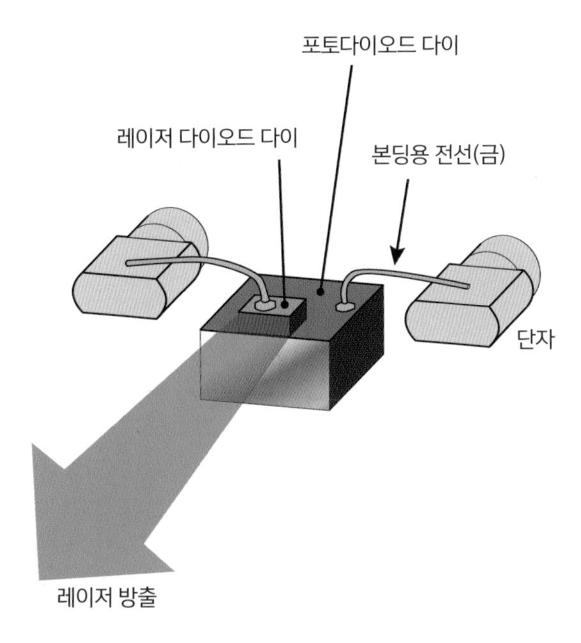

레이저 다이오드는 앞쪽뿐 아니라 뒤쪽으로도
빛을 발산한다. 패키지 뒤쪽 표면은 굴곡이 져
있어 원치 않게 발생하는 직접 반사를 줄여준다.

광커플러

Optocoupler

광커플러는 전기 신호를 빛으로 변환하고 빛을 다시 전기 신호로 변환한다. 전기적 절연을 제공한다는 점에서는 변압기와 아주 유사하지만 변압기가 자기장을 사용하는 반면 광커플러는 빛을 사용한다.

상단에는 전기 신호를 빛으로 변환하는 LED가 포토트랜지스터를 마주보는 방향으로 장착되어 있다. 광센서인 포토트랜지스터는 LED의 빛을 다시 전기 신호로 변환한다. LED 다이는 보호를 위해 투명 실리콘 비드로 감싸여 있다. 장치는 먼저 빛이 통과할 수 있도록 반투명 플라스틱으로 채워지고 그 위는 외부 빛의 간섭을 방지할 수 있도록 검은색 플라스틱으로 덮인다.

이 4핀 DIP 광커플러는 LED에서 나오는 빛 때문에 주변의 반투명 플라스틱이 노란색으로 변했다.

광학 기울기 센서
Optical Tilt Sensor

광학 기울기 센서는 초기 세대 디지털 카메라로 사진을 찍을 때 카메라 방향을 확인할 용도로 사용됐다. 센서는 광트랜지스터 두 개와 이를 바라보도록 장착된 적외선 LED로 구성된다.

LED와 광트랜지스터 사이 공간에서는 작은 금속 공이 자유롭게 굴러다닌다. 장치를 똑바로 세우면 LED에서 나온 빛이 공 위를 지나 각 광트랜지스터까지 직선으로 도달한다. 센서가 왼쪽이나 오른쪽으로 기울어지면 공이 구르면서 둘 중 한쪽 광트랜지스터에 빛이 도달하지 못하도록 차단한다.

분홍색 투명 에폭시로 감싼 LED에서 나오는 빛은 적외선을 통과시키는 검은색 플라스틱을 지나 광트랜지스터 두 개가 장착된 다이에 도달한다.

광학 인코더

Optical Encoder

최신 컴퓨터 마우스에 사용되는 저해상도 광학 센서(85쪽 TQFP 패키지의 광학 센서 참조)는 사용자가 마우스를 움직임에 따라 마우스의 위치 변화를 측정한다. 반면 구식 볼 마우스의 경우 마우스를 움직이면 **광학 인코더** 두 개가 볼이 굴러가는 움직임을 감지한다.

광학 인코더는 광학 기울기 센서에서 한층 업그레이드된 방식으로 작동한다. 적외선 LED가 **인코더 휠**encoder wheel을 향해 빛을 비추면 이 바퀴에 있는 슬릿이 빛을 통과시키거나 차단한다. 바퀴를 가운데에 두고 LED 반대쪽에 위치한 광트랜지스터 두 개는 바퀴가 회전할 때 슬릿을 통과한 빛을 감지한다. 마우스의 회로는 광트랜지스터의 출력 신호를 해독해 커서를 화면에서 어느 방향으로 얼마나 이동할지 계산한다.

오늘날 볼 마우스는 구식이 됐지만 스크롤 휠이 있는 마우스에서는 여전히 광학 인코더로 휠의 회전을 감지한다.

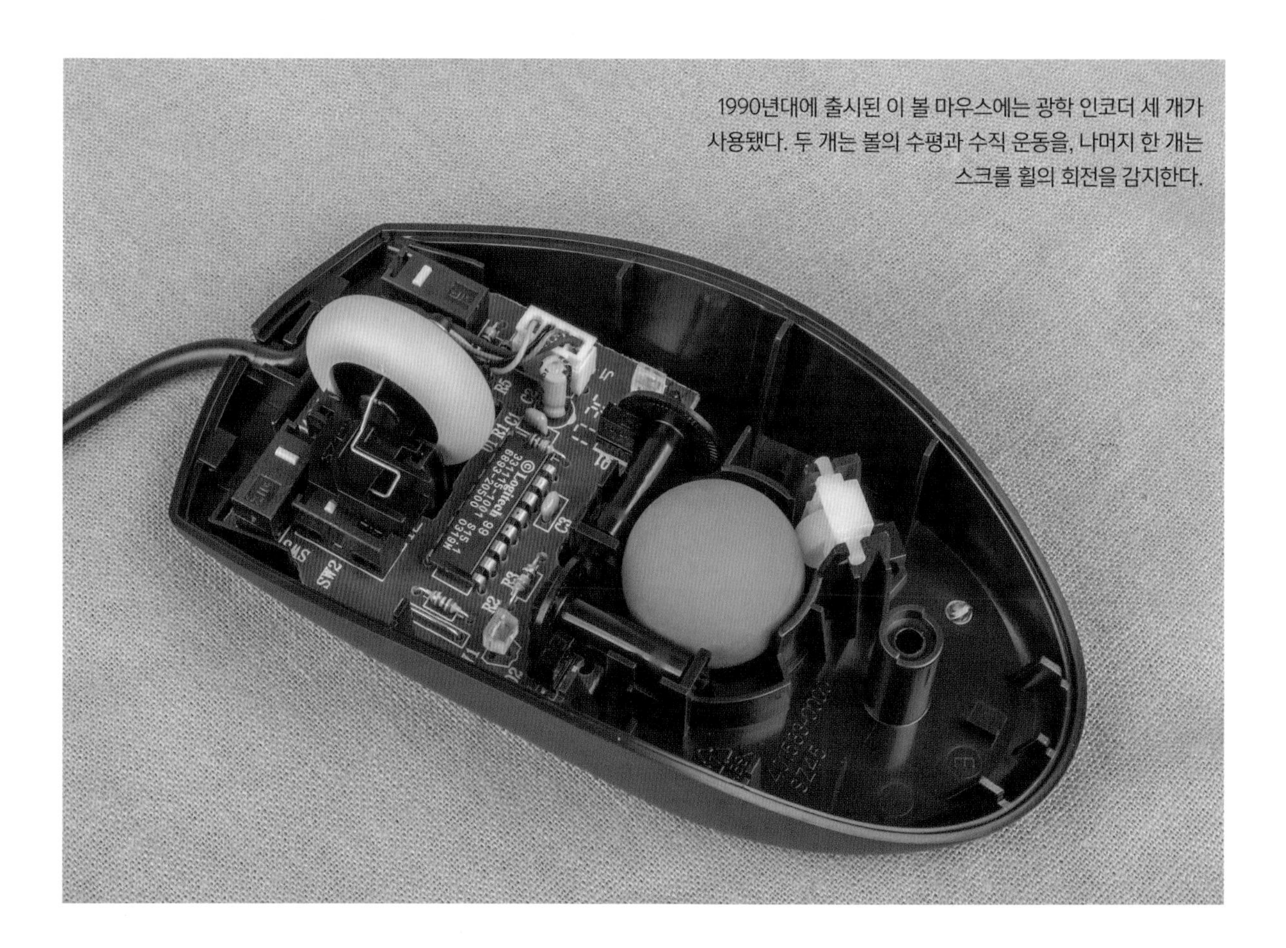

1990년대에 출시된 이 볼 마우스에는 광학 인코더 세 개가 사용됐다. 두 개는 볼의 수평과 수직 운동을, 나머지 한 개는 스크롤 휠의 회전을 감지한다.

적외선 LED는 투명한 플라스틱에 들어 있고 광트랜지스터를 두 개 사용한 수신기는 적외선을 통과시키는 검은색 플라스틱 케이스에 들어 있다.

이 사진은 적외선에 민감한 카메라로 찍은 것으로, 적외선이 분홍색으로 보인다. 적외선이 센서의 검은색 플라스틱을 통과해 비치는 모습이 보인다.

조도 센서

Ambient Light Sensor

아래 사진을 보면 폭이 1mm에 불과한 초소형 **조도 센서**가 스마트폰의 카메라와 LED 플래시 사이에 놓여 있다. 조도 센서는 빛의 양과 특성을 측정하며 휴대 전화에서는 이를 이용해 사진의 색온도를 감지해 보정할 수 있다. 또한 주변 환경에 따라 휴대 전화 화면의 디스플레이 색상과 밝기를 조정할 수 있다.

조도 센서는 6핀 인터페이스와 소형 2×3 볼 그리드 어레이로 구성된다. 투명한 패키지에 들어 있어 다이가 전체 장치와 거의 맞먹는 크기임을 알 수 있다. 다이의 센서 부분에 보이는 25개 정사각형에는 빨간색, 초록색, 파란색뿐 아니라 눈에 보이지 않는 적외선과 자외선 등 다양한 색상을 감지하기 위한 여러 광학 필터optical filter가 장착되어 있다.

휴대 전화 카메라도 작지만 ST VD6281
조도 센서는 그보다 훨씬 작다.

센서 아래에는 휴대 전화 뒷면에 부착된 플래시와
높이를 비슷하게 맞추도록 센서의 높이를 올려주는
회로기판 받침대가 놓여 있다. 이렇게 높이를 높이면
센서가 볼 수 있는 범위가 넓어진다.

CMOS 이미지 센서

CMOS Image Sensor

반도체 장치는 태생적으로 빛에 민감할 수밖에 없다. 반도체를 줄지어 칩에 배열하면 2차원 이미지를 전기 신호로 변환하는 **이미지 센서**가 된다. 이러한 칩은 디지털 카메라에서 가장 중요한 부분이다.

아래 사진에 보이는 이미지 센서는 이미지를 흑백으로 인식하지만 빨간색, 초록색, 파란색 격자무늬가 있는 광학 필터를 이미지 감지 매트릭스image sensing matrix에 적용해서 색상을 인식하도록 할 수도 있다.

다이 상단에 보이는 복잡한 회로는 해당 배열을 구동하는 제어 신호를 생성하고 이미지 센서에서 들어오는 약한 신호를 증폭해 디지털 데이터로 변환한다. 이 데이터는 처리하고 저장하거나 소셜 미디어 계정에 업로드할 수 있다.

CMOSComplementary Metal Oxide Semiconductor는 상보성 금속산화물 반도체라는 뜻으로, 장치를 만들 때 사용하는 특정 제조 공정을 가리킨다.

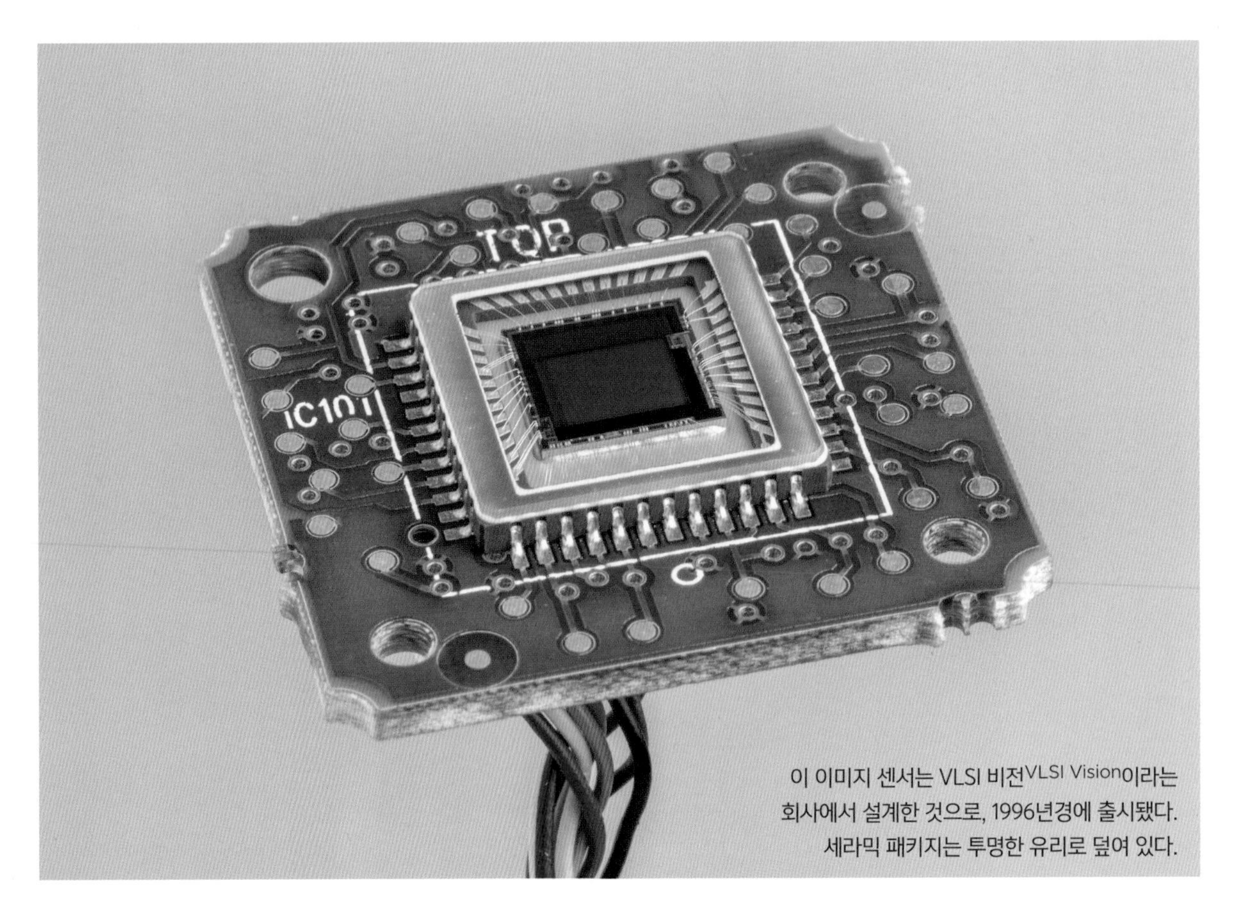

이 이미지 센서는 VLSI 비전VLSI Vision이라는 회사에서 설계한 것으로, 1996년경에 출시됐다. 세라믹 패키지는 투명한 유리로 덮여 있다.

3

전기기계 기술

Electromechanics

1장과 2장에서 살펴본 장치 대부분에는 움직이는 부품이 없지만 사실 중요한 전자부품 중에는 전자의 영역과 기계의 영역 양쪽에 걸쳐 있는 것들이 많다. 스위치, 모터, 스피커, 전자기 릴레이, 하드 디스크 드라이브, 스마트폰 카메라 등은 서로 관련이 없어 보일지 모르지만 공통점을 바탕으로 서로 엮여 있다.

토글 스위치
Toggle Switch

토글 스위치는 손가락으로 젖혀서 두 위치 사이를 움직이는 방식으로 작동한다.

내부 작동 방식은 놀랍도록 간단하다. 금속 막대가 두 위치를 오르락내리락하면서 중앙의 공통 리드선을 두 내부 접점 중 하나와 연결한다. 따라서 전류는 두 가지 가능한 경로 중 하나로 전달된다.

금속 막대를 누르는 플라스틱 부품에는 스프링이 장착되어 있어 한쪽으로 이동할 때 딸깍 소리를 내며 막대와 접점 사이에 일정한 압력을 가한다. 또한 플라스틱이라서 사람이 만지는 레버가 단자에 가해져 있을지 모르는 전압으로부터 전기적으로 절연되도록 한다.

토글 스위치 중간에 '꺼짐' 위치를 추가하거나 하나의 레버를 사용하면서도 스위칭이 병렬로 이루어지도록 독립된 접점 쌍(극)을 추가할 수도 있다.

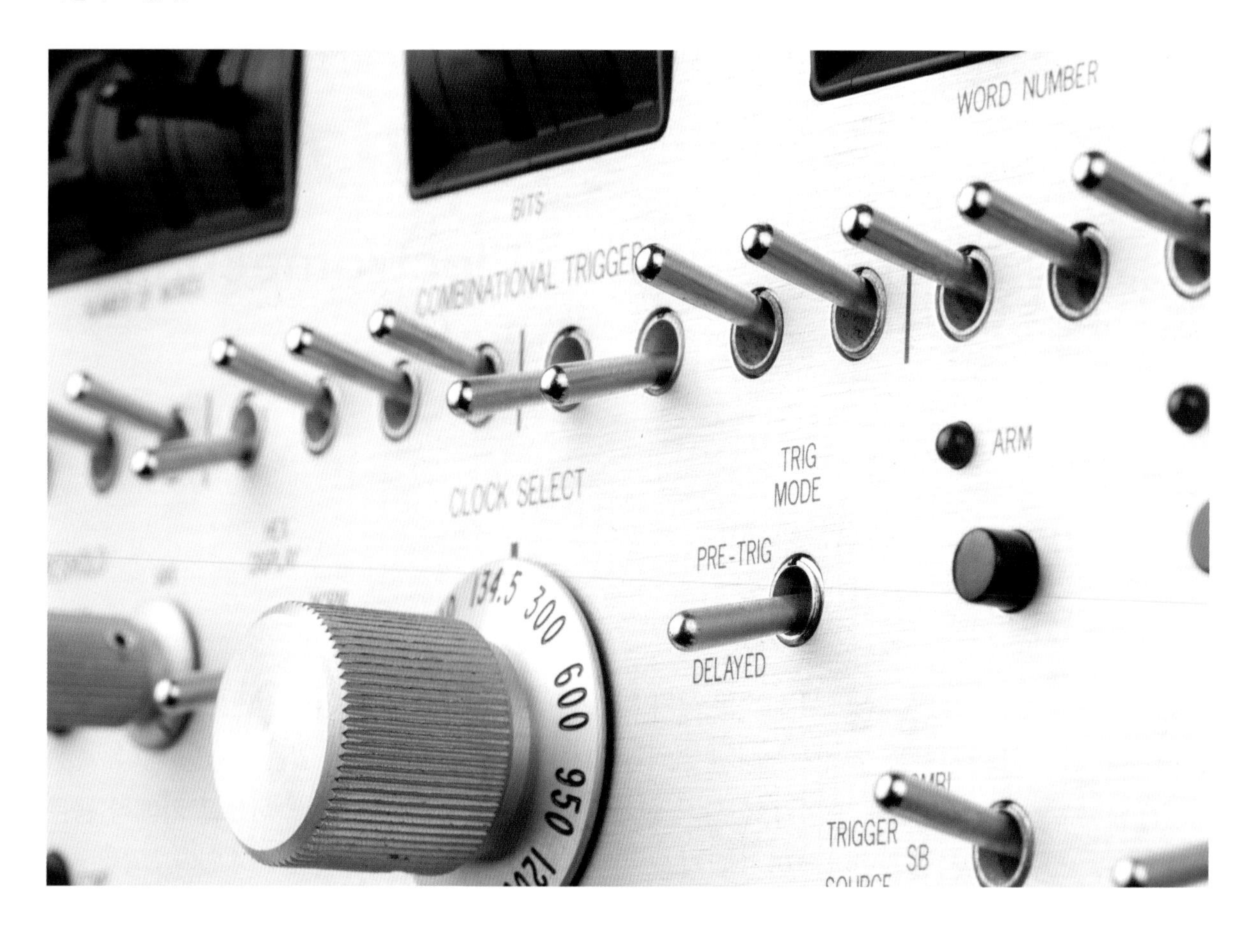

스위치 윗부분에는 패널에 설치할 수 있도록 나사산이 나 있다.
나사산 단면에 보이는 핀은 레버의 중심점에 해당한다.

슬라이드 스위치
Slide Switch

사진에 보이는 2위치 **슬라이드 스위치**는 손잡이에 홈이 파여 있어 손끝으로 잡아 반대쪽으로 이동시키기 쉽다.

아래 사진은 스위치 내부 모습을 보여준다. 내부에서는 손잡이가 금속 접촉판을 앞뒤로 밀어 가운데 단자를 바깥쪽 단자 두 개 중 하나와 연결해 닫힌 회로를 완성한다. 좀 더 크고 복잡한 슬라이드 스위치는 손잡이에 단자와 위치가 더 있을 수 있다.

손잡이와 금속 접촉판 사이에 있는 압축 스프링은 접촉판이 미끄러질 때 단자에 압력을 가한다.

푸시버튼 스위치

Pushbutton Switch

사진에 보이는 기본 **푸시버튼 스위치**는 상업용 제품에는 잘 사용하지 않지만 취미용 전자부품 프로젝트의 전면 패널에서 종종 볼 수 있다. 이 부품의 기본 작동 원리는 다른 푸시버튼 스위치에도 똑같이 적용된다.

스프링이 장착된 버튼을 누르면 금속 와셔가 아래로 내려가면서 두 접점을 누르고 그 결과 둘 사이에 연결이 생기면서 닫힌 회로가 완성된다. 버튼을 누른 손을 떼면 스프링이 와셔를 다시 위로 밀어 회로가 끊어진다. 버튼을 누르고 있지 않은 동안에는 회로가 열린 상태로 유지되기 때문에 이 부품을 상시 열림normally open 스위치라고도 부른다.

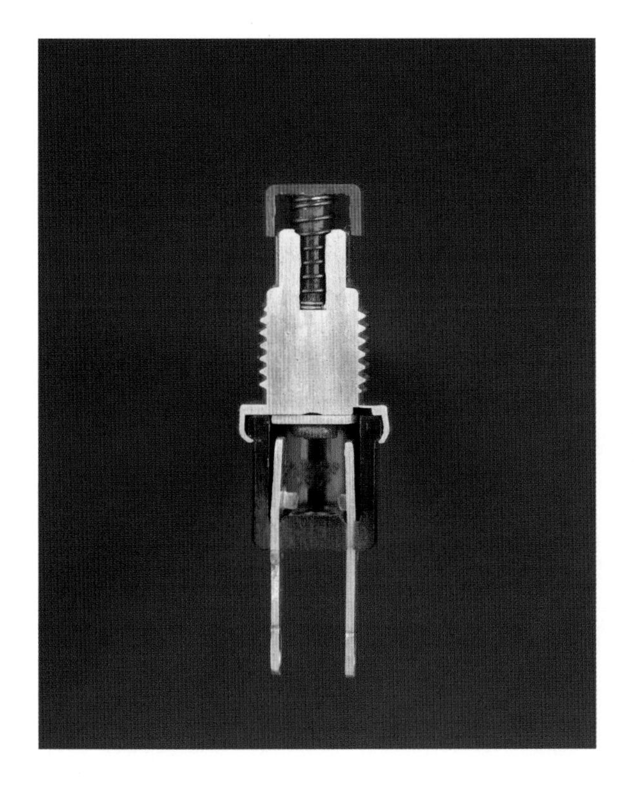

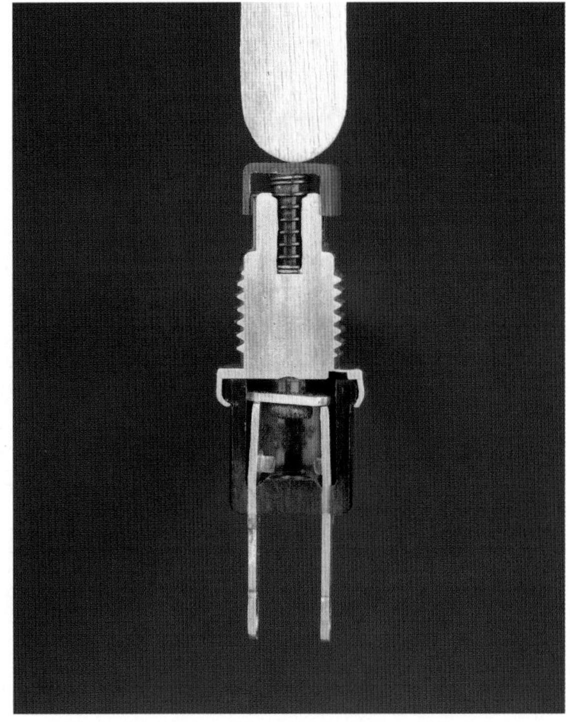

DIP 스위치

DIP Switch

DIP 스위치는 누구나 한 번쯤 설정해 사용해본 적이 있을 것이다. 이 스위치는 알람 설정 장치, 산업용 장비, 가정용 난방 조절 장치, 구형 컴퓨터 등에서 흔히 볼 수 있다. 스위치의 2열 단자가 DIP 패키지와 마찬가지로 두 줄로 늘어선 친숙한 모양을 하고 있어서 DIP 스위치라는 이름을 얻었다. 단자 쌍마다 별도 스위칭 장치가 있다.

어떤 작동 방식을 기반으로 하는지에 따라 DIP 스위치의 유형도 달라진다. 소형 슬라이드 스위치나 다양한 토글 및 로커 스위치rocker switch 메커니즘을 기반으로 하는 여러 유형의 스위치가 있다. 아래 사진에 보이는 스위치는 단순한 로커 유형 방식을 사용한다.

스위치 내부는 흰색 플라스틱 로커와 스프링이 장착된 금속 공, 접점 두 개로 구성된다. 로커 위치를 변경하면 공이 좌우 어느 한쪽이나 가운데로 이동하며 가운데에 있을 때 두 접점이 서로 연결된다.

DIP 스위치는 애플 IIe 컴퓨터 내부의 애플 슈퍼 시리얼 카드 II 의 구성을 설정하는 데 사용된다.

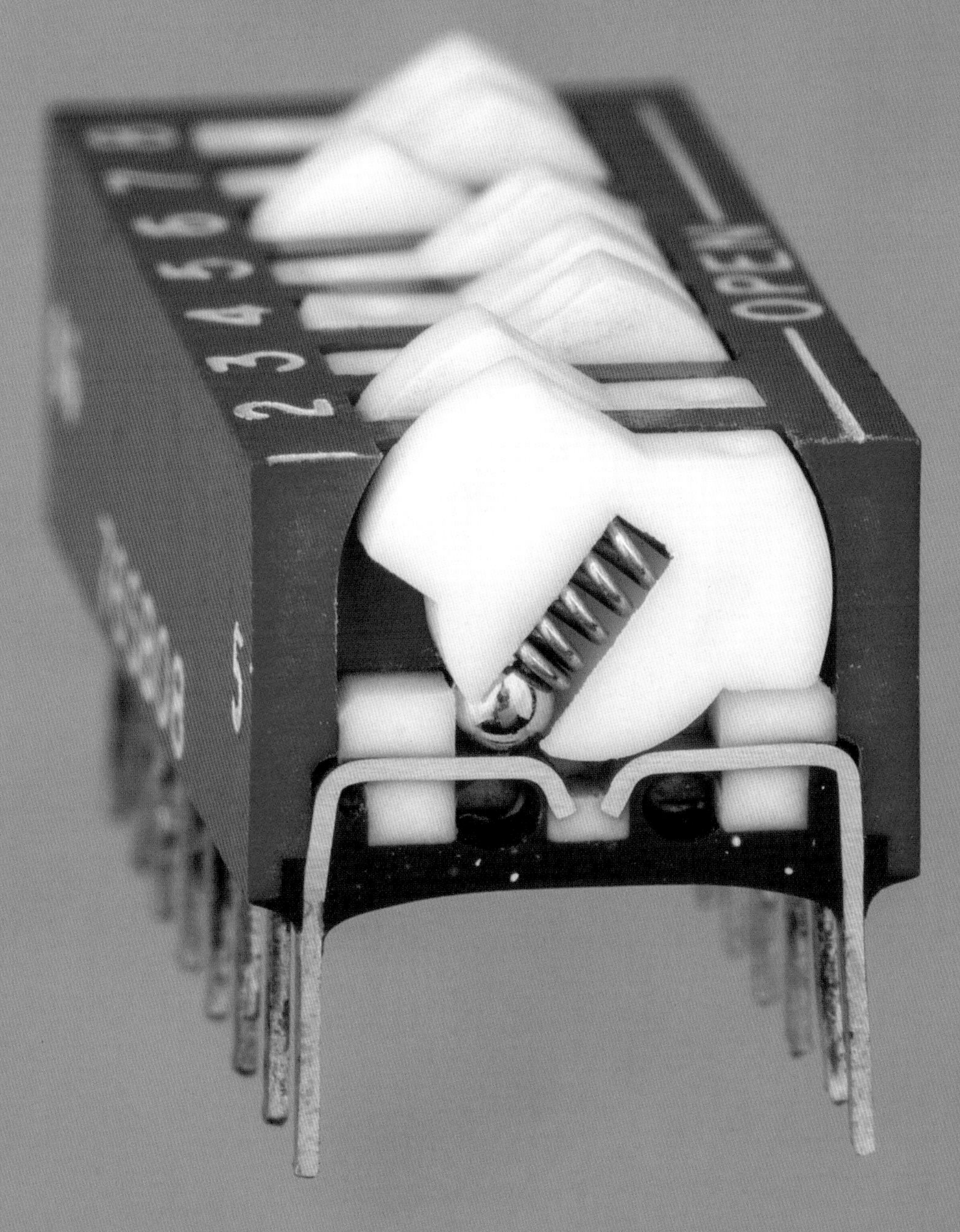

금으로 도금한 금속 공은 지름이 1.5mm에 불과하다.
8위치 DIP 스위치는 스프링 여덟 개로 고정된 공 여덟 개로 구성된다.

촉각 스위치

Tactile Switch

촉각 스위치는 크기가 다양하며 전자부품과 가전제품의 기능 작동용 버튼으로 널리 사용된다. 광학 디스크 드라이브를 꺼낼 때 누르는 버튼이나 홈시어터의 전면 패널 버튼과 같이 디자인에 맞춘 더 큰 버튼 뒤에 숨어 있는 경우가 많다.

버튼을 누르면 스위치 내부에 있는 얇은 금속 돔이 아래로 내려앉으면서 닫힌 회로가 완성된다. 버튼에서 손을 떼면 그 즉시 돔이 제자리로 돌아가면서 회로가 끊어지고 전류 흐름이 멈춘다. 금속 돔은 탄력이 있어 기분 좋은 딸깍 소리와 함께 특유의 느낌을 전달한다.

이 촉각 스위치에는 커다란 빨간색 버튼 캡이 있지만 전자제품에는
좀 더 작고 눈에 잘 띄지 않는 스위치가 주로 사용된다.

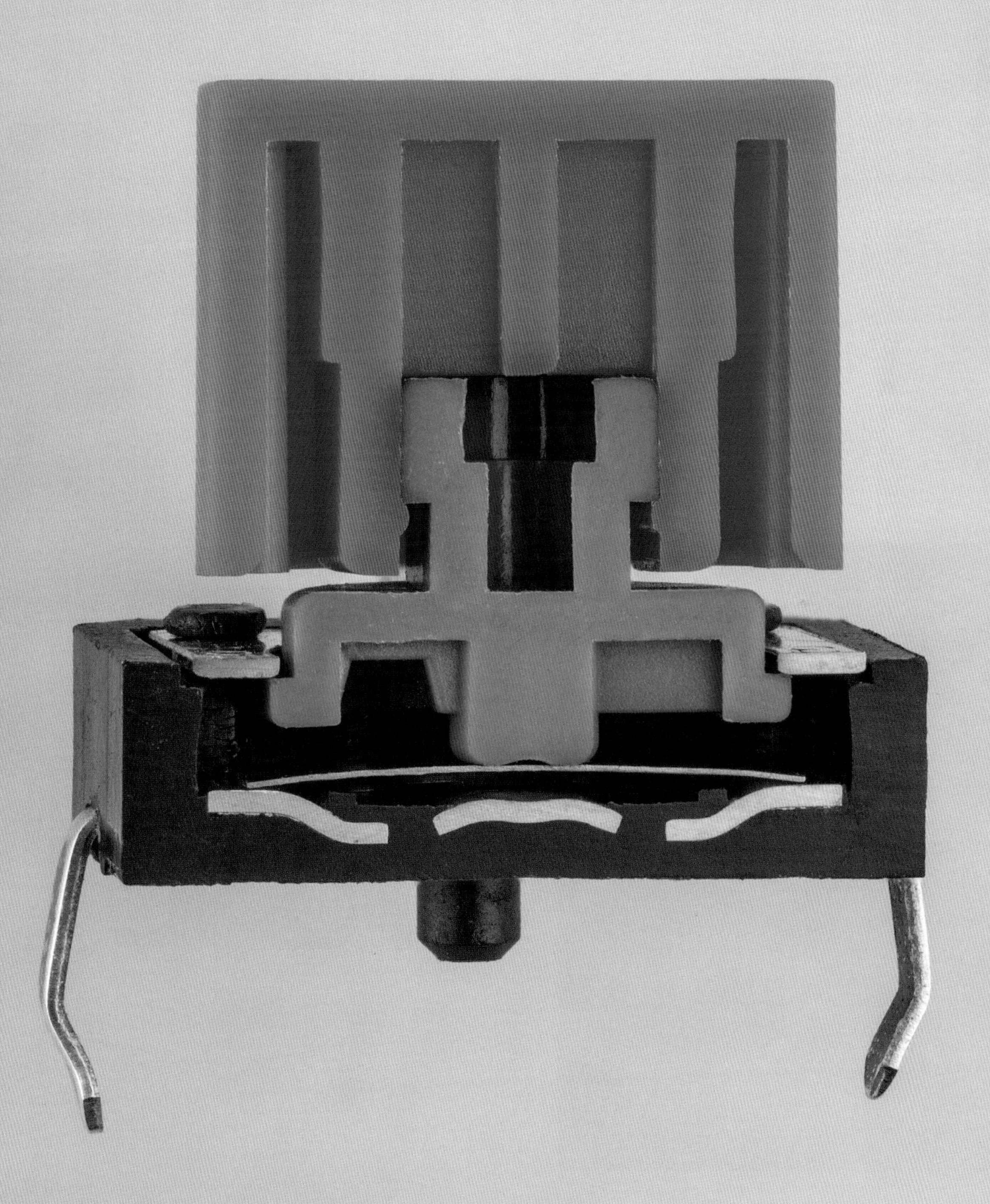

마이크로스위치

Microswitch

마이크로스위치는 컴퓨터 마우스 버튼에서 전기적 기능을 담당하는 동시에 딸깍하는 느낌을 전달한다. 수백만 번 작동할 수 있도록 설계된 아주 안정적인 스위치다.

내부에는 곧고 평평한 누름식 금속 스프링 한 개와 구부러진 스프링 한 개가 장착되어 있다. 두 스프링이 서로 작동해서 플런저plunger를 특정 작동 지점보다 더 눌렀을 때 일정한 스냅 동작이 발생한다. 플런저가 원래 위치로 돌아가면 스위치도 반대 위치로 돌아간다. 스냅 동작이 발생하면 장치의 단자에 부착된 두 개의 고정 접점 사이에 위치한 공통의common 전기적 접점이 이동한다.

이러한 마이크로스위치는 컴퓨터 마우스 외에도 여러 산업 및 자동화 응용 분야에서 사용된다. 2D 및 3D 프린터에 사용하는 리미트 스위치limit swtich가 대표적인 예다.

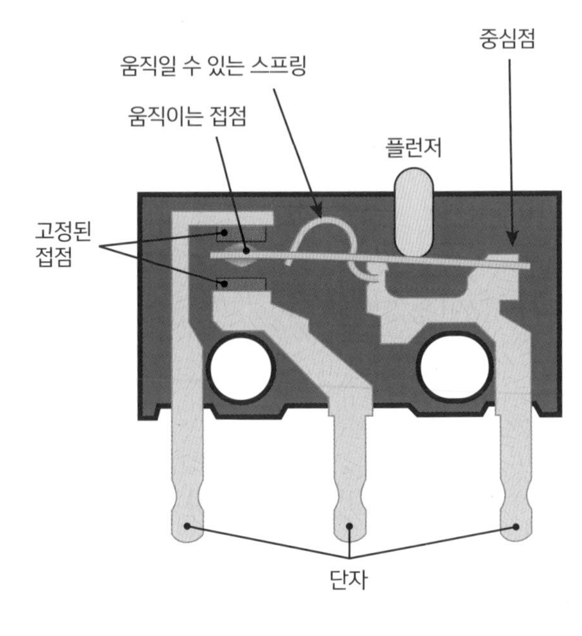

전자기 릴레이
Electromagnetic Relay

전자기 릴레이는 버튼이나 레버가 아닌 전기 신호로 작동하는 스위치다. 상당히 큰 전력을 전환할 때 사용할 수 있는 강력하면서도 저렴한 선택지이며 가전제품, 자동차, 엘리베이터, 산업 장비, 심지어 신호등에도 사용된다.

릴레이의 핵심은 **솔레노이드**solenoid다. 솔레노이드는 전자석으로 사용하도록 특별히 설계된 인덕터 유형을 말한다. 전류가 솔레노이드 권선을 통과하면 자기장이 발생하면서 한쪽이 고정되어 있는 철판을 끌어당긴다. 이때 스위치 접점 세트가 한 위치에서 다른 위치로 이동한다. 솔레노이드에서 전류가 차단되면 스프링이 철판을 반대로 밀어내면서 스위치 접점이 초기 위치로 돌아간다. 다시 말해 릴레이는 전기를 사용해 전기를 전달relay한다.

사진에 보이는 릴레이에는 극이 네 개 있다. 하나의 솔레노이드가 스위치 네 개를 동시에 작동시켜 총 네 개의 신호를 독립적으로 제어할 수 있다.

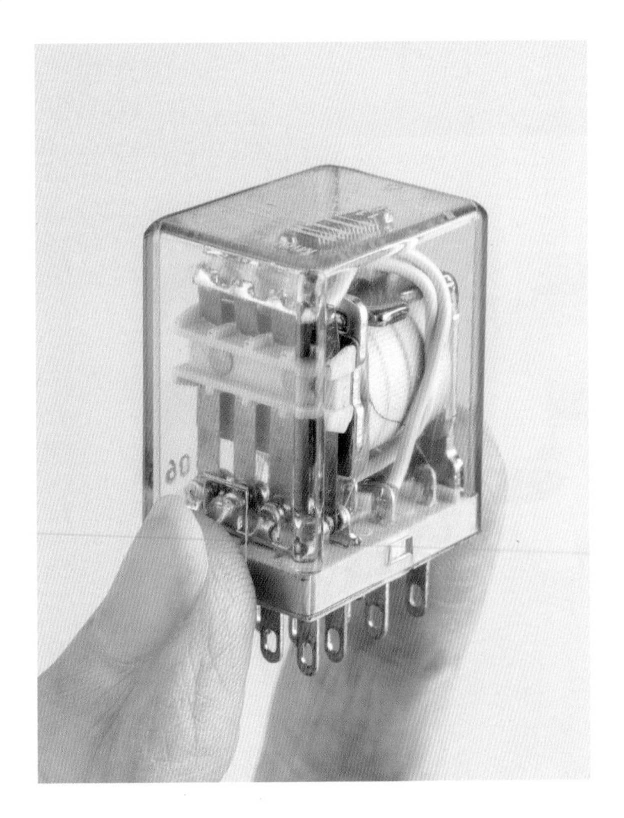

솔레노이드는 가느다란 구리선으로 감겨 있고 겉은 천 테이프로 덮여 있다. 두꺼운 고무 피복 전선이 각 스위치의 중앙 단자에 연결되어 있다.

열 스위치

Thermal Switch

온도를 조절해야 하는 단순한 장치에는 특정 온도에서 열리거나 닫히는 전기 스위치인 **열 스위치**를 사용할 수 있다. 예를 들어 커피 메이커에 사용하는 열 스위치는 예열판의 온도가 정해진 값 아래로 떨어질 때마다 히터를 켠다.

열 스위치의 활성 영역은 열팽창률이 다른 두 금속을 샌드위치처럼 용접한 **바이메탈 판**bimetallic strip이다. 사진에 보이는 스위치에서 바이메탈 판 역할을 하는 부품은 가열하거나 냉각할 때 형태가 변하는 얇은 디스크다.

실온에서 디스크는 평평하다. 디스크가 작은 세라믹 막대를 밀어 올리면 전기적 접점 두 개가 함께 눌리면서 연결이 생긴다. 반면 온도가 정해진 값보다 높아지면 디스크가 중심 쪽으로 얇아지면서 아래쪽으로 구부러져서 세라믹 막대가 접점을 누르는 힘이 사라지고 회로 연결이 끊어진다.

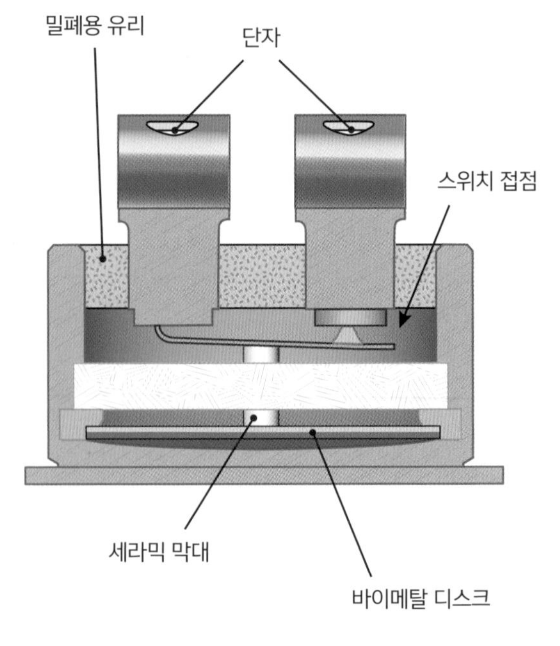

작동 방식을 보이기 위해 열 스위치를 반으로 잘랐다.
이러한 스위치는 먼지가 내부로 들어가지 못하도록 밀폐되어 있다.

브러시 DC 모터

Brushed DC Motor

지름이 연필 정도인 이 소형 호출기pager 모터는 보통 휴대 전화 진동 모터로 사용하는 여러 유형 중 하나다.

모터 내부에 있는 구리 권선에 전류가 흐르면 자기장이 생성되면서 영구자석permanent magnet의 자기장을 밀어낸다. 이 영구자석은 제자리에 고정되어 있어 **고정자**stator라고 부른다. 권선은 축(회전자rotor)에 연결되어 있는데 이 축은 자기장의 인력과 척력으로 인해 회전하기 시작한다.

브러시라고 하는 길쭉한 금속은 회전하는 구리 권선에 전류를 전도한다. 브러시는 구리 권선을 흐르는 전류의 극성을 반 바퀴마다 반전시키는 **정류자**commutator 역할도 한다. 브러시가 없으면 회전자는 단순히 고정자 자석의 자기장에 맞춰 회전을 멈추고 만다.

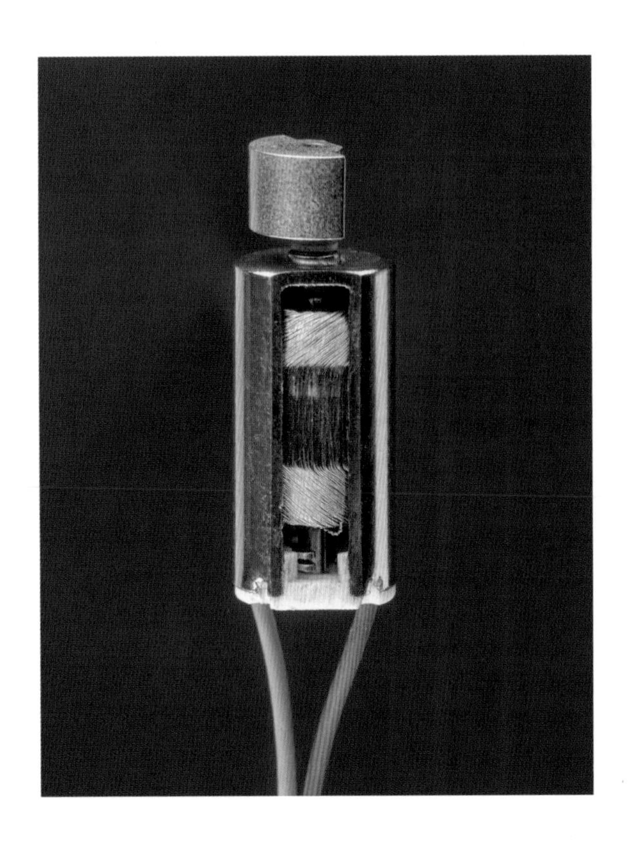

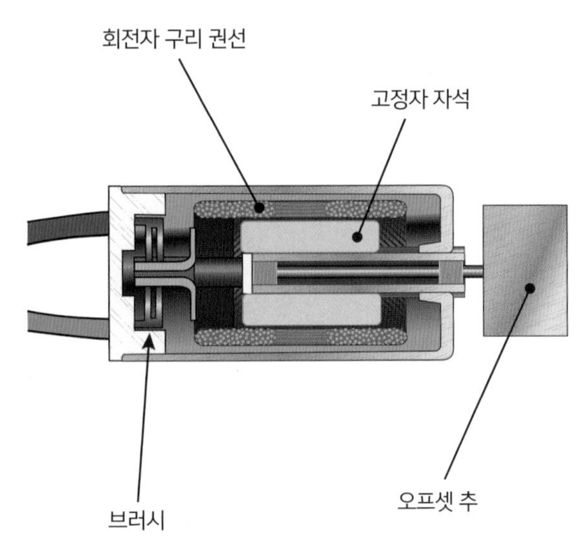

모터 출력축에 오프셋 추가 달려 있어
모터가 회전할 때 심한 진동이 발생한다.
모터는 작지만 회전이 빨라 그 자리에서
진동하는 것처럼 느껴진다.

구리 권선이 회전하는 동안 내부에 있는
관 모양 자석은 고정된 상태를 유지한다.

스테퍼 모터

Stepper Motor

모터는 끊임없이 회전하도록 설계된 경우가 많지만 **스테퍼 모터**는 움직이기 시작하면 '스텝'이라고 하는 증분만큼 회전한 뒤 빠르게 정지하도록 최적화되어 있다.

스테퍼는 브러시가 없는 모터다. 즉, 구리 권선은 움직이지 않는 고정자의 일부고 영구자석은 움직이는 회전자의 일부다. 사진에 보이는 스테퍼 모터는 데스크톱 3D 프린터에 사용하는 일반적인 유형으로, 구리 권선이 여덟 개 연결되어 있다. 네 개씩 두 쌍의 권선이 마주보는 형태이며 철판을 여러 겹으로 쌓아 만든 고정자를 감싸고 있다. 회전자 자체도 여러 개의 철판 층으로 이루어져 있으며 고강도 영구자석의 극 역할을 한다.

회전자와 고정자 모두의 톱니 구조를 하고 있는데 이 구조가 모터의 스텝 크기, 다시 말해 분해능resolution을 결정한다. 이 모터는 한 번 회전할 때 움직일 수 있는 단계인 스텝이 총 200개다.

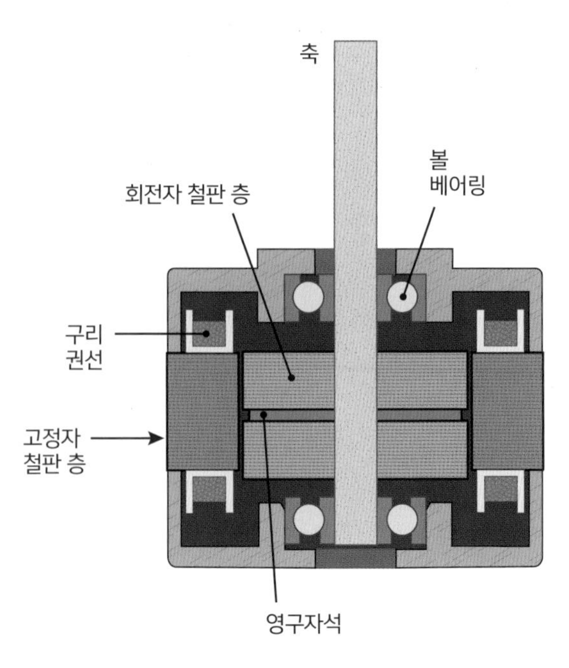

조립하면 회전자가 아주 약간의 틈만 남기고
고정자 내부에 깔끔하게 들어맞는다.

단면에는 구리 권선뿐 아니라 볼 베어링,
층으로 쌓아 만든 회전자와 고정자도 보인다.

자기 버저
Magnetic Buzzer

다양한 종류의 장비가 **자기 버저**를 사용해 온갖 종류의 소리를 만들어낸다. 예를 들어 알람음, 정보 알림음, 더 나아가 전기밥솥의 취사 완료 알림음 같은 간단한 멜로디도 있다. PC 마더보드는 낮은 수준의 오류가 발생하면 자기 버저를 사용해 경고음을 낸다.

자기 버저는 비록 외형은 재미없게 생겼지만 내부는 의외로 생동감이 넘친다. 가장 눈길을 끄는 부분은 철심에 자철선을 감아 만든 작은 솔레노이드다. 연결용 리드선 두 개에 전류를 가하면 구리 자철선이 내부 코어에 자기장을 생성한다. 이 자기장은 권선 주위를 감싼 링 모양 자석에서 나오는 자기장과 결합해 중간에 있는 금속 격막diaphragm을 밀어낸다. 교류 신호로 구동하면 격막이 입력 신호의 주파수에서 진동해 소리를 낸다.

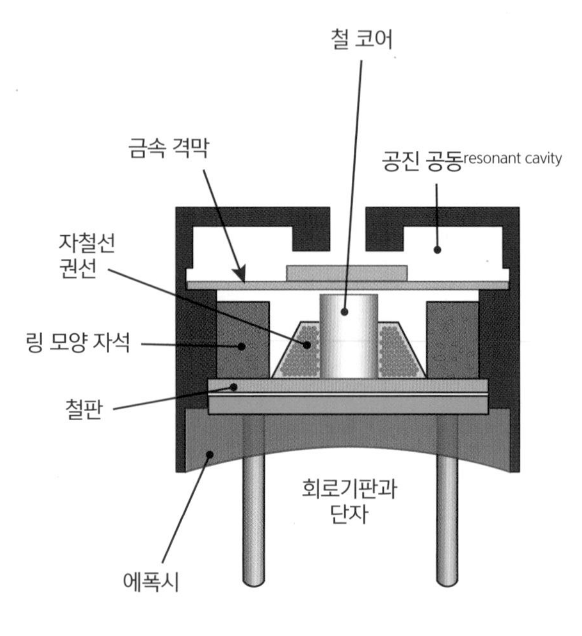

자기 버저를 투명 에폭시 수지에 담가 고정한
다음 잘랐다.

스피커

Speaker

스피커는 전기 신호를 사람이 소리로 인식하는 공기 진동으로 바꾼다.

스피커 내부 한가운데에는 커다란 영구자석이 있다. 자석의 원형 홈에 끼워져 있는 종이 원통 둘레에 **음성 코일**voice coil이라는 가는 전선 코일이 감겨 있다. 전류가 음성 코일의 어느 한 방향으로 흐르면 자기장이 발생하면서 영구자석의 자기장을 밀어낸다. 이에 따라 종이 원통이 위나 아래로 움직인다. 노란색 서스펜션은 전류가 흐르지 않을 때 원통을 중립 위치로 되돌리는 스프링 역할을 한다.

종이 원통은 검은색 스피커 콘에 연결한다. 콘은 틀로 찍어낸 종이로 만들며 주변 공기를 밀어낼 수 있을 만큼 표면적이 충분히 넓다. 원통이 움직이면 스피커 콘이 진동하면서 사람이 귀로 들을 수 있는 음파를 생성한다.

구형 애플 IIc 컴퓨터 케이스에 장착된 소형 스피커

스피커를 투명 수지로 고정하고 얇게 잘랐다.

확대해서 보면 빨간색으로 칠한 구리 자철선과 부착된 종이 원통이 영구자석의 홈에 정확하게 들어간 모습이 보인다. 이는 위아래로 자유롭게 움직일 수 있다.

스마트폰 카메라

Smartphone Camera

스마트폰에서 기계적으로 매우 복잡한 부품 중 하나는 조립된 카메라다. 카메라에는 해상도가 수 메가픽셀인 이미지 센서 외에도 다중소자 렌즈, 적외선 차단 필터, 자동 초점 메커니즘이 들어 있다.

무엇보다 이 모든 것이 약 1cm^3 부피 안에 다 들어간다.

스마트폰 카메라와 지금까지 살펴본 전기기계 장치는 어떤 관련이 있을까? 답은 이렇다. 자동 초점 메커니즘은 음성 코일 모터를 사용해서 마치 렌즈가 스피커의 종이 콘인 것처럼 렌즈를 센서에 맞춰 정확하게 배치한다.

책의 저자 중 한 명이 사진과 같은 유형인 넥서스 5X 스마트폰 카메라 장치를 사용해 자신의 첫 번째 단면 사진을 찍어 트위터에 게시했다.

조립된 광학 부품은 옆면이 비구면인 정밀 성형 플라스틱 렌즈 여섯 개를 포함한다.
초점 메커니즘은 조립된 렌즈 부품과 센서 사이의 거리를 조정하는 방식으로 작동한다.

카메라 모듈 내부

카메라는 조립된 렌즈 주변의 구리 음성 코일을 사용해 렌즈 위치를 주변의 고정 자석에 맞춰 정확하게 지정한다. 전류 크기를 변경하면 변위가 커지거나 줄어든다.

스마트폰으로 사진을 찍을 때 초점을 맞추려고 화면을 탭하면 이미지 센서에 따른 적절한 위치에 렌즈를 배치하기 위해 필요한 자기장을 정확히 알아내는 등 소프트웨어와 서보 회로servo circuitry 간에 복잡한 상호 작용이 이루어진다. 그 결과 사진의 초점이 완벽히 맞춰진다.

렌즈 장치 안쪽에는 적외선을 차단하는 유리 필터가 있고 그 밑으로 이미지 센서가 다층 회로기판에 놓여 있다. 이미지 센서는 본딩용 전선 여러 개로 기판과 연결되어 있다.

적색광을 우선적으로 반사하는 적외선 차단 필터를 일부
잘라내면 그 아래에 있는 주 이미지 센서가 드러난다.

회전식 음성 코일 모터

Rotary Voice Coil Motor

하드 드라이브는 고성능 **회전식 음성 코일 모터**를 사용해 읽기 및 쓰기 헤드를 여러 위치로 빠르게 이동시킨다.

작동 원리는 스피커의 음성 코일과 같다. 다만 코일이 직선으로 이동하는 대신 중심점을 기준으로 회전하도록 자석과 코일이 배치되어 있다.

상당한 구동 성능과 복잡한 폐쇄 루프 서보 회로 덕분에 하드 드라이브가 헤드 위치를 정확히 재배치하는 데 드는 시간은 몇 밀리초에 불과하다.

광드라이브 포커싱 모터

Optical Drive Focusing Motor

노트북용 DVD 드라이브에서 가져온 이 레이저 장치는 성능이 더 뛰어난 2축 음성 코일 모터 방식을 사용해 렌즈를 배치한다. 코일과 자석 두 세트가 렌즈를 위아래로 움직여 초점을 맞추고 좌우로 움직여 트랙을 이동시킨다. DVD의 데이터는 디지털 1과 0이 나선형을 이루도록 인코딩된다. DC 모터는 나선 모양을 따라 거칠게 트랙을 이동시키는 동시에 선형 트랙을 따라 레이저 장치 전체를 이동시킨다. 미세 조정 시에는 트랙 이동 코일이 렌즈를 좌우로 이동시킨다.

렌즈 장치는 길고 가는 스프링 전선으로 고정되어 있으며 이 전선은 코일에 대한 전기적 연결을 형성하기도 한다.

일렉트릿 마이크

Electret Microphone

일렉트릿 마이크는 휴대 전화 헤드셋 같은 소비자 가전의 마이크로 자주 사용되는 저렴한 장치다. 일렉트릿이라는 이름은 격막을 형성하는 다소 이상한 물질에서 유래했다.

일렉트릿이라는 물질에는 영구 전하가 저장되어 있다. 이는 마치 자석이 영구적으로 일정량의 자성을 가지는 것과 비슷하다. 마이크의 일렉트릿 격막과 **픽업 플레이트**pickup plate는 일렉트릿에 의해 영구적으로 전하가 충전되는 단순한 커패시터를 이룬다. 음파가 일렉트릿 격막과 충돌하면 픽업 플레이트까지의 거리가 변하고 그에 따라 정전용량도 변해 전기 신호가 생성된다. 픽업 플레이트는 장치에 내장된 트랜지스터와 연결되어 있어서 전기 신호는 트랜지스터를 통해 증폭된 뒤 단자를 통해 출력된다.

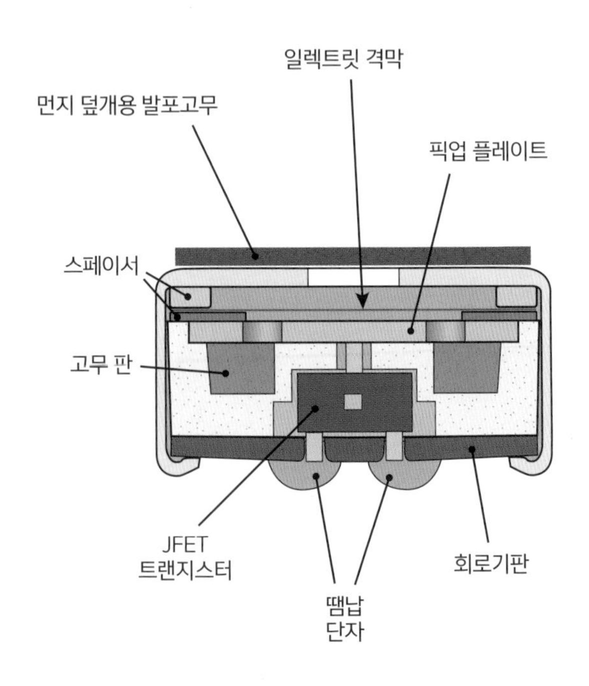

마이크를 투명 수지에 넣어 굳힌 뒤 잘랐다. 단면에는 검은색
패키지에 내장된 트랜지스터의 다이와 본딩용 전선이 보인다.

-1.3V
PROBE
X10
COMP
TEST
DATA IN
4

케이블과 커넥터
Cables and Connectors

케이블과 커넥터는 장치를 주변 세계와 연결한다. 전자를 운반하고, 주택 전체에 전력을 전달하고, 컴퓨터에 인터넷을 연결하고, 화면에 비디오를 스트리밍해 보여주며, 음악을 귀에 들려주기도 한다. 케이블과 커넥터는 범위가 다양해서 단순한 전선 가닥부터 정밀 제조 기술에 사용되는 복잡한 부품까지도 아우른다.

단선과 연선

Solid and Stranded Wire

전선은 어디에나 존재한다. 바다 밑바닥과 먼 우주 탐사선에서도 찾아볼 수 있다. 전선은 건물 벽을 통해, 대륙을 가로질러, 때로는 사람의 몸 안에서도 전기 신호를 전달한다.

전선의 기본 유형에는 **단선**solid wire과 **연선**stranded wire이 있다. 단선은 금속 필라멘트가 하나인 반면 연선은 가는 전선 여러 개가 서로 중첩된 구조로 이루어진다. 연선은 단면의 모양이 거의 원형이어서 보통 가는 전선 일곱 가닥으로 구성된다. 같은 이유로 전선 19가닥, 37가닥, 더 나아가 61가닥으로 만든 연선도 있다. 연선이 쉽게 구부러지는 반면 단선은 모양을 유지하는 경향이 있어서 지나치게 여러 번 구부리면 끊어져버린다.

전선은 다양한 금속으로 만들지만 그중 소형 전자제품에 가장 흔하게 사용하는 전선은 구리선이다. 전기 단락short circuit이 일어나지 않도록 보통 니스나 PVC 플라스틱, 천 등의 절연체로 전선을 감싼 형태로 사용한다.

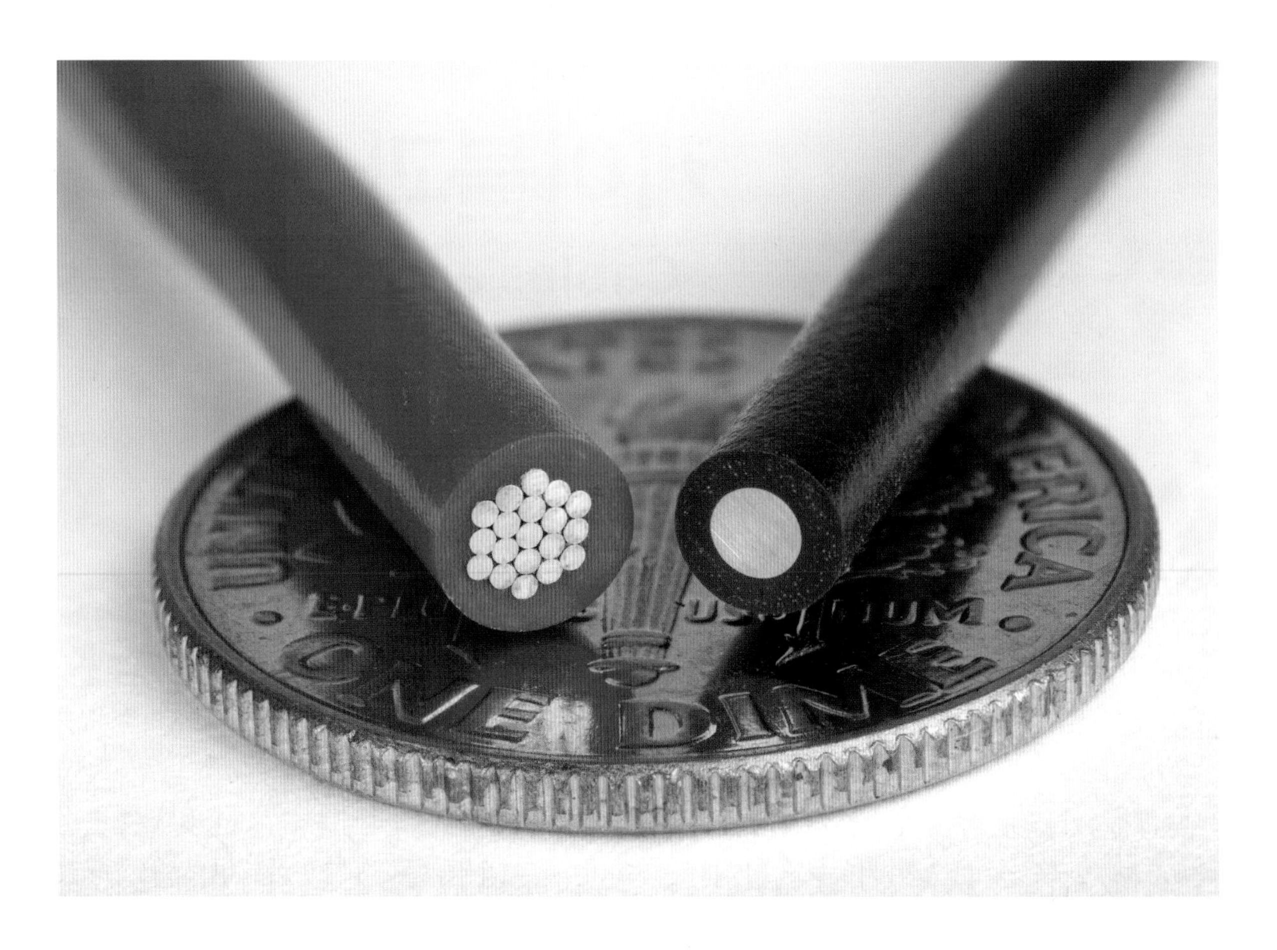

AC 전원 케이블

AC Power Cable

케이블은 전선 묶음을 지칭한다. 사진에 보이는 케이블은 미국에서 시판되는 데스크톱 컴퓨터에 따라오는 전원 케이블이다. NEMA 5-15 유형으로 알려진 3구 접지 플러그가 달려 있으며 정격 전류는 15A다.

케이블 내부는 세 개의 구리 연선으로 구성되고 외부는 검은색 피복으로 성형하는 식으로 감싸여 있다. 초록색 전선은 접지용 도체이며 검은색과 흰색 전선 쌍은 단상 120V, 60Hz 교류(AC)의 전기를 전달한다. 검은색 전선은 접지 기준 약 120V의 전압이 가해지는 활선hot line이며 흰색 전선은 접지와 비슷한 전압이 가해지는 중성선neutral line이다.

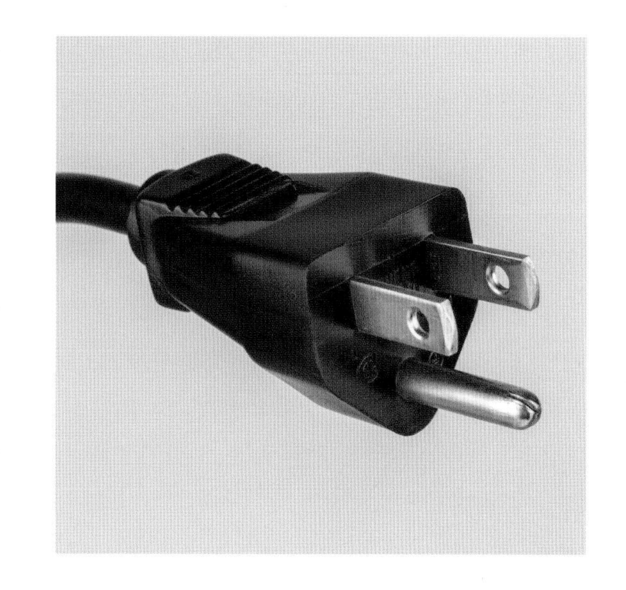

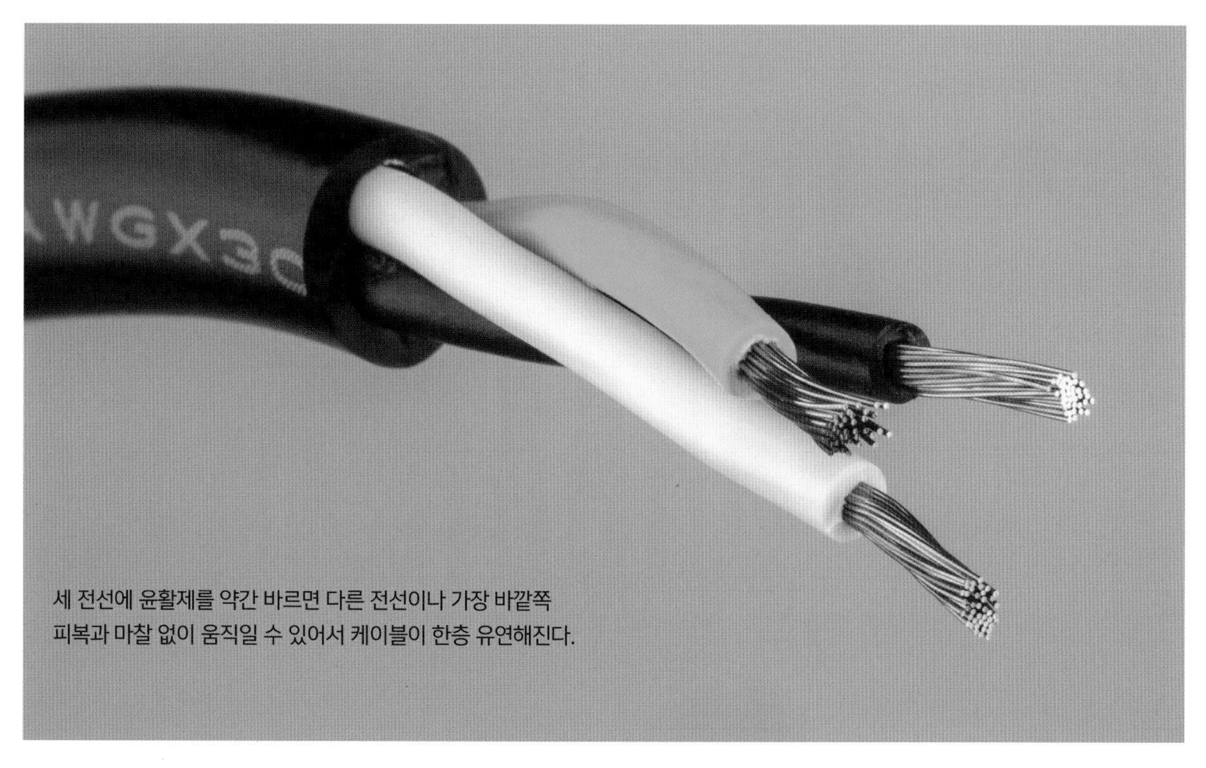

세 전선에 윤활제를 약간 바르면 다른 전선이나 가장 바깥쪽 피복과 마찰 없이 움직일 수 있어서 케이블이 한층 유연해진다.

IDC 리본 케이블

IDC Ribbon Cable

리본 케이블은 한때 컴퓨터에서 무척 흔히 사용됐으며 오늘날까지도 산업용 장비와 취미용 전자제품에 사용되고 있다. 때로 다양한 색상으로 구성되며 개별 전선 여러 개를 나란히 붙인 납작한 띠 모양이어서 리본 케이블이라고 부른다.

사진에 보이는 플러그 유형은 **절연변위 커넥터**insulation displacement connector(IDC)라고 한다. 쐐기 모양의 금속 날 두 개 사이에 피복으로 감싼 전선을 하나씩 밀어 넣는 방식으로 만든다. 금속 날이 피복을 뚫어 구리선을 단단하게 고정하면 견고한 전기적 연결이 생긴다. 커넥터 내부의 긴 도금 막대는 커넥터가 연결되는 금속 헤더 핀과 접한다.

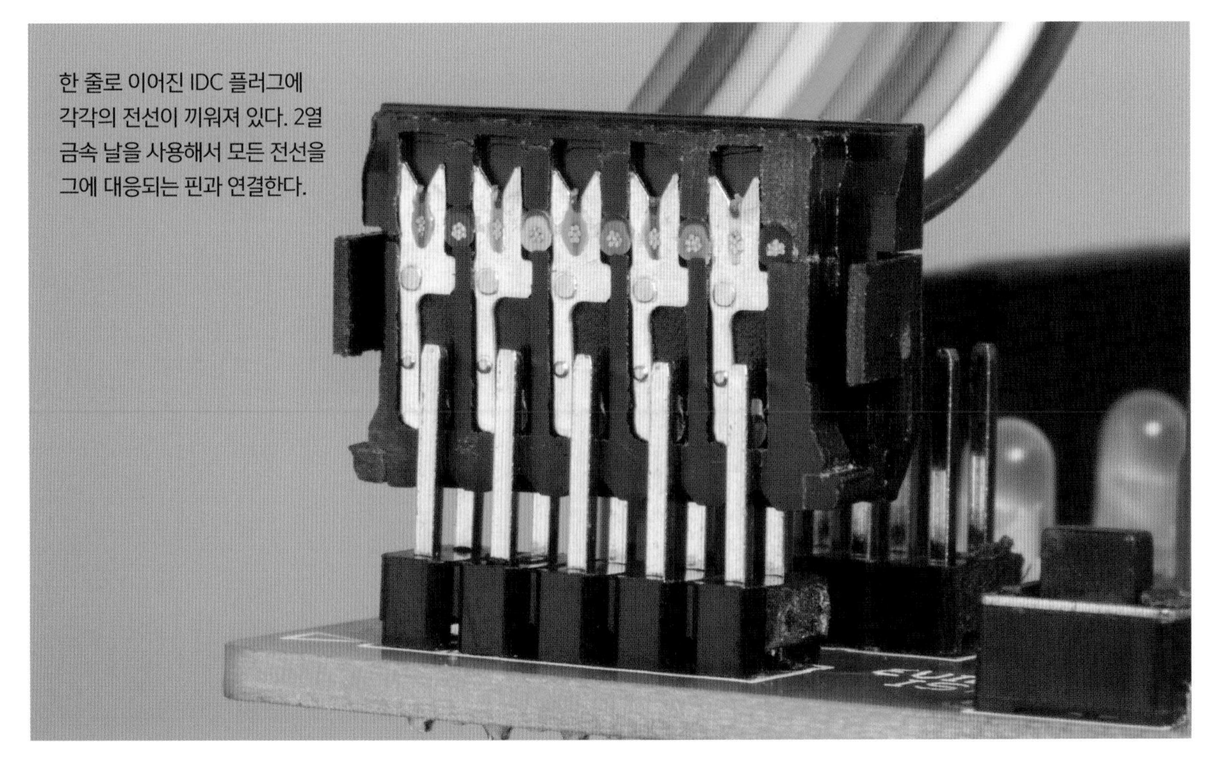

한 줄로 이어진 IDC 플러그에 각각의 전선이 끼워져 있다. 2열 금속 날을 사용해서 모든 전선을 그에 대응되는 핀과 연결한다.

모듈식 전화 케이블

Modular Telephone Cable

과거 유선 전화는 아날로그 전화선이나 일반 전화와 연결할 때 사진과 같은 유형의 평면 케이블을 사용하기도 했다. 끝부분에 달린 투명 커넥터는 모듈식 플러그로, 전화선을 최대 세 개까지 함께 연결할 수 있는 RJ25, 즉 미국 통신위원회Federal Communications Commission(FCC) 등록 잭 인터페이스의 일부다. 플러그는 리본 케이블 커넥터와 마찬가지로 절연변위를 통해 개별 전선과 연결한다.

가운데에 있는 초록색과 빨간색 전선은 첫 번째 아날로그 전화선의 신호를 전송한다. 다른 전화선의 신호는 나머지 전선 두 쌍(노란색/검은색과 파란색/흰색)으로 전송한다. 때로는 전화에 낮은 전압의 전력을 공급하기 위해 추가 전선 쌍을 대신 사용하기도 한다.

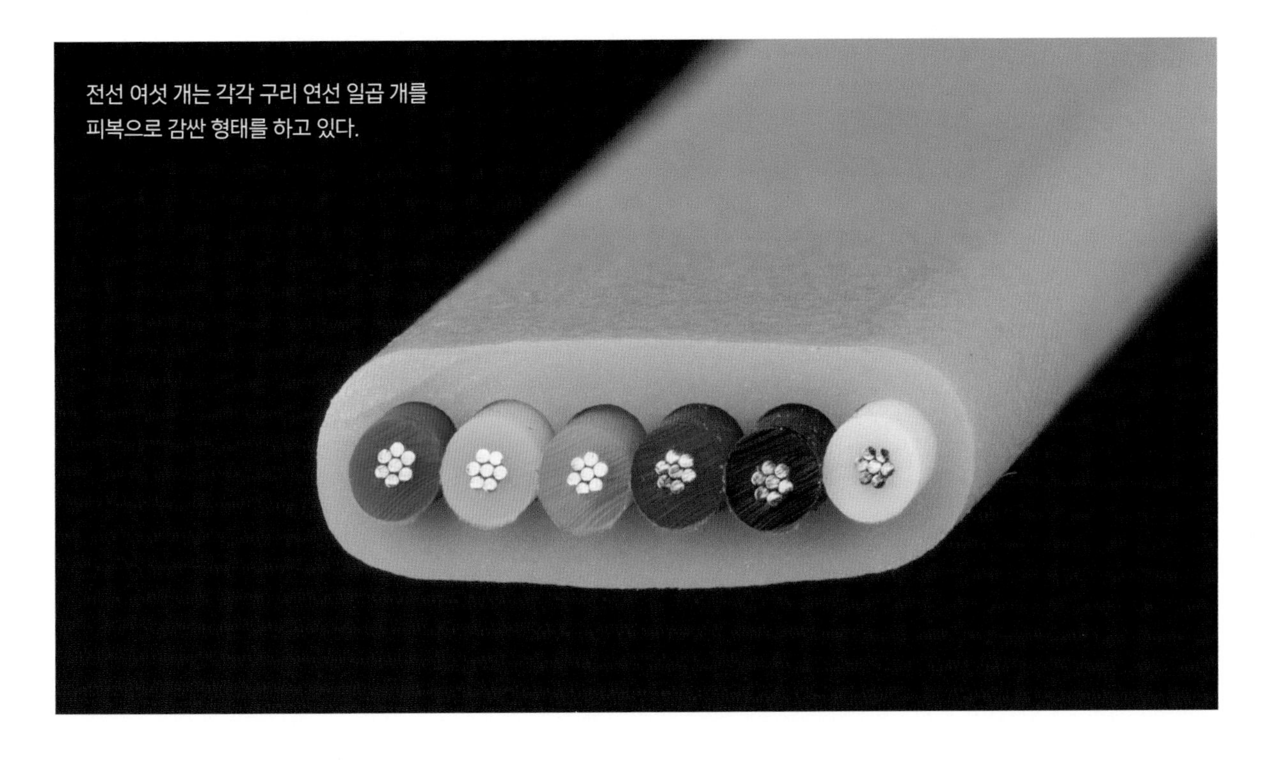

전선 여섯 개는 각각 구리 연선 일곱 개를 피복으로 감싼 형태를 하고 있다.

DIP 소켓

DIP Socket

이중 인라인 패키지(DIP) 소켓을 사용하면 납땜 장비 없이도 IC를 기판에 끼울 수 있고 제거하기도 편하다. 대신 소켓의 핀은 기판에 납땜으로 고정한다.

듀얼 와이프dual-wipe 소켓에는 평평한 금속 스프링이 장착되어 있어 IC의 각 핀에서 어느 한쪽을 눌러준다. 핀 하나를 연결하는 데는 단순히 눌러서 형태를 잡은 금속 조각만 필요하기 때문에 이러한 소켓은 생산 비용이 적게 든다.

가공 핀machine-pin 소켓은 좀 더 복잡하다. 특수 선반lathe을 사용해 금속 소켓을 올바른 모양으로 개별 가공하는 작업이 필요하다. IC의 핀을 고정하려면 소켓마다 작고 길다란 모양으로 눌러 만든 스프링 막대를 끼워 넣어야 한다.

소켓의 핀은 보통 주석으로 도금하지만 고급형 소켓은 부식을 방지하기 위해 금으로 도금하는 경우가 많다. 부식을 내버려두면 전기 연결이 끊어질 수도 있다.

듀얼 와이프 소켓에는 IC 패키지의 각 핀을
고정하는 스프링식 접점이 있다.

가공 핀 소켓은 듀얼 와이프 소켓보다 더욱
정밀하게 제작되며 눌러 끼우는 압입식
스프링 연결을 사용해 IC의 각 핀을 고정한다.

배럴 플러그와 잭

Barrel Plug and Jack

배럴 플러그와 **잭**은 AC 플러그 어댑터를 사용하는 전자 장치에서 흔히 볼 수 있다.

플러그는 외부의 금속 배럴과 중앙의 소켓으로 구성된다. 극성은 장치에 따라 달라서 중앙 소켓이 양극 단자이고 외부 배럴이 음극인 경우도 있지만 통일된 표준은 없다. 잭은 플러그 소켓에 끼울 수 있는 중앙의 핀과 플러그 배럴과 접촉하는 외부 접점으로 구성된다.

잭에는 간단한 스위치가 내장되어 있어 어떤 장치는 이를 배터리 전원에서 외부 전원으로 변경하는 데 사용하기도 한다. 이때 플러그를 잭에 끼우면 스위치가 자동으로 열리면서 내부 배터리와의 연결이 해제된다.

회로기판에 연결된 배럴 잭

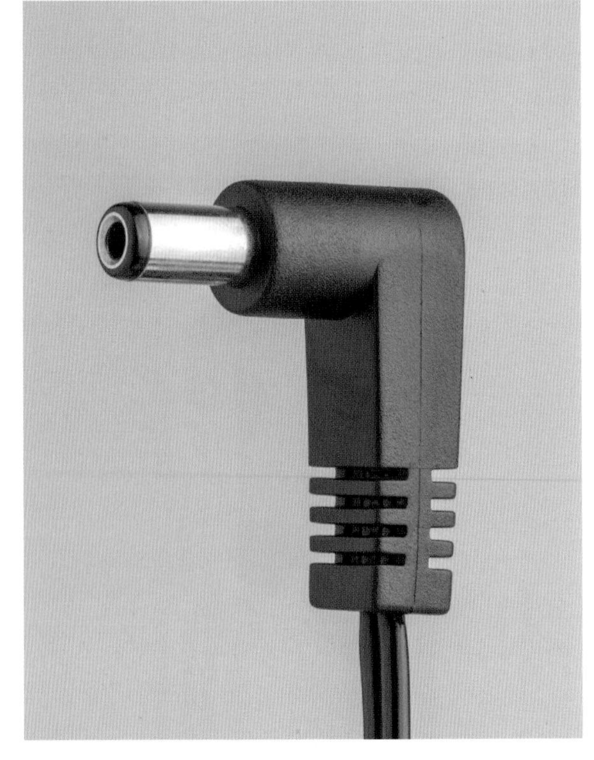

전력 케이블에 달린 배럴 플러그

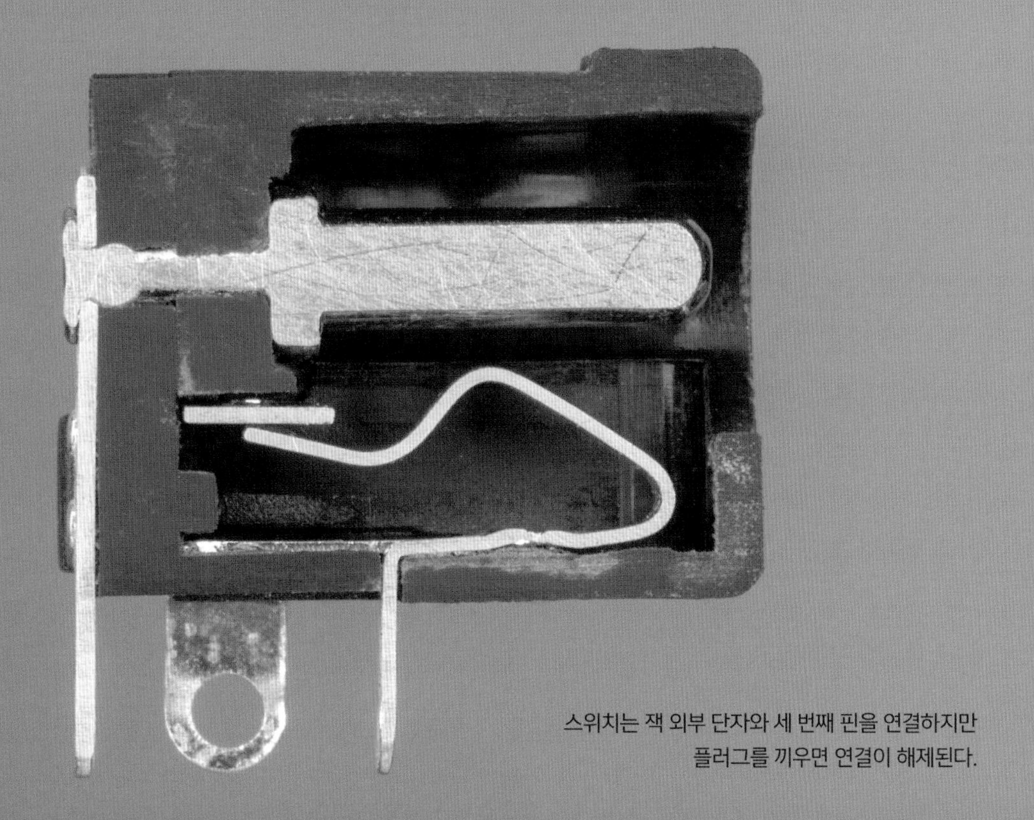

스위치는 잭 외부 단자와 세 번째 핀을 연결하지만
플러그를 끼우면 연결이 해제된다.

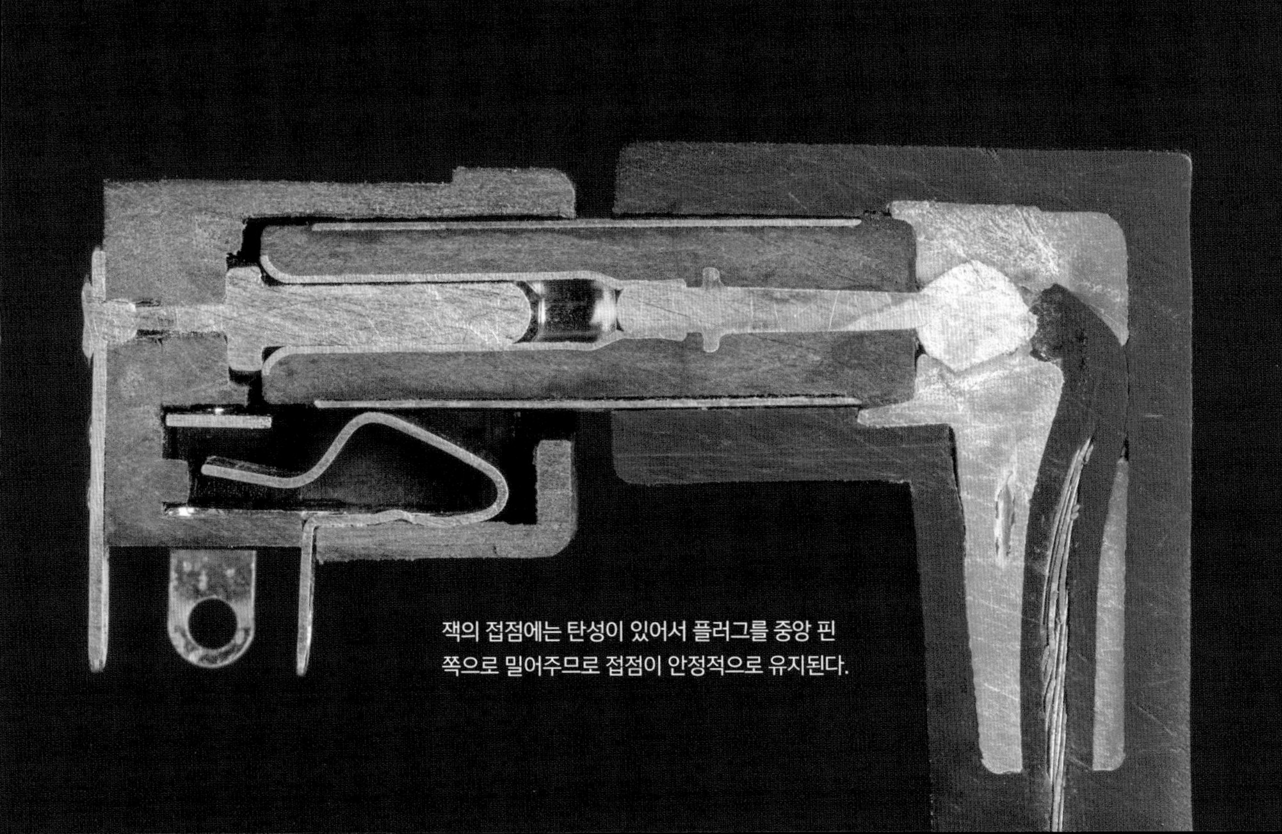

잭의 접점에는 탄성이 있어서 플러그를 중앙 핀
쪽으로 밀어주므로 접점이 안정적으로 유지된다.

1/4인치(6.35mm) 오디오 플러그와 잭

Quarter-Inch Audio Plug and Jack

1/4인치(6.35mm) **오디오 플러그**는 초기에 발명된 커넥터로, **폰 플러그**phone plug라고도 한다. 원래 전화 교환기용으로 설계되어 1890년대에 처음 생산된 이후로 형태가 거의 변하지 않았다. 과거에는 누군가가 전화를 걸면 전화 교환원이 해당 전화선을 찾아 거기에 달린 오디오 플러그를 상대방과 연결된 잭에 끼워야 전화가 연결됐다.

잭에 달린 스프링식 고정쇠는 플러그 끝의 홈에 고정되어 플러그가 쉽게 빠지지 않도록 한다. 배럴 잭과 마찬가지로 1/4인치 잭에는 플러그 삽입 여부를 감지하는 스위치가 내장되어 있다.

전화 교환 시스템에 이러한 커넥터를 더는 사용하지 않지만 일렉트릭 기타와 신시사이저 같은 악기에는 여전히 표준으로 사용한다.

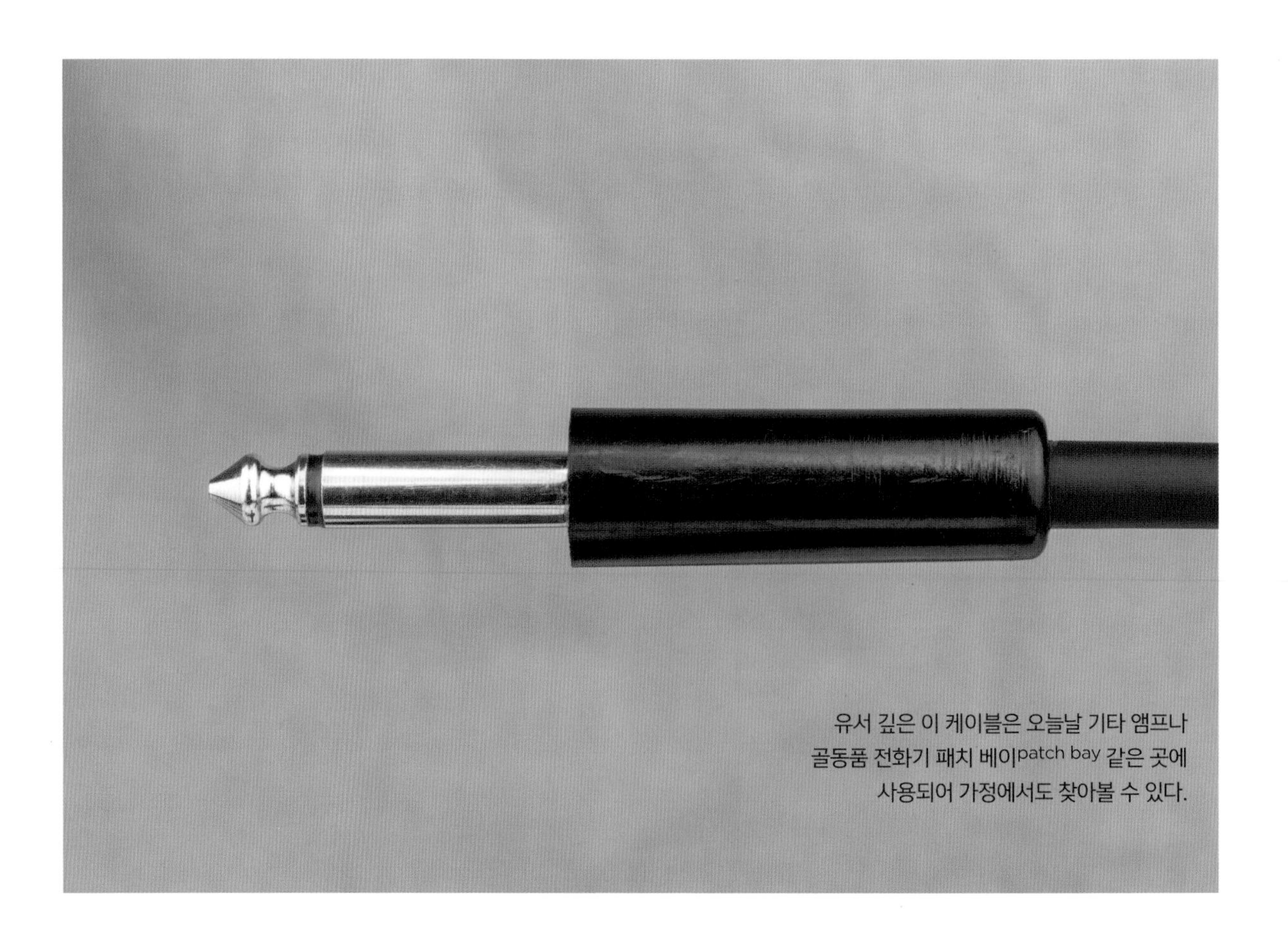

유서 깊은 이 케이블은 오늘날 기타 앰프나 골동품 전화기 패치 베이patch bay 같은 곳에 사용되어 가정에서도 찾아볼 수 있다.

플러그 끝부분은 케이블의 가운데 전선에 연결되어 있고
바깥쪽 슬리브는 케이블의 바깥쪽 실드와 연결되어 있다.

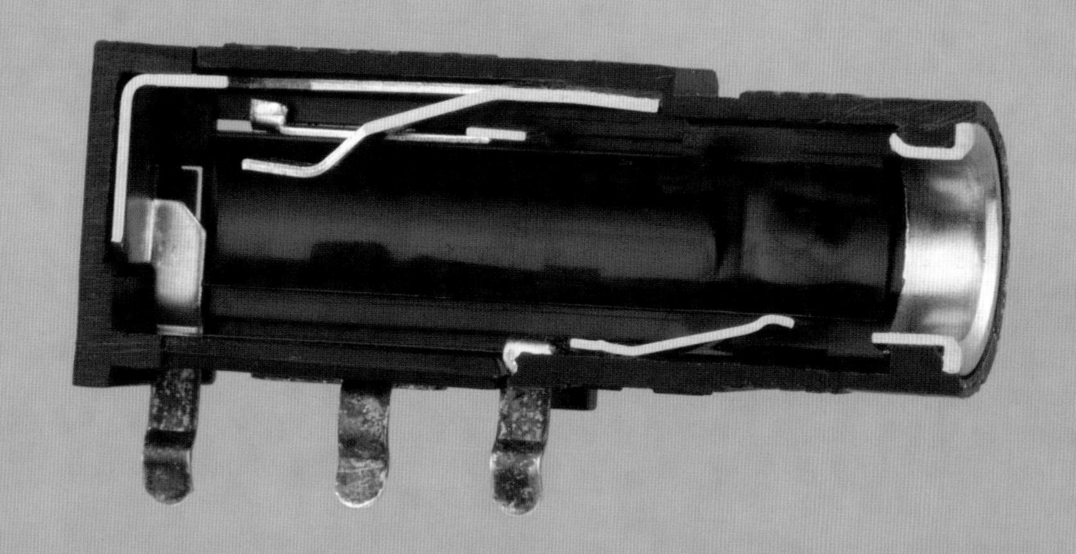

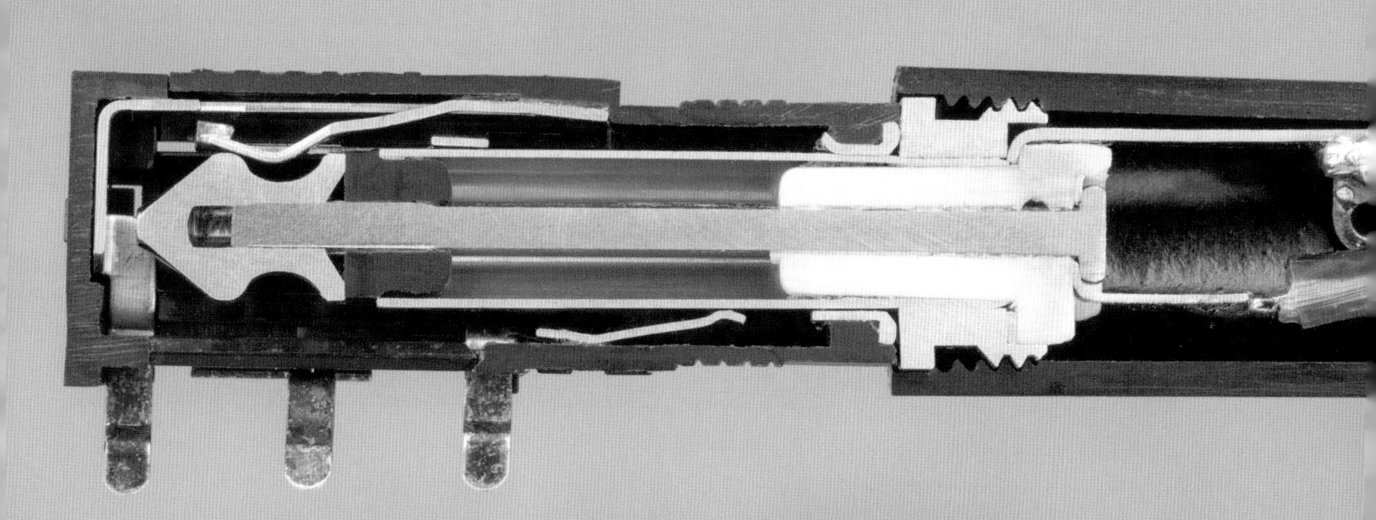

3.5mm 오디오 커넥터

3.5mm Audio Connector

주변에서 흔히 보이는 오디오 커넥터는 1/4인치 오디오 플러그를 축소한 형태다. 보통 **헤드폰 플러그**(다른 오디오 신호에도 사용)나 **8인치 플러그**(정확히 8인치는 아님)라고 부른다. 스마트폰에서는 이러한 커넥터 대신 USB C타입과 블루투스를 사용하지만 아직까지는 이러한 커넥터를 사용하는 것이 장치에 오디오 신호를 입출력하는 가장 간단한 방법이다.

3.5mm 플러그는 148쪽에서 본 1/4인치 오디오 플러그와 몇 가지 점에서 큰 차이가 있다. 크기 외에도 2채널 스테레오 오디오를 지원하기 위해 팁tip, 링ring, 슬리브sleeve 등 세 개 단자가 있다는 점이다.

3.5mm 잭 내부에는 헤드폰을 장치에 연결할 때 내부 스피커의 연결을 해제하는 작은 스위치 두 개가 있다. 어떤 컴퓨터는 이 스위치를 통해 플러그가 잭에 삽입되는 순간을 감지해 소프트웨어 구성 메뉴를 표시하기도 한다.

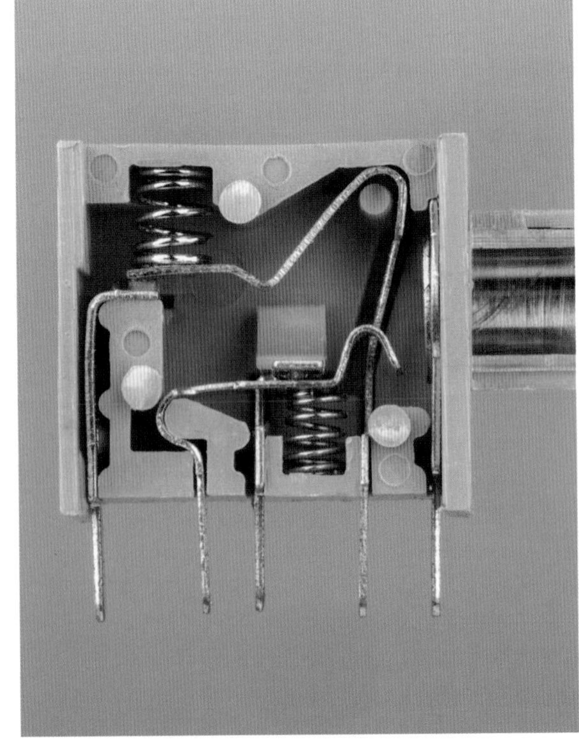

단면을 보면 플러그의 세 단자가 어떻게 구성되는지 알 수 있다.
황동 단자 사이 공간은 파란색 플라스틱 절연체가 채우고 있다.

잭에는 스프링식 접점이 장착되어 있어 두 스위치의 연결을 각각 해제하고 플러그를 제자리에 고정시키며 팁과 링, 슬리브에 안정적인 접점을 만든다.

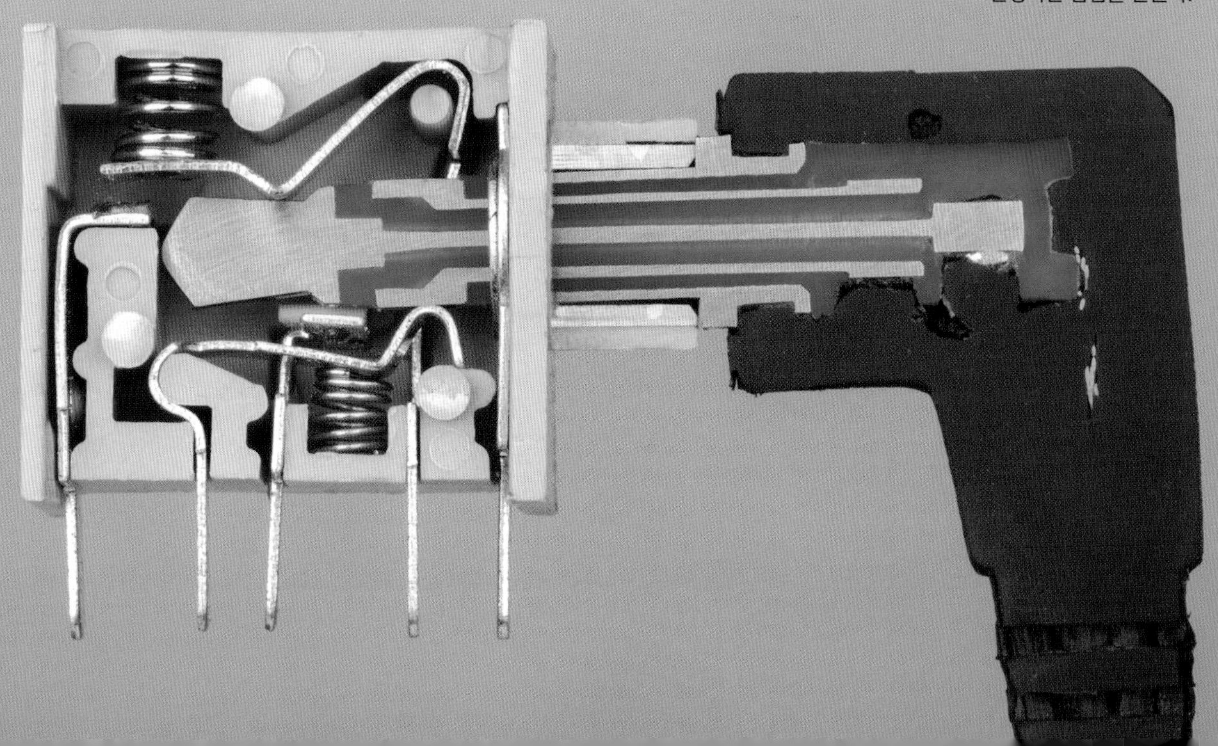

LMR-195 동축 케이블

LMR-195 Coaxial Cable

동축 케이블 내부에는 도체가 두 개 들어 있다. 하나는 가운데에 위치해 신호를 전달하는 전선이고 다른 하나는 접지 전류를 전달하고 간섭으로부터 신호를 보호하는 외부 편조 실드braided shield다. 동축coaxial이라는 용어는 두 도체가 동일한 중심 축을 공유한다는 뜻이다.

동축 케이블은 무선주파수radio frequency(RF) 신호를 전달하도록 설계됐다. 언뜻 생각하기에 무선주파수는 중앙의 도체를 따라 이동할 것 같지만 실제로는 중앙의 도체와 외부 실드 사이를 따라 이동한다.

실드는 단순히 구리선을 머리 땋듯 느슨하게 편조한 것이 아니다. 여러 층의 전선이 서로 교차하며 꼬여 있는 전선과 중앙의 도체를 감싸는 플라스틱 절연체 사이에 알루미늄 포일을 추가로 감았다. 이러한 특징은 품질이 높은 이 LMR-195 케이블의 특성을 개선한다. 부품 이름에 달린 번호 195는 지름인 0.195in에서 따왔다.

중앙의 도체와 외부 실드 사이에 폴리에틸렌 발포 플라스틱 유전체를 사용해 두 도체를 서로 절연한다.

노트북 전원 케이블

Laptop Power Cable

사진에 보이는 케이블은 애플 맥북 프로 컴퓨터의 전원 케이블이다. 겉을 만져보면 부드러운 흰색 고무로 만든 면발처럼 유연하고 손에서 잘 미끄러지지 않는다. 케이블이 이처럼 잘 구부러지는 이유는 케이블 내부에 있는 얇고 잘 휘어지는 수많은 구리 연선이 구부러지면서 서로 미끄러지기 때문이다.

케이블 가장 안쪽에 있는 직선의 전선 다발은 케블라Kevlar와 같은 고강도 섬유 가닥인 강도재strength member에 둘러싸여 있다. 이 단단한 플라스틱 절연체는 케이블이 지나치게 구부러지지 않도록 막아준다. 외부의 전선 다발은 동력 전달용 대지귀로ground return 역할을 한다. 서로 반대 방향으로 감긴 구리 연선으로 구성되어 있어 가운데의 직선 다발보다 길이 변화에 더 쉽게 대응할 수 있고, 따라서 케이블에 유연성이 생긴다. 외부의 고무 피복은 견고하고 질감이 있는 고분자 물질에 고무로 마감 처리한 것이다.

이 케이블은 유연하면서도 튼튼한 데다 사람이 가끔 걸려 넘어지더라도 끊어지지 않을 만큼 강하다.

RG-6 동축 케이블

RG-6 Coaxial Cable

케이블 모뎀과 벽면 콘센트 사이에는 사진과 같은 동축 케이블이 이어져 있다.

케이블의 일반적인 설계는 앞서 소개한 LMR-195 동축 케이블과 비슷하지만 RG-6 케이블은 비용을 낮추도록 설계됐으며 세부 구성도 다르다. 예를 들어 실드에는 구리 대신 알루미늄 전선을, 중앙의 도체에는 단단한 구리 대신 구리 도금을 사용한다.

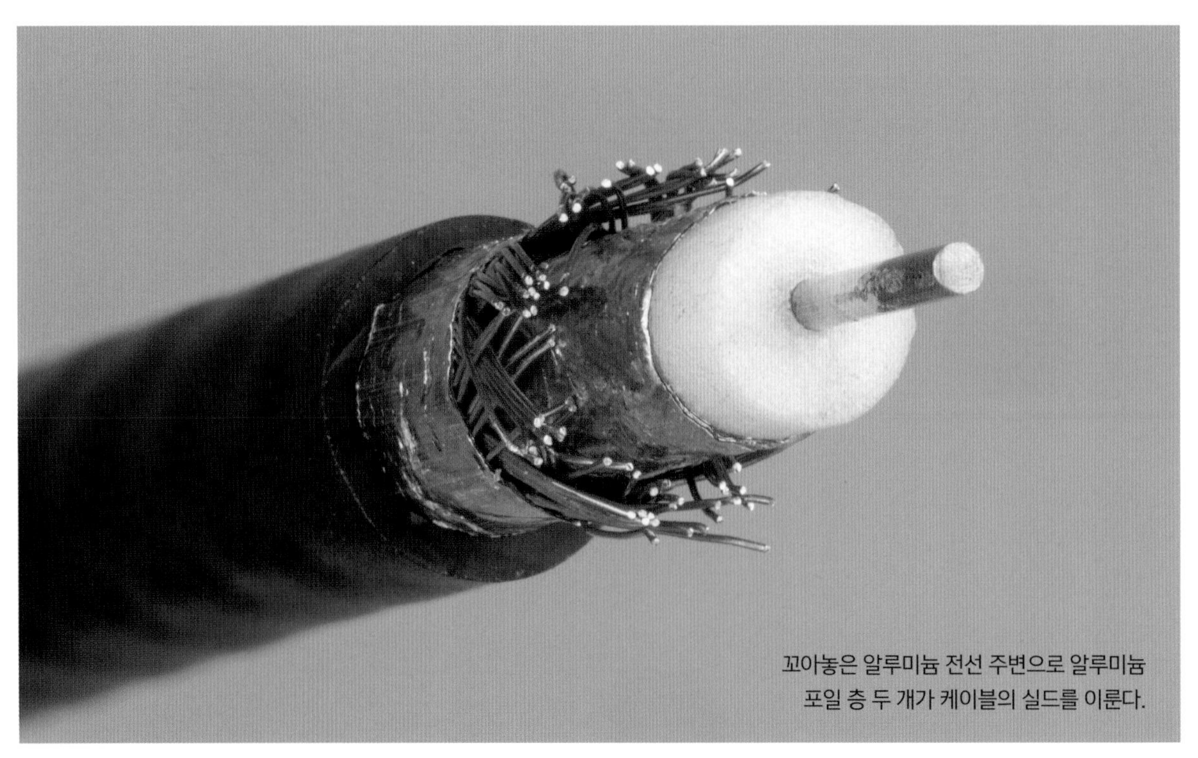

꼬아놓은 알루미늄 전선 주변으로 알루미늄 포일 층 두 개가 케이블의 실드를 이룬다.

케이블 TV RG-59

Cable TV RG-59

중저가 케이블과 최저가 케이블은 가격 차이가 상당한 데다 품질 차이 또한 클 수 있다. 케이블의 경우 외부에서는 아무 문제가 없어 보일 때가 많아서 실제로 차이를 확인하려면 사진처럼 케이블을 반으로 잘라봐야 한다.

사진에 보이는 TV 케이블은 품질이 뛰어난 동축 케이블에 비해 저렴할 뿐 아니라 제조 품질도 그다지 좋지 않다. 중앙의 도체는 플라스틱 유전체의 한가운데에 있지 않고 외부 실드라고는 몇 가닥의 전선뿐인 데다가 플라스틱 피복의 두께 역시 일정한 것과는 거리가 멀다. 단면 형태가 일정하지 않고 실드도 보잘것없어서 동급의 타 제품과 비교해 성능이 떨어질 것이라 짐작할 수 있다.

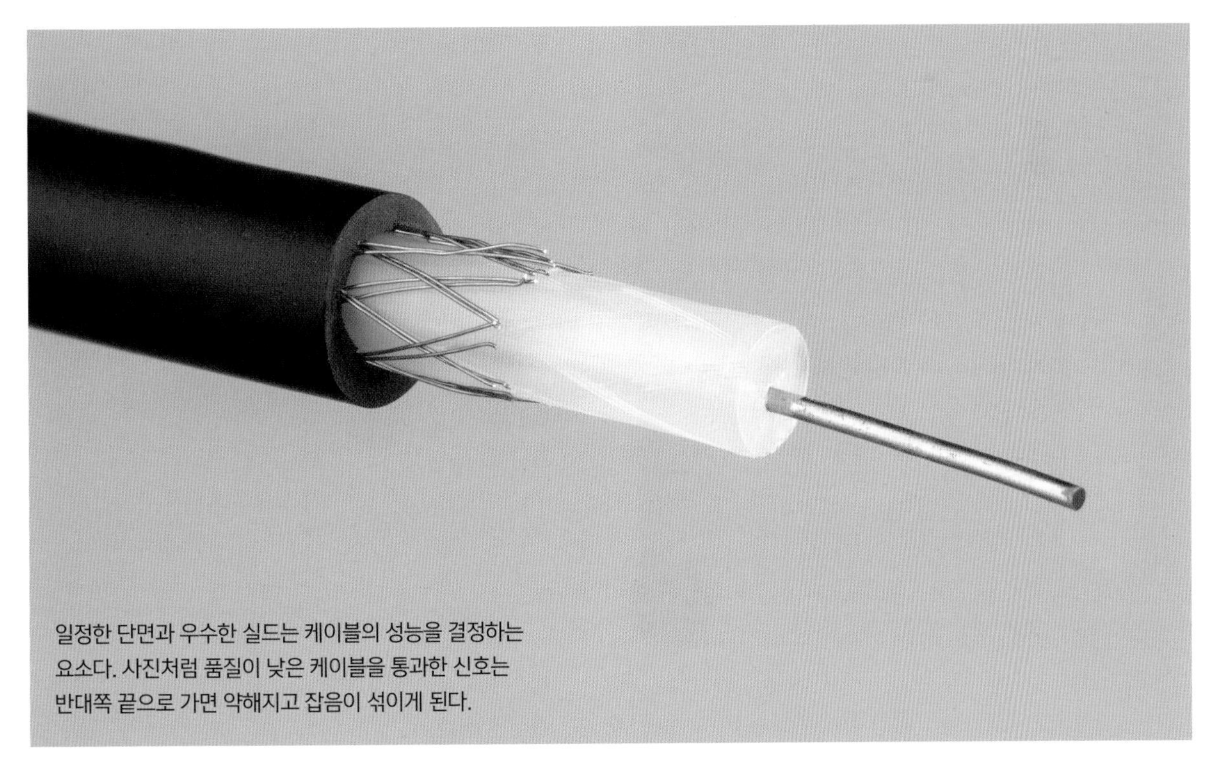

일정한 단면과 우수한 실드는 케이블의 성능을 결정하는 요소다. 사진처럼 품질이 낮은 케이블을 통과한 신호는 반대쪽 끝으로 가면 약해지고 잡음이 섞이게 된다.

F 커넥터

F Connector

F 커넥터는 나사산이 있는 커넥터로, TV나 케이블 모뎀 뒷면에서 볼 수 있다. F 커넥터의 다소 특이한 점은 중앙의 핀이 실제로 동축 케이블의 중앙 도체가 돌출된 형태라는 점이다.

케이블을 잭에 연결하면 중앙의 도체가 스프링 같은 접점으로 들어가면서 전기적 연결이 생성되어 신호가 전자 장치로 입력(또는 전자 장치에서 출력)된다. 부품 간 접촉을 방지하는 플라스틱 스페이서는 중앙의 도체가 접점으로 들어가도록 유도하는 역할을 한다.

외부의 육각 너트는 플러그를 커넥터에 고정하는 용도이며 체결하지 않은 상태에서는 자유롭게 회전한다. F 커넥터 중에는 나사산을 고정하는 스프링이 있는 푸시온push on 설계를 사용해 커넥터를 끼우기 쉬운 제품도 있다.

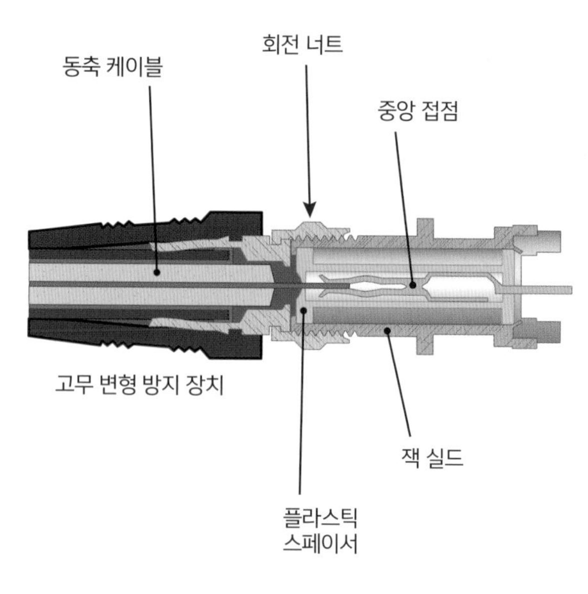

F 커넥터의 플러그와 잭은 케이블 TV와 인터넷용으로 사용하는 대표적인 커넥터다.

동축 케이블 중앙의 연선 도체는 커넥터 플러그의 중앙 핀 역할을 한다.

BNC 플러그와 잭

BNC Plug and Jack

BNC 커넥터는 무선주파수 신호와 일반 실험실용으로 널리 사용되는 동축 케이블 커넥터다. F 커넥터와 달리 소총에 검을 돌려 끼우듯 체결하는 방식을 사용하기 때문에 커넥터를 끼운 상태에서 1/4바퀴만 돌리면 연결하거나 분리할 수 있다.

대부분의 동축 커넥터와 마찬가지로 BNC 커넥터는 피복을 벗긴 전선이 아닌 잔 홈이 나 있는 중앙 핀을 사용해 가운데에 연결을 만든다. 또한 BNC는 다른 고품질 동축 커넥터와 마찬가지로 본체를 따라 상대적으로 일정한 임피던스를 제공하도록 설계됐다.

느슨하게 말하면 **임피던스**impedance란 회로가 DC와 AC 신호 양측에 제공하는 유효저항effective resistance의 양을 말한다. 임피던스가 일정한 케이블과 커넥터는 전송된 신호에서 발생하는 원치 않는 반향을 최소화한다.

BNC 플러그에 있는 두 개의 경사형 슬롯은 소켓에 있는 두 개의 원통형 기둥을 고정한다. 그 덕분에 손목을 빠르게 돌려 간단히 커넥터를 고정하거나 풀 수 있다.

BNC 커넥터는 보통 황동에 니켈을 도금해 만든다.

단면을 보면 플러그와 잭이 만나는 부분에서 중앙의 도체와
유전체가 공유하는 동축의 상태가 무척 일정함을 알 수 있다.

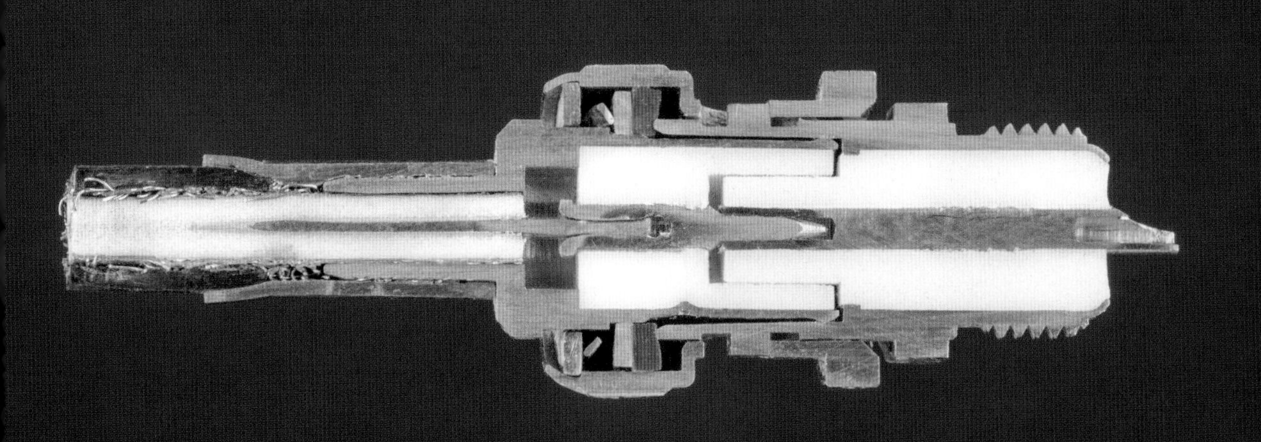

SMA 커넥터

SMA Connector

신호발생기 같은 멋진 하이테크 장비에는 작고 정밀한 SMA 커넥터를 사용한다. **SMA 커넥터**는 소비자용 커넥터보다 훨씬 더 충실히 신호를 전송한다.

함께 보이는 케이블은 외부 실드가 주석을 도금한 구리로 만든 관 모양이고 속이 비어 있어 반강성semi-rigid이라고 한다. 반강성 동축 케이블은 유연하지는 않아도 특수 도구를 사용하면 필요한 모양으로 구부러진다. 단단한 실드만 제외하면 이 케이블은 중앙의 도체와 그 주변의 유전체 플라스틱으로 구성된 평범한 동축 케이블과 형태가 동일하다.

SMA 플러그에는 체결하지 않은 상태에서 자유롭게 회전하는 육각형 너트가 달려 있어 그에 상응하는 잭과 고정할 수 있다.

이 커넥터에는 다양한 유형의 금속이 사용되어 단면을 보면 각 부분이 꽤 상세하게 구분된다. 외부 SMA 플러그 부품은 스테인리스 스틸로 이루어져 있으며 잭은 금으로 도금한 황동으로 제작됐다.

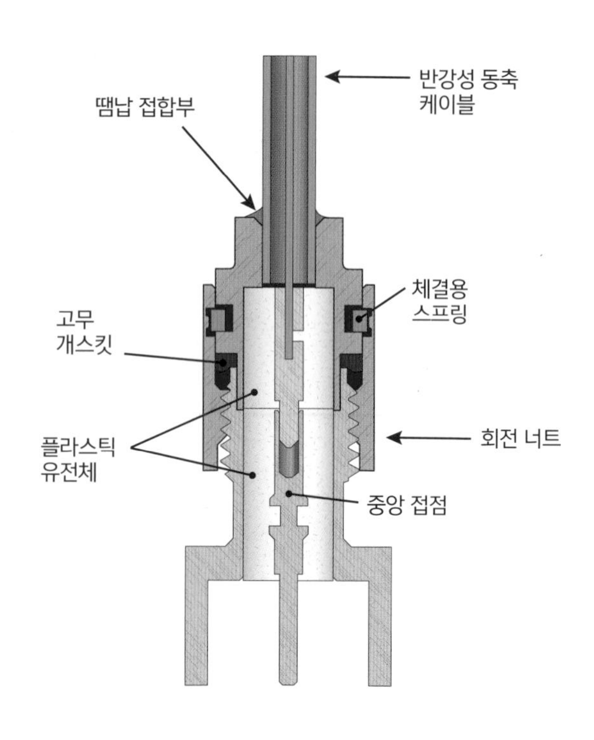

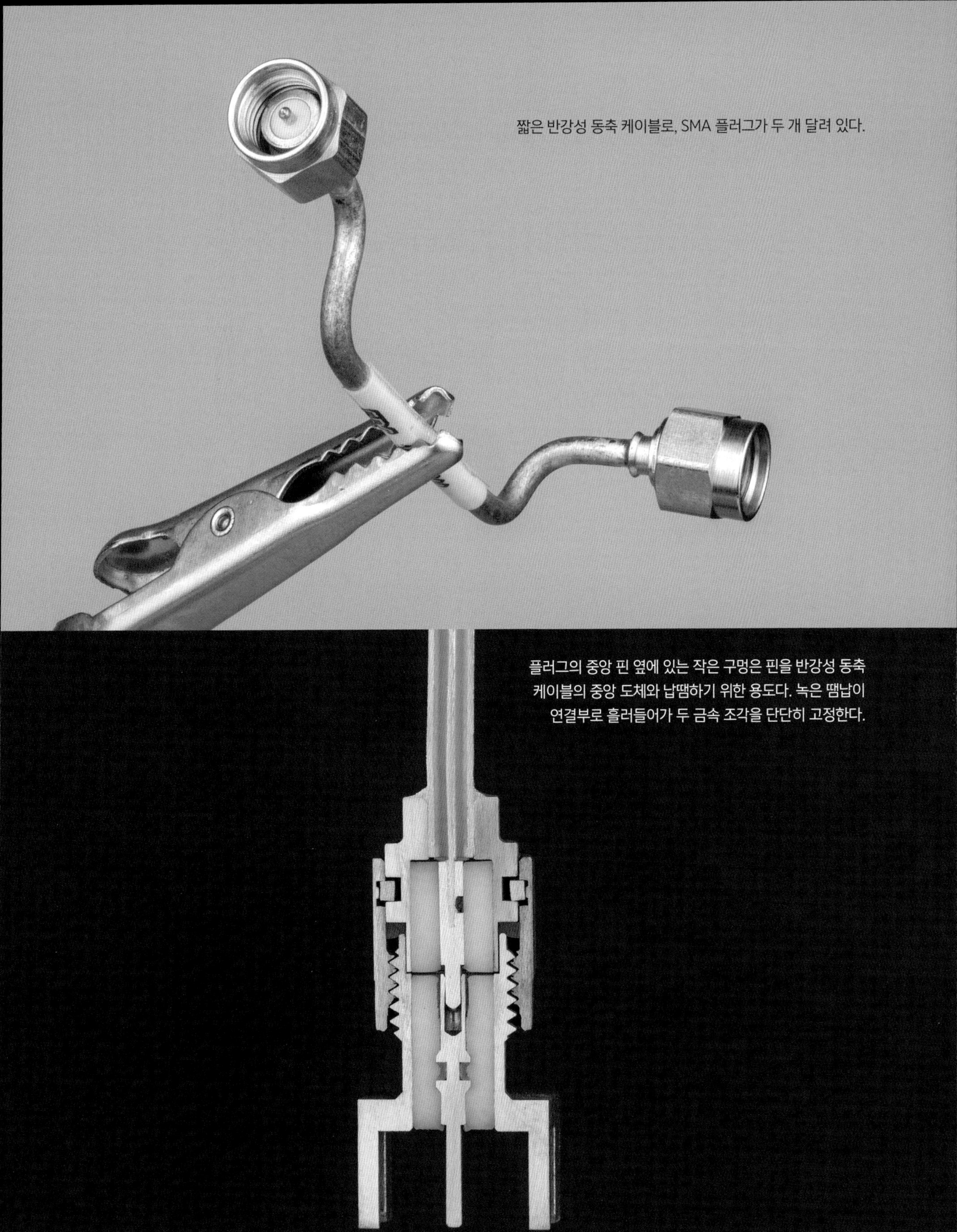

짧은 반강성 동축 케이블로, SMA 플러그가 두 개 달려 있다.

플러그의 중앙 핀 옆에 있는 작은 구멍은 핀을 반강성 동축 케이블의 중앙 도체와 납땜하기 위한 용도다. 녹은 땜납이 연결부로 흘러들어가 두 금속 조각을 단단히 고정한다.

DE-9 커넥터

DE-9 Connector

예전 컴퓨터는 RS-232 프로토콜에서 직렬 데이터를 전달하는 데 **DE-9 커넥터**를 사용했다. DE-9 케이블과 어댑터는 오래된 데이터 전송 표준이기는 하지만 아직도 많은 컴퓨터와 기기에서 사용되므로 지금도 판매되고 있다.

단순하지만 견고한 DE-9 커넥터에는 플러그에 핀이 아홉 개 있으며 핀은 플러그 부분에 있는 스프링이 장착된 소켓에 딱 들어맞는다. 사다리꼴 모양의 금속 셸은 커넥터를 제 위치에 끼우도록 유도해서 연결 시 핀이 손상되는 것을 막는다.

DE-9 커넥터는 DB-9 커넥터라고 잘못 불리는 경우가 많다. 폭이 더 넓은 DB-25라는 커넥터가 있는데 이는 병렬 포트 프린터와 예전의 직렬 연결에 사용됐으며 DE-9 커넥터와 생김새가 비슷하다. 'B'와 'E'는 커넥터의 셸 크기를 뜻한다. 사진에 보이는 작은 커넥터의 정확한 명칭은 DE-9이다.

최신 어댑터를 사용하면 USB 신호를 DE-9 커넥터를 사용하는 RS-232로 변환할 수 있다.

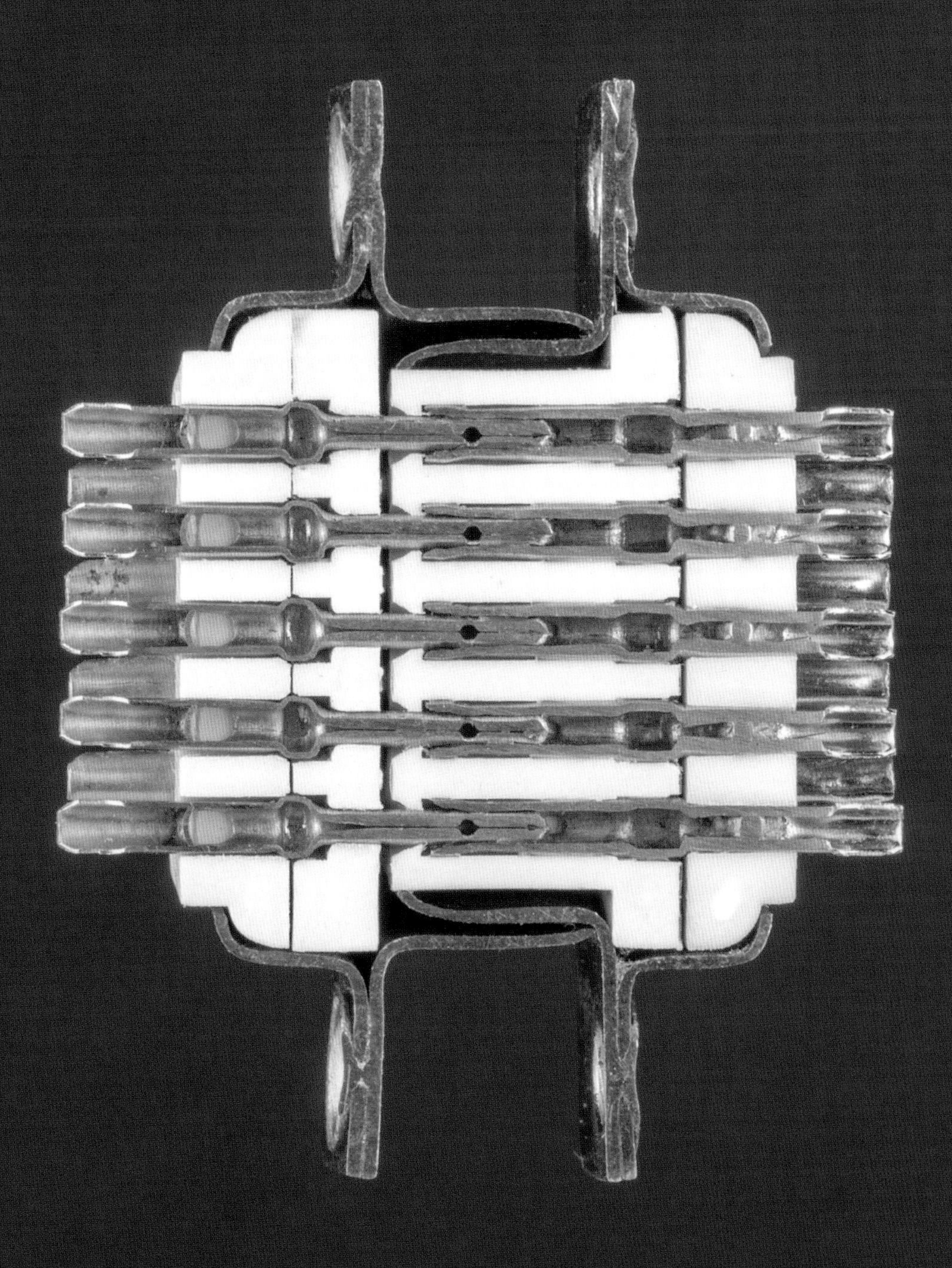

DE-9 플러그의 단면. 전선은 양쪽에 아홉 개씩 위치한 단자에 각각 납땜된다.

카테고리 6 이더넷 케이블

Category 6 Ethernet Cable

카테고리 6(CAT6) **이더넷 케이블**은 꼬아 만든 구리선 네 쌍으로 구성된다. 이와 같은 공용 케이블은 전 세계에서 로컬 네트워크와 인터넷 트래픽 전달에 사용된다.

CAT6 케이블은 품질 개선을 위해 내부에 X자 모양의 플라스틱 스페이서를 추가해 전선 쌍을 서로 분리함으로써 그 사이의 신호 누출을 줄인다. 또한 외부 신호의 간섭을 줄이기 위해 외부에 금속 포일 실드를 추가하고 차폐 성능을 향상하기 위해 별도의 드레인drain 전도체도 사용한다.

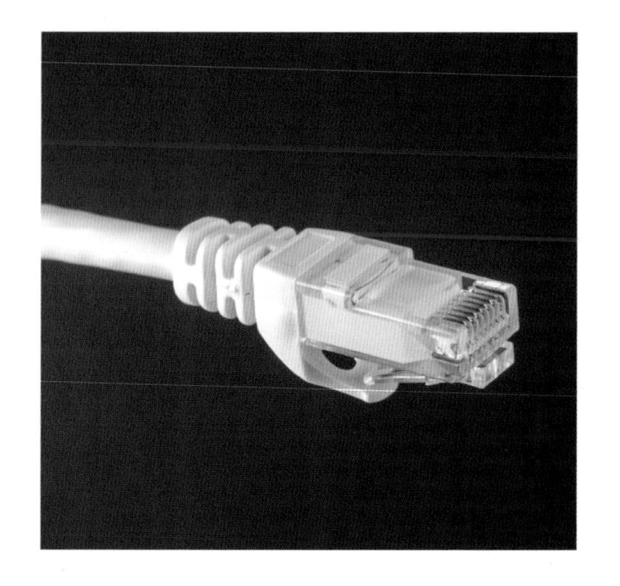

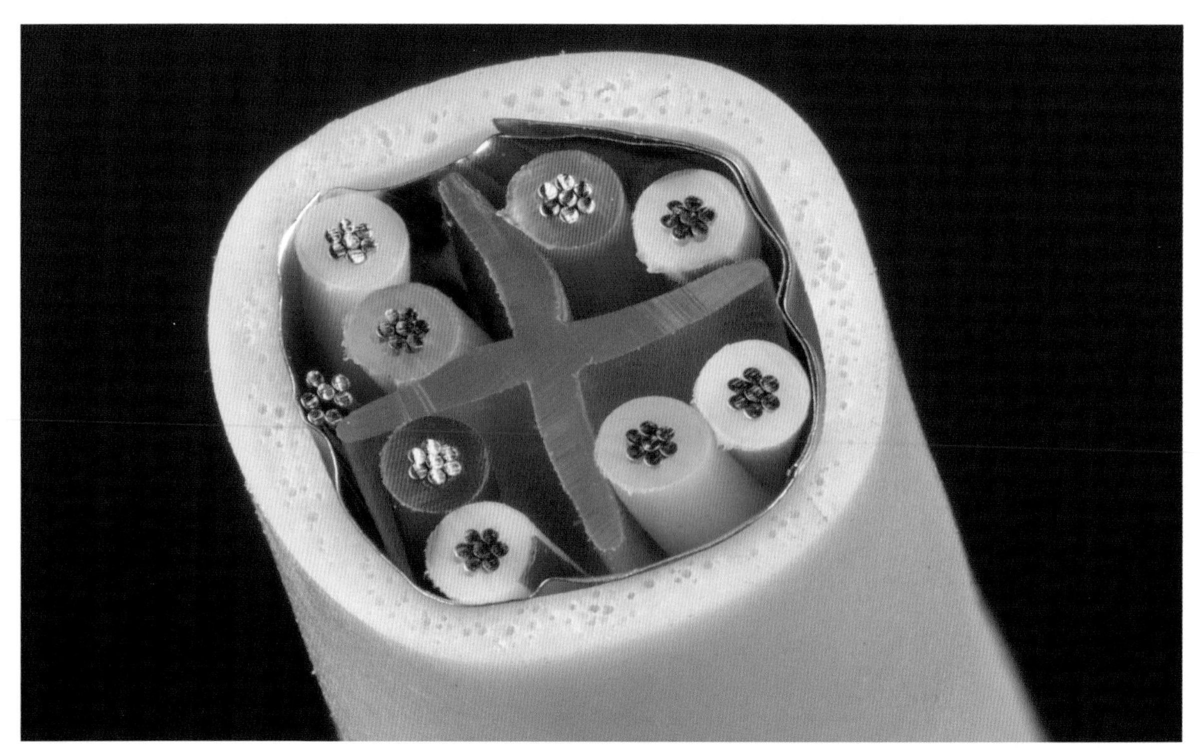

SATA 케이블

SATA Cable

직렬 ATA Serial AT Attachment(SATA) **케이블**은 컴퓨터 내부 저장용 하드 드라이브를 마더보드와 연결하는 데 사용된다. 케이블에는 **쌍축**twinaxial 쌍 두 개가 있는데 한 쌍은 하드 드라이브의 데이터 입력을, 한 쌍은 출력을 전달한다.

쌍축 케이블은 동축 케이블 두 개가 붙어 있는 것처럼 보이며 두 케이블은 외부 실드를 서로 공유한다. 신호는 **차동신호 방식**differential signaling을 통해 전송된다. 다시 말해 신호는 두 전선 사이의 전압 차이로 나타난다. 차동신호 방식에서는 간섭이 두 신호선에 동일하게 가해지므로 대부분의 전기적 간섭을 효과적으로 상쇄한다.

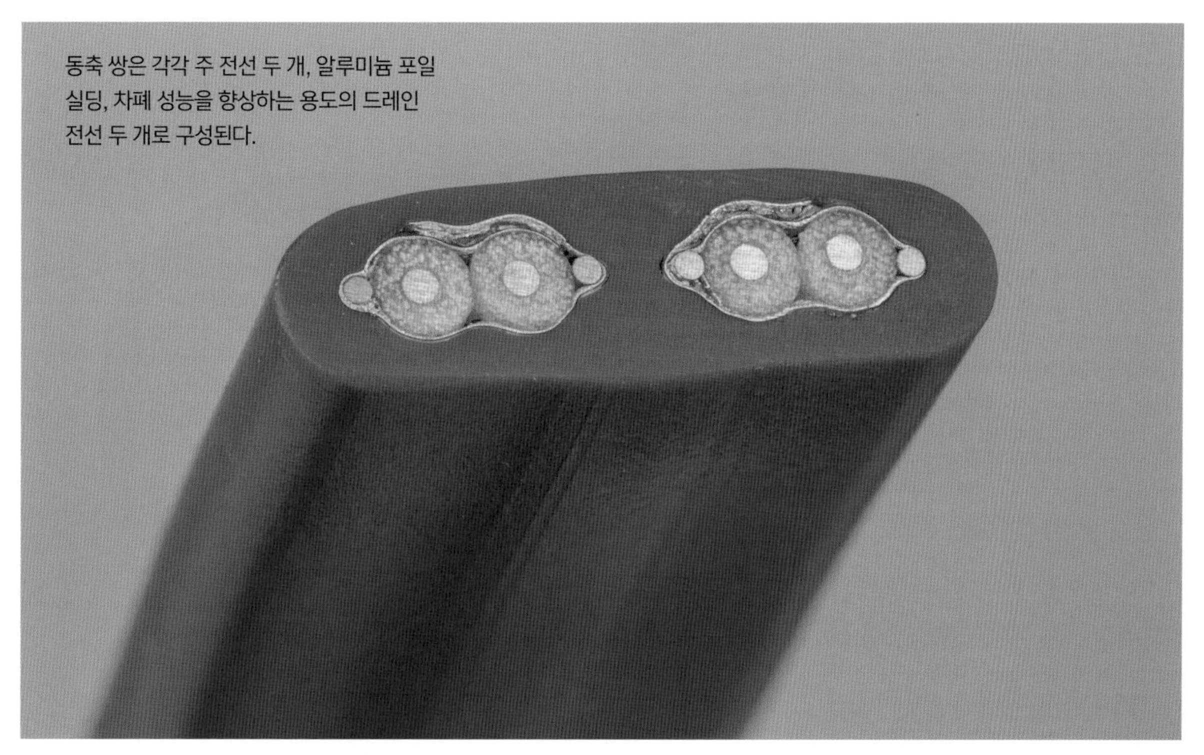

동축 쌍은 각각 주 전선 두 개, 알루미늄 포일 실딩, 차폐 성능을 향상하는 용도의 드레인 전선 두 개로 구성된다.

HDMI 케이블

HDMI Cable

고화질 멀티미디어 인터페이스 High-Definition Multimedia Interface(HDMI) **케이블**은 컴퓨터와 기타 비디오 장치를 모니터나 TV와 연결하는 데 사용한다.

HDMI 케이블은 디지털 영상 등의 데이터를 전송하는 꼬임전선 네 쌍으로 이루어져 있으며 각 쌍은 따로 피복에 싸여 있다. 연속하는 영상 데이터는 네 개의 직렬 디지털 데이터 스트림으로 분할되어 각각의 전선 쌍에 할당된다. 신호가 마지막에 영상 모니터에 다다랐을 때 네 개의 스트림을 다시 결합해 디코딩하면 영상이 생성된다.

차폐를 하지 않은 기타 전선은 디스플레이의 제조 업체와 모델, 해상도를 식별하거나 볼륨 등의 설정을 원격으로 제어하는 데 사용하는 저속의 보조 신호를 전달한다. 케이블 전체를 차폐하는 데는 알루미늄 포일 층과 구리 편조선을 사용한다.

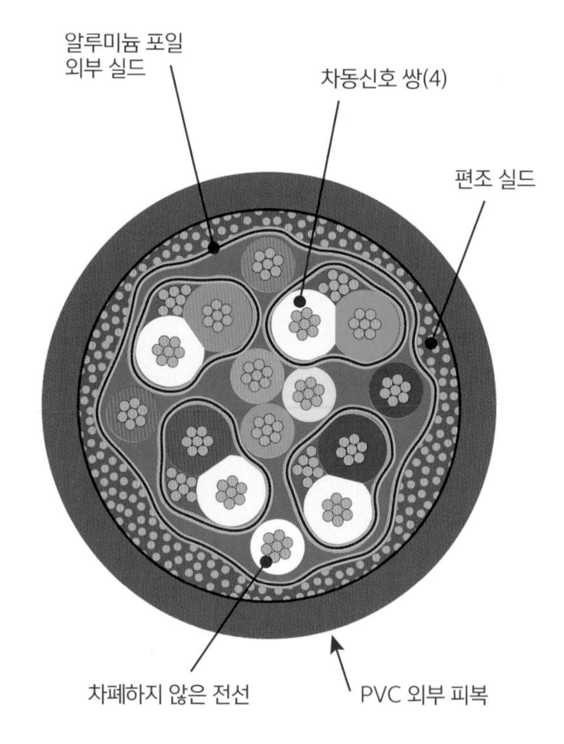

각 신호 쌍은 알루미늄 포일과 구리 드레인
전선으로 차폐한다.

VGA 케이블

VGA Cable

HDMI와 디스플레이포트DisplayPort가 나오기 전인 아날로그 비디오 시대에는 컴퓨터에서 모니터로 영상 신호를 전달하는 데 **비디오 그래픽 어레이**video graphics array(VGA) **케이블**을 사용했다.

VGA가 사용하는 아날로그 영상 신호는 색상 구성 요소인 빨간색, 초록색, 파란색을 표시하는 세 가지 전기 신호로 이루어진다. 사진에 보이는 두 가지 VGA 케이블은 전송하는 신호에 따라 소형 동축 케이블을 세 가지 색상으로 구분했다. 둘 중 한 케이블은 수평 동기화 정보를 전송하기 위한 더 가는 회색 동축 케이블도 포함하지만 다른 쪽 VGA 케이블은 동일한 목적에 일반 전선을 사용한다.

이 외에도 VGA 케이블에는 기타 동기화 신호용 전선과 모니터 식별 데이터 등 보조 정보의 전송에 사용하는 전선도 있다.

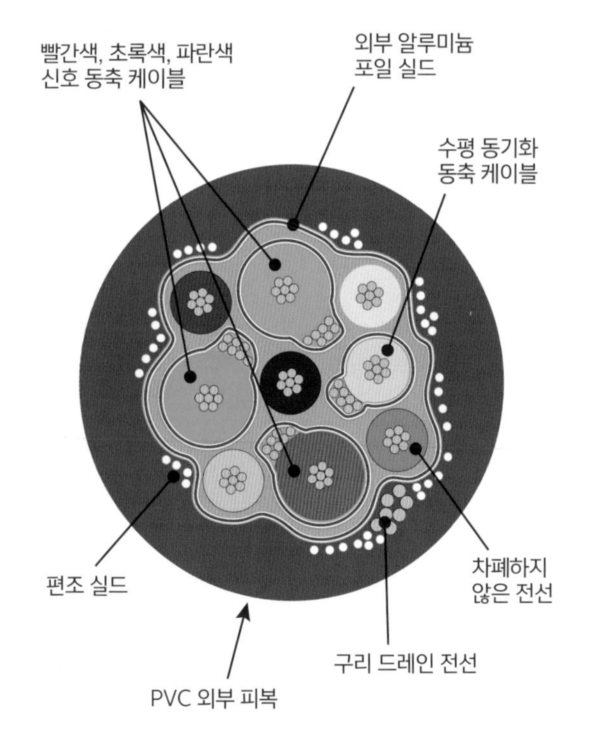

이 케이블은 외부 실드가 알루미늄이고 연선 구리 드레인 전선을 추가로 포함한다.

이 케이블은 알아보기 쉽도록 각각 빨간색, 초록색, 파란색 신호에 해당하는 소형 동축 케이블 세 개를 사용한다.

기본 USB 케이블

Basic USB Cable

최근 컴퓨터를 사용했거나 방금 휴대 전화를 충전했다면 아마도 **USB 케이블**을 사용했을 것이다.

USB 케이블과 커넥터를 자르면 여러 가지 흥미로운 부분이 드러난다. 플러그는 리본 케이블에서 본 것과 비슷한 절연변위 접점을 사용한다. 이빨처럼 나 있는 한 쌍의 작은 금속이 각 전선의 피복 밖으로 튀어나와 내부의 전도성 구리와 전기적 접점을 만든다.

케이블 내부에는 전원을 전달하는 두꺼운 빨간색과 검은색 전선 두 개와 좀 더 가는 흰색과 초록색 신호용 전선 두 개가 있다. 케이블을 구성하는 전선은 모두 일곱 가닥인데 굵은 전선에는 내부에 가는 전선을 추가하기보다 더 굵은 연선을 사용했음을 알 수 있다. 알루미늄 포일 층과 편조 전선이 신호를 보호하고 간섭을 막아준다. 외부 보호용 피복재로는 PVC 플라스틱을 사용했다.

USB 케이블은 다양한 커넥터와 함께 사용할 수 있다.
사진에 보이는 케이블은 USB A to 마이크로B 케이블이다.

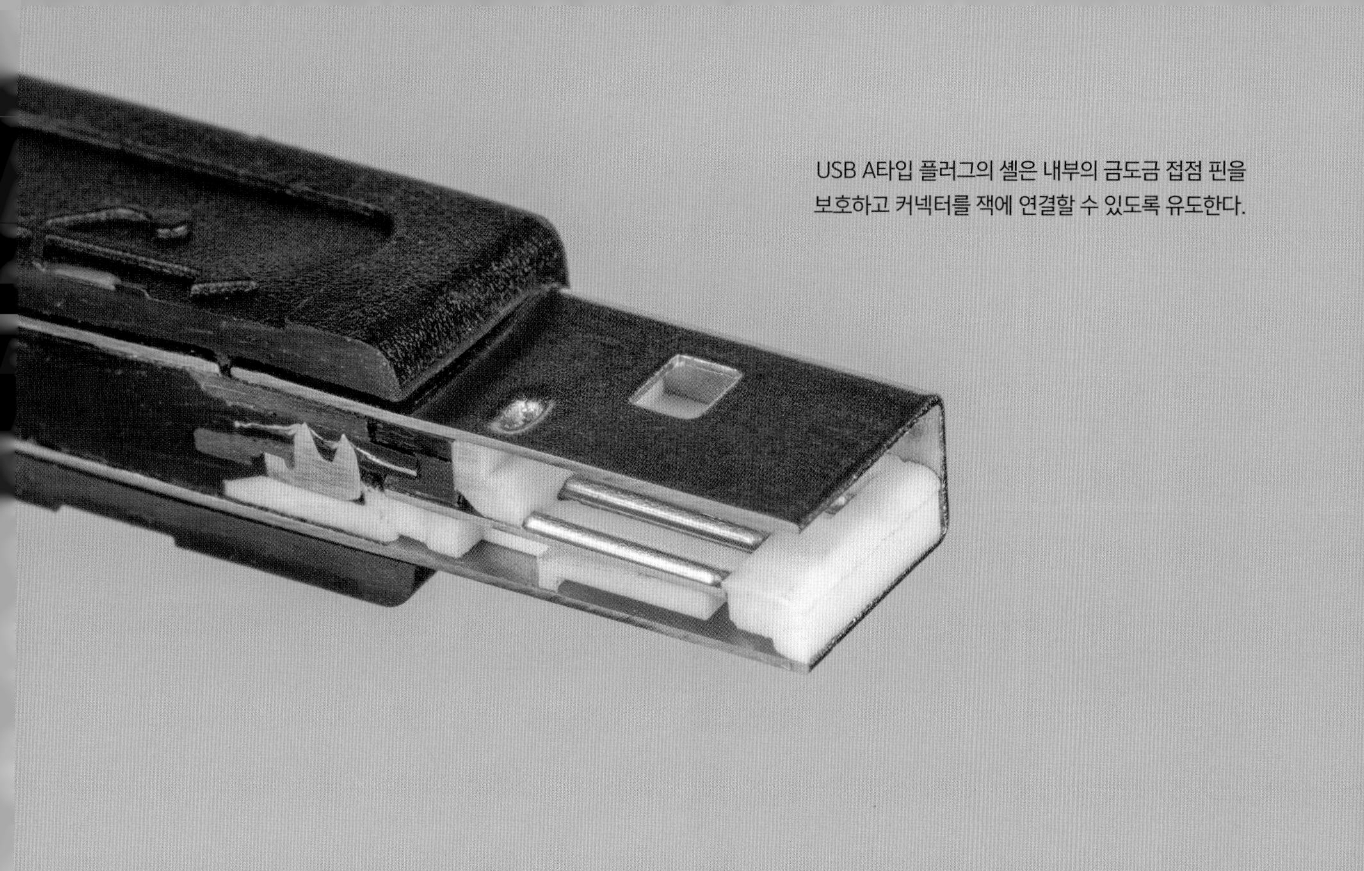

USB A타입 플러그의 셸은 내부의 금도금 접점 핀을 보호하고 커넥터를 잭에 연결할 수 있도록 유도한다.

기본 USB 케이블은 신호와 전원을 위한 전선 몇 개만으로 구성되지만 최근에 나온 고속 USB 케이블은 구성이 훨씬 복잡하다.

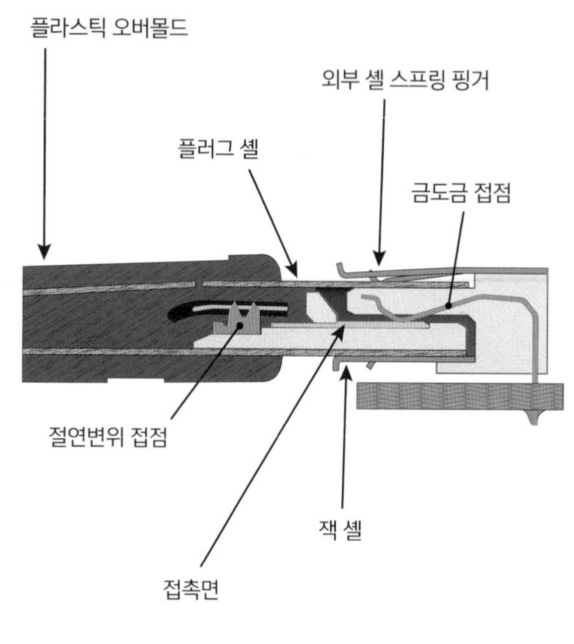

USB 잭

USB 잭의 금도금 접촉판은 스프링 역할을 해서 플러그 내부의 평평한 금속 접촉면을 단단히 눌러준다.

케이블을 꽂으면 외부 셸의 판 모양 스프링 막대가 플러그의 오목한 부분에 고정되면서 케이블이 빠지지 않도록 막는다. 케이블을 꽂을 때 느끼는 딸깍하는 느낌은 이 스프링 막대 때문에 생긴다.

USB 케이블을 연결할 때 한 번에 안 되는 것 같다면 이 스프링 막대 탓이다(처음에 맞게 꽂았더라도 스프링 막대가 지나치게 빡빡해서 잘 안 들어갔을 수 있다).

잭 외부 셸의 테두리 부분은 플러그의 셸이
제 위치로 들어가도록 유도한다.

잭의 금도금 스프링 막대가 그에 대응되는
플러그의 접점을 단단히 눌러준다.

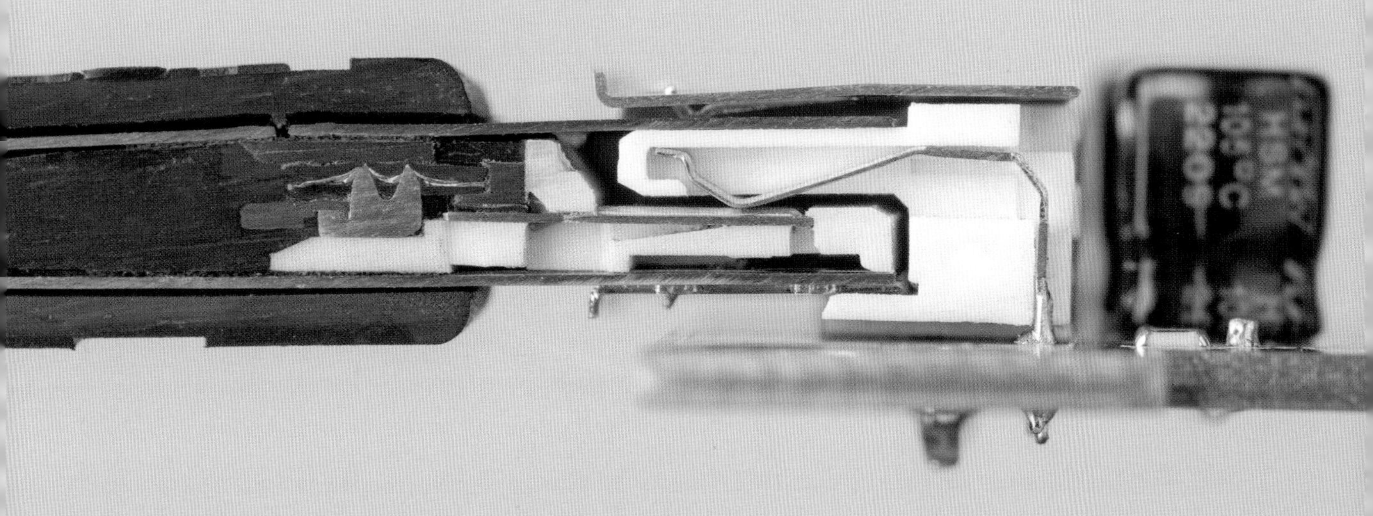

고속 USB 케이블

SuperSpeed USB Cable

최고급 10Gbps 고속 USB 케이블은 작고 정밀하게 제작된 놀라운 예술 작품이다.

가장 눈에 띄는 부분은 실드로 감싼 여덟 개의 소형 동축 케이블이다. 각 케이블은 지름이 1mm에 불과하며 고유한 색상코드가 부여된 알루미늄 포일로 감싸여 있다. 동축 케이블은 두 개씩 쌍을 지어 하나의 고속 데이터 전송 레인을 형성한다. 레인이 총 네 개인 USB 케이블은 초당 최대 10Gb의 데이터를 전송할 수 있다.

케이블 중앙에는 장치에 전원을 공급하기 위한 빨간색과 검은색의 굵은 전선 외에 초록색과 흰색의 차폐 신호 전선이 쌍을 이루고 있다. 어떤 의미에서 이 전선들은 고품질 고속 케이블에 저가 기본 USB 케이블을 내장해 이전 버전과의 호환성을 지원한다.

외부 실드 주변의 더 가는 전선 네 개는 보조 신호를 전달한다. 전체 케이블 바깥쪽에 구리 편조 실드를 위치시켜 전기 간섭에 대한 내성을 높였다.

이 케이블에는 케블라 섬유 등 강도를 높이기 위한 강도재를
사용한다. 빨간색과 검은색 전원 도체를 사이에 두고 가운데
부근에 위치한 노란색 부분이 이에 해당한다.

5

레트로 기술
Retro Tech

대표적인 전자부품 중 몇몇은 간단히 말해 구식이다. 섬광전구는 LED에 자리를 내주었고 닉시관은 모든 면에서 미학적으로 뛰어나지만 7세그먼트 디스플레이로 대체됐다. 아날로그 패널 계측기 역시 디지털 디스플레이로 대체됐다. 이 장에서 살펴볼 코어 메모리 같은 레트로 전자부품 중에는 이미 수십 년간 사용되지 않은 제품도 있지만 백열전구처럼 노후화의 대표 격인 부품도 있다. 끈질기게 사용되는 몇 안 되는 부품 중에는 진공관이 있다. 진공관은 기타 앰프용으로 여전히 흔하게 제조된다.

네온등

Neon Lamp

네온등에는 불활성 기체가 소량 포함되어 있다. 네온등의 두 병렬 전극 사이에 충분한 전압을 가하면 기체가 이온화하면서 독특한 주황색 빛을 발산한다.

외부 유리 케이스는 전극을 제자리에 고정하고 네온가스가 빠져나가지 않도록 막는다. 꼭대기에 있는 유리가 볼록 튀어나온 곳은 제조 공정 중 가스를 유입한 뒤 케이스를 밀폐한 부분이다.

리드선에 DC 전압을 가하면 음극(캐소드)만 켜지는 반면 1초에도 여러 번 양극과 음극 사이를 오가는 AC 전압을 가하면 각 전극이 차례대로 켜진다. 이 경우 잔상 효과 때문에 두 전극이 모두 켜진 것처럼 보인다.

네온등은 연장 코드선, 전등 스위치, 전원 스위치 등에서 AC 전원 표시기로 자주 사용된다.

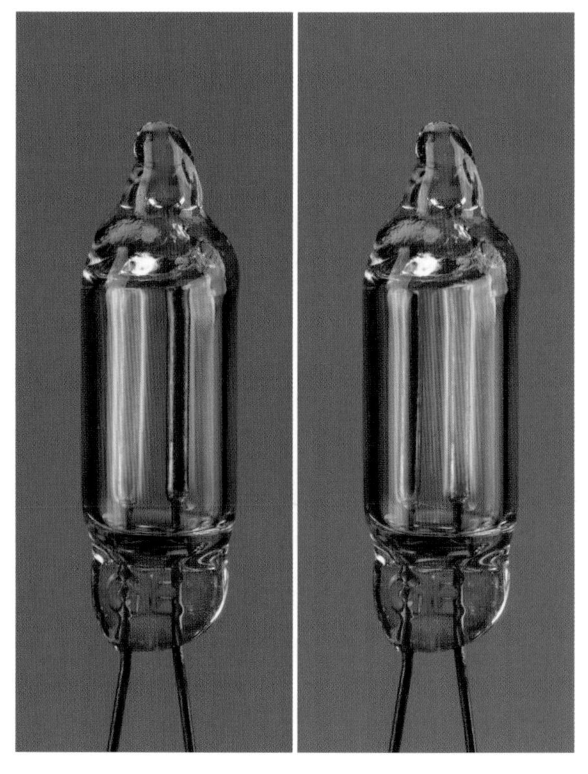

전극은 사실 한 번에 하나만 켜지지만 빠르게 번갈아 켜지기 때문에 둘 다 켜져 있는 것처럼 보인다.

이 네온등은 지름이 약 6mm다. 바닥에는 제너럴일렉트릭General Electric을 뜻하는 'GM'이 찍혀 있다.

닉시관

Nixie Tube

7세그먼트 LED 디스플레이seven-segment LED display가 보편화되기 전에는 네온가스를 채운 독특한 **닉시관**을 사용해 숫자 정보를 표시했다.

닉시관 내부의 네온가스는 네온등에서처럼 전극에 고전압을 가할 때 이온화가 일어난다. 네온등과의 차이점은 각 음극이 숫자 모양으로 배열되어 있다는 점이다. 불빛이 숫자 주변으로 충분히 넓게 퍼지기 때문에 촘촘히 쌓더라도 앞의 전극이 뒤의 전극에서 나오는 빛을 가리지 않는다. 사진에 보이는 닉시관은 애노드가 두 개로, 하나는 숫자 앞의 육각형 모양 그리드이고 다른 하나는 그 뒤의 단단한 금속 백셸backshell이다.

닉시관을 처음 제조한 업체는 이미 수십 년 전에 공장을 폐쇄했지만 이 독특한 디스플레이 기술이 뿜어내는 친근한 주황색 빛을 좋아하는 사람이 너무 많아 새로운 공장에서 닉시관을 다시 제조하기 시작했다.

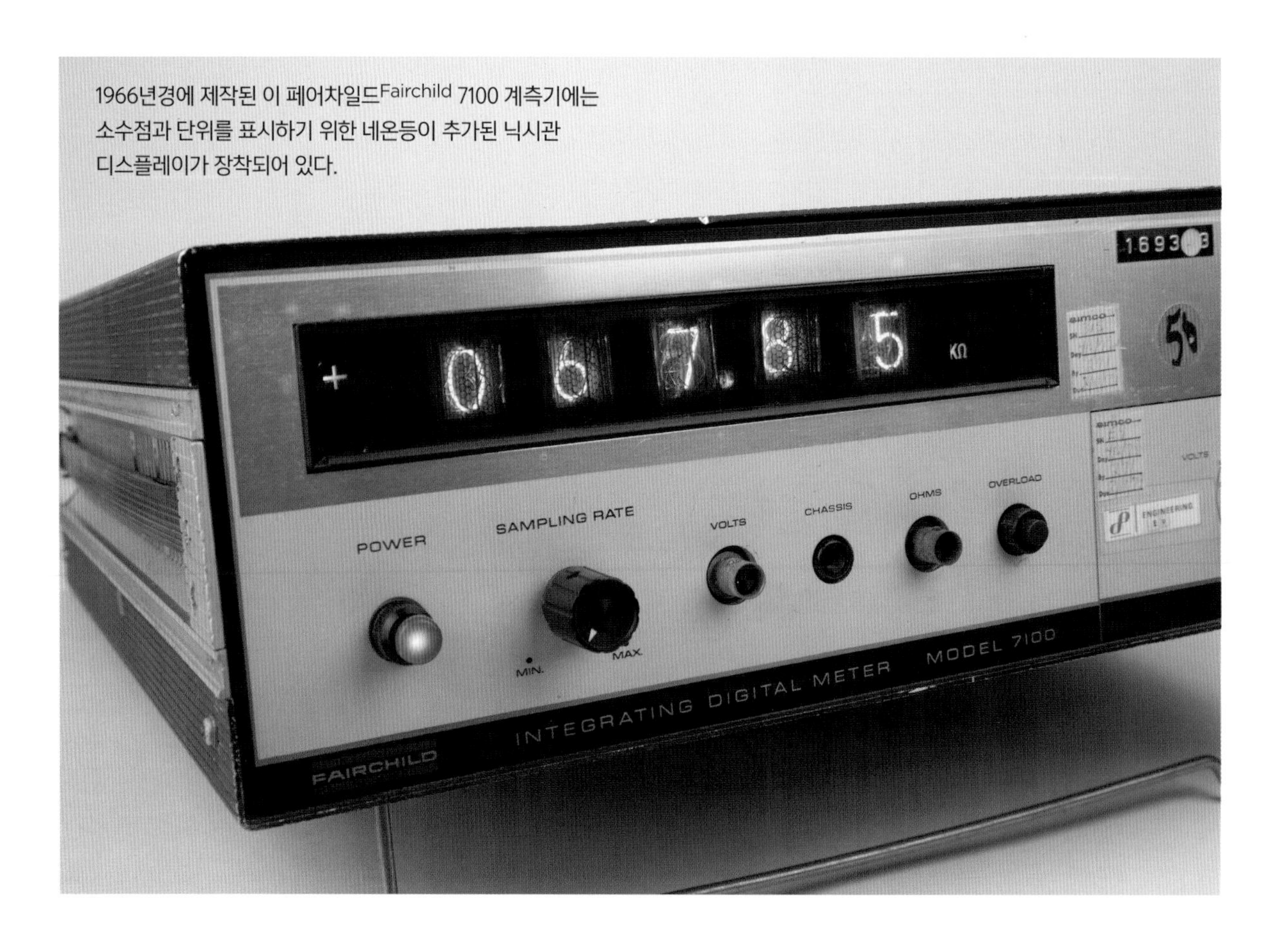

1966년경에 제작된 이 페어차일드Fairchild 7100 계측기에는 소수점과 단위를 표시하기 위한 네온등이 추가된 닉시관 디스플레이가 장착되어 있다.

ZM1030 닉시관은 디스플레이의 명암 대비를
강조하기 위해 주황색으로 코팅되어 있다.

닉시관 내부

닉시관의 유리 케이스와 전면의 육각형 애노드 그리드를 제거하면 내부에 있는 숫자 0~9 모양으로 만든 캐소드가 보인다. 숫자를 쌓을 때는 사이에 절연 세라믹 와셔를 두어 절연한다.

사진에 보이는 닉시관은 숫자 개수보다 핀 수가 적다. 홀수는 앞부분에 두어 전면 애노드 그리드를 통해 켜고 짝수는 뒷부분에 두어 숫자 후면 애노드인 검은색 금속 셀을 통해 켠다. 캐소드는 (예를 들어) 0과 1을 함께 연결하는 식으로 쌍으로 연결하지만 전면과 후면 애노드 중 어느 쪽이 활성화되는지에 따라 한 번에 짝수와 홀수 중 하나만 켜진다.

0.01mm 정도로 매우 가는 텅스텐 전선이 관 한가운데에서 전면과 후면을 나누는 투명한 막을 형성해서 각 애노드가 영향을 미치는 영역이 관의 절반으로 제한된다.

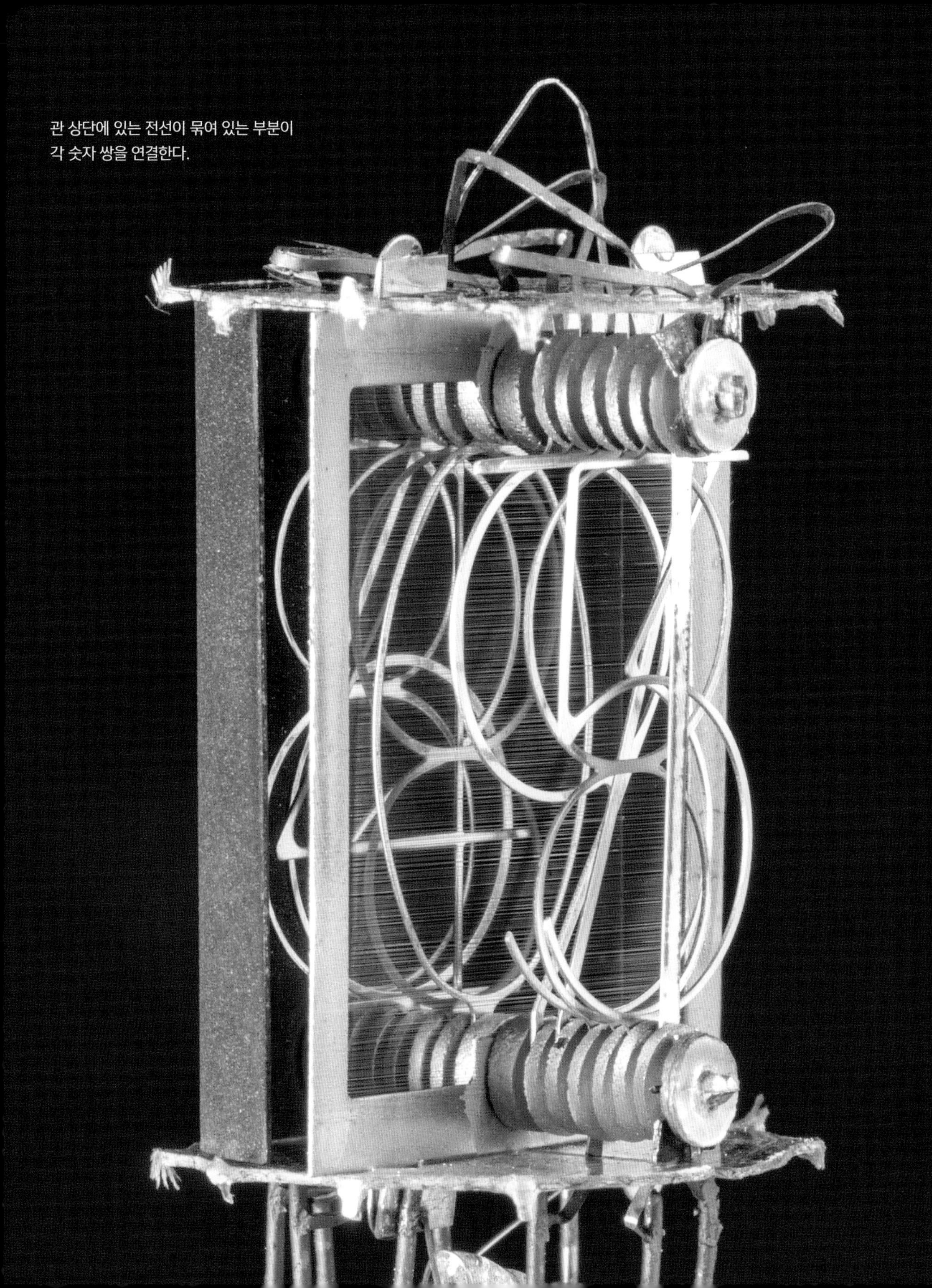

관 상단에 있는 전선이 묶여 있는 부분이
각 숫자 쌍을 연결한다.

12AX7 진공관

12AX7 Vacuum Tube

전 세계 오디오 애호가와 기타 연주자에게 잘 알려진 상징적인 **12AX7 진공관**은 1940년대에 출시된 이래로 오늘날까지 신호 증폭에 사용되고 있다.

단면을 보면 내부에 동일한 형태가 두 개 있음을 알 수 있다. 12AX7은 한 번에 두 개의 신호를 증폭할 수 있는 **이중 삼극관**dual triode 형태의 진공관이다. 각 **삼극관**은 내부의 원통형 캐소드, 전선 그리드, 외부 플레이트 등 세 가지 요소로 구성된다. 그 아래에는 이 요소들을 절연하고 지탱하는 운모 와셔가 있다.

진공관을 작동시키면 작은 저항성 필라멘트가 캐소드를 가열해 진공관 특유의 따뜻한 빛을 방출한다. 캐소드에서 방출된 전자는 플레이트 쪽으로 흐르지만 전선 그리드에 가해지는 작은 전압이 이를 밀어낼 수 있다. 그 결과 전선 그리드에 가해진 약한 신호가 플레이트에서 더 큰 출력으로 증폭될 수 있다.

관 내부는 진공 상태여서 전자가 공기 분자와의 상호 작용 없이 자유롭게 흘러 다닐 수 있다.

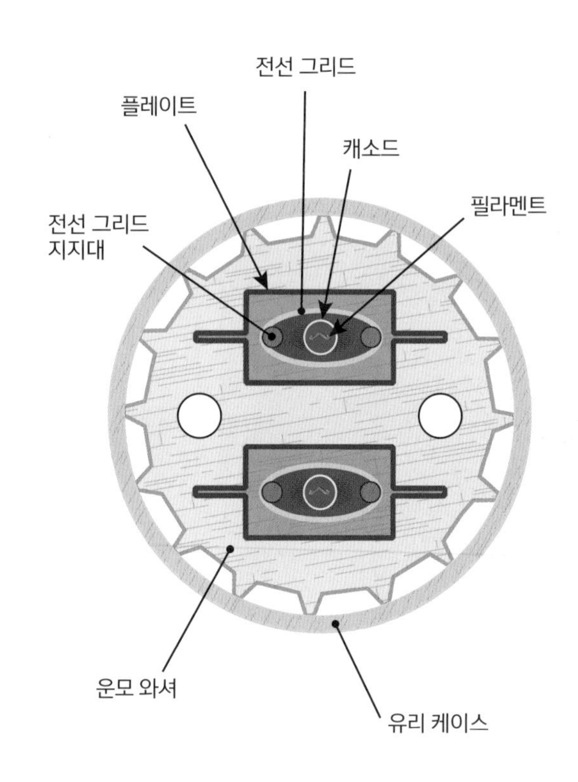

이중 삼극관 내부에는 똑같이 생긴 주요
구조가 두 개 있다.

사진 촬영을 위해 진공관 윗부분을 두 번째
지지용 운모 와셔 등과 함께 제거했다.

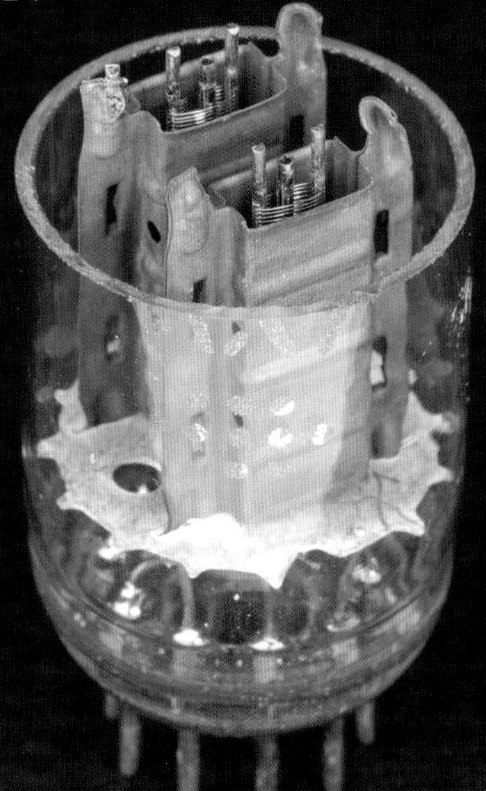

진공 형광 디스플레이관

Vacuum Fluorescent Display Tube

진공 형광 디스플레이(VFD)는 정보를 표시하기 위한 용도의 특수 진공관이다. 7세그먼트 디스플레이가 대세인 오늘날까지도 자동차 계기판과 가전제품에 널리 사용된다.

진공 형광 디스플레이는 전면이 평평한 유리로 이루어진 얇고 넓은 진공관으로, 저전압 장치이고 기본적으로 12AX7과 같은 삼극관 진공관이지만 애노드 판에는 인광체phosphor라는 형광 물질이 코팅되어 있다. 캐소드는 디스플레이 전면에 촘촘히 연결된 아주 미세한 가열 필라멘트 전선 여섯 개로 구성된다. 캐소드 아래에는 매우 얇은 금속 시트를 식각해 만든 제어 그리드가 있고 그보다 아래에는 형광 물질을 코팅한 애노드 판이 놓여 있다. 이 애노드 판이 시각 정보를 표시하는 디스플레이 소자를 형성한다.

필라멘트는 전자를 방출한다. 특정 형광 물질로 코팅한 애노드는 전압을 가하면 전자를 끌어당겨 친숙한 형광 초록색 빛을 방출한다.

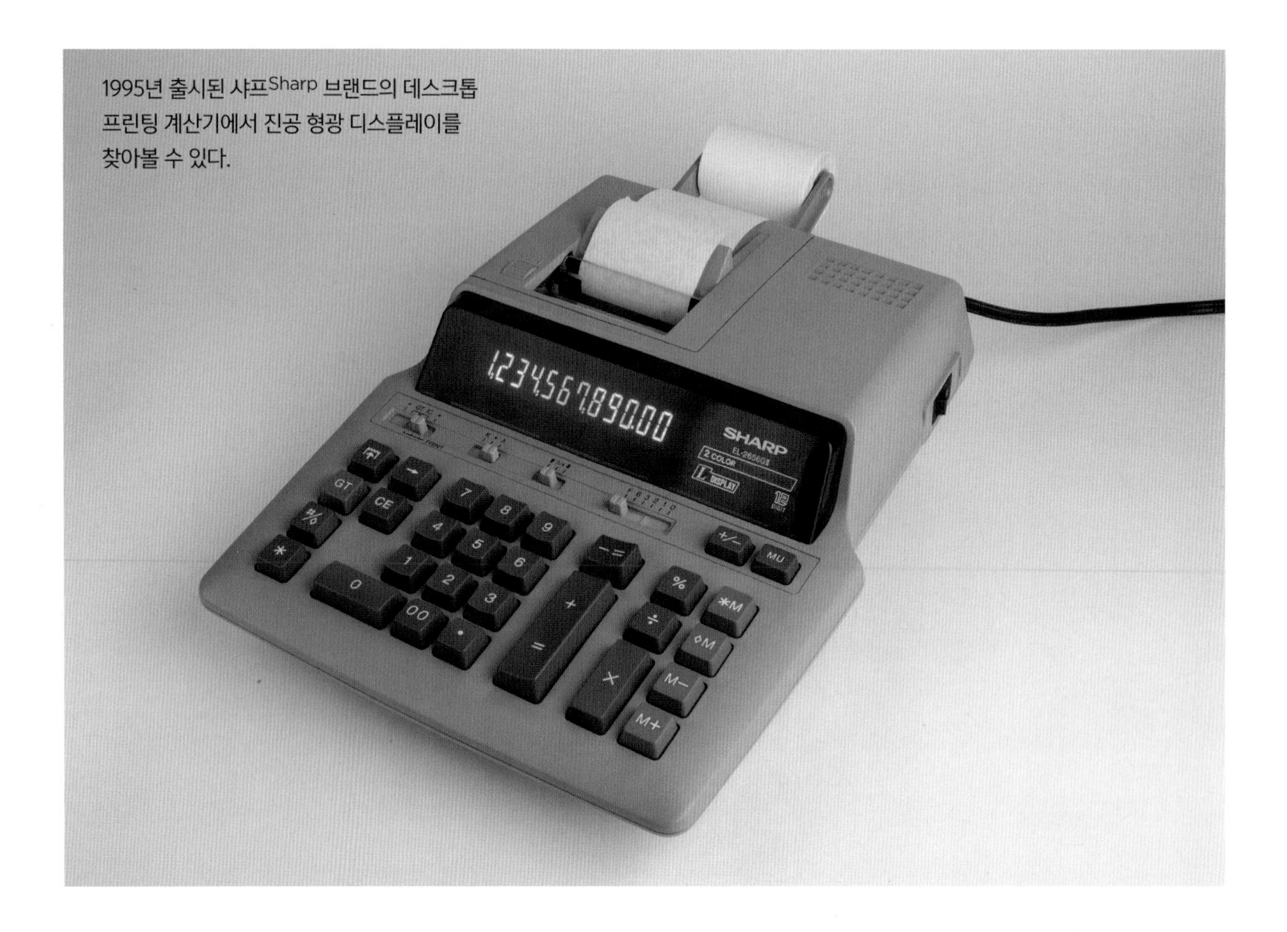

1995년 출시된 샤프Sharp 브랜드의 데스크톱 프린팅 계산기에서 진공 형광 디스플레이를 찾아볼 수 있다.

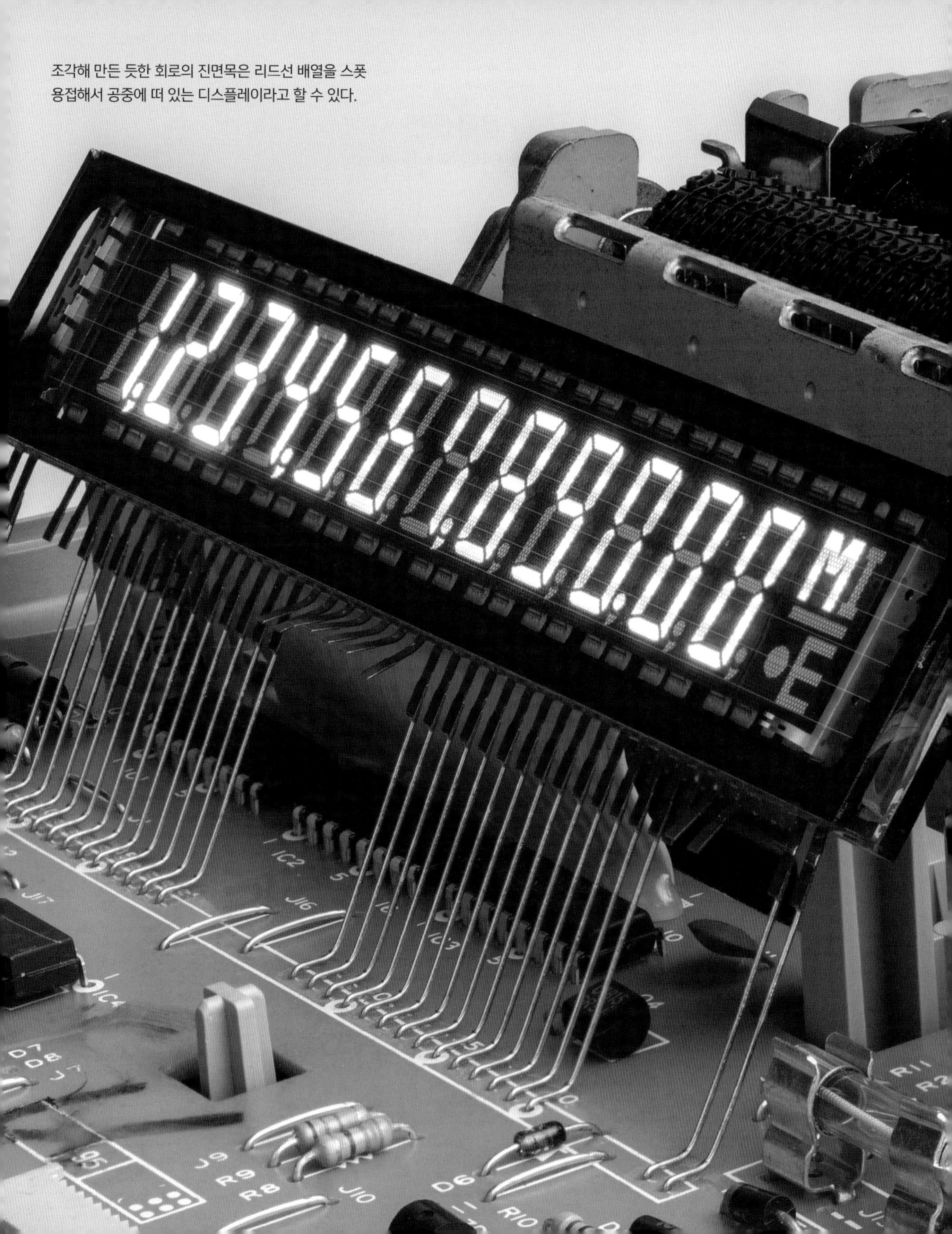

조각해 만든 듯한 회로의 진면목은 리드선 배열을 스폿 용접해서 공중에 떠 있는 디스플레이라고 할 수 있다.

음극선관

Cathode Ray Tube

음극선관(CRT)은 한때 모든 텔레비전과 컴퓨터 모니터의 디스플레이에 사용됐다. 역사적 유물인 이 이름은 가열한 캐소드에서 방출하는 광선을 지칭한다. 오늘날은 이 광선을 전자라 부른다.

음극선관은 진공 형광 디스플레이처럼 전자가 진공에서 형광 물질인 인광체와 충돌하는 과정을 통해 이미지를 생성한다. 다만 음극선관의 진공관에는 **전자총**electron gun이 내장되어 있어 인광체가 코팅된 화면을 향해 아주 미세한 전자 빔을 흘려보내는데 이 빔이 닿는 곳마다 빛이 발산된다. 진공관 주변의 전자석은 완전한 이미지를 구축하기 위해 일부러 줄 맞춰 잔디를 깎듯이 한 번에 한 줄씩 스크린으로 빔을 쏘아보낸다.

사진에 보이는 흑백 음극선관은 비디오 카메라 뷰파인더에 사용하는 유형이며 크기가 꽤 작다.

이 음극선관 뷰파인더는 1990년대 JVC 브랜드의 캠코더에서 가져왔다.

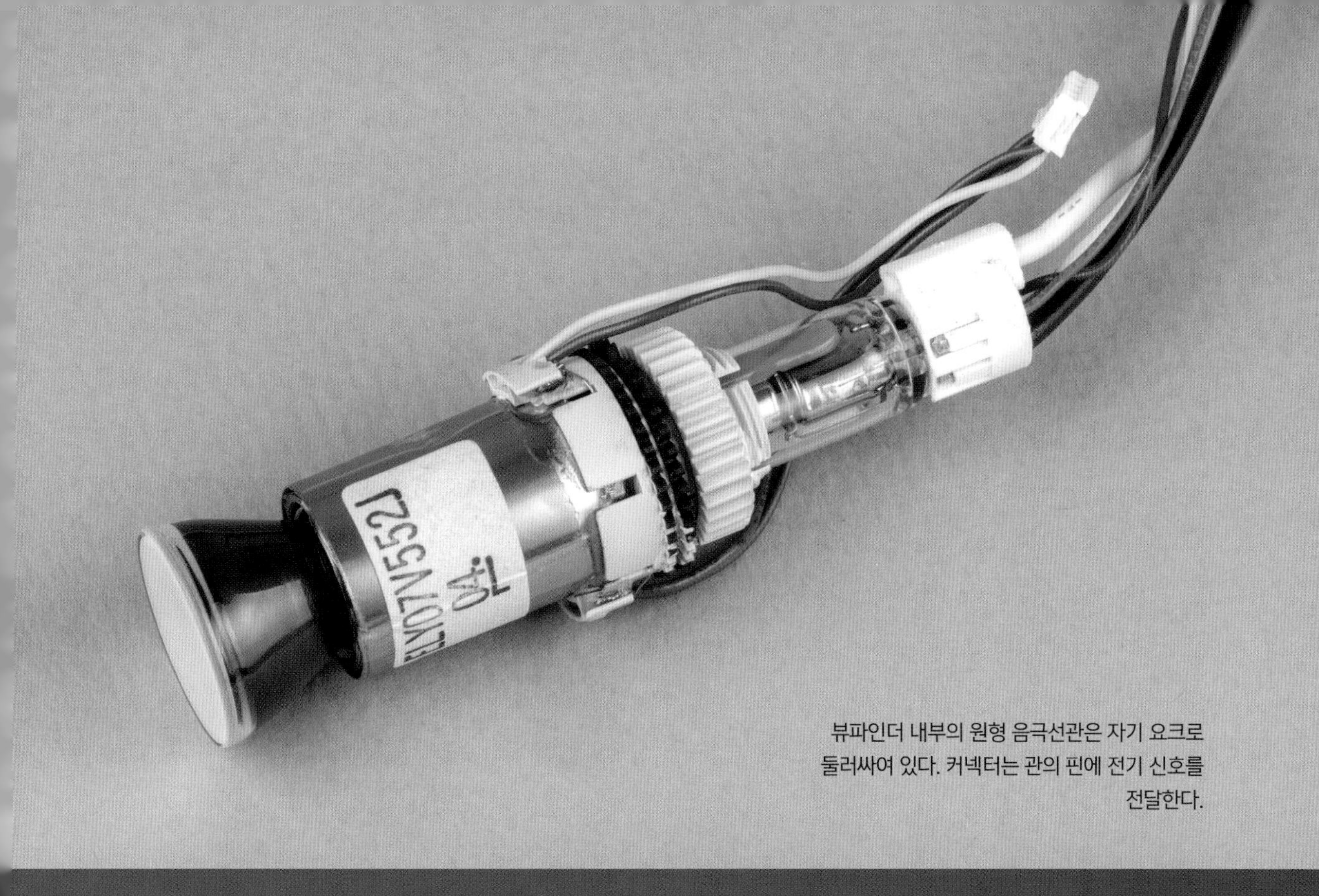

뷰파인더 내부의 원형 음극선관은 자기 요크로
둘러싸여 있다. 커넥터는 관의 핀에 전기 신호를
전달한다.

자기 요크는 빔 방향을 상하좌우로 조정하기 위한
수직편향 코일perpendicular deflection coil과
조정 가능한 페라이트 조각으로 구성되어 있다.

사진 중앙에 있는 두 전선 사이의 틈 바로 오른쪽에 필라멘트 코일이 위아래로 이어져 있다.

음극선관 내부

음극선관의 핵심은 전자총이다. 전자총은 전자를 집중시켜 빔을 생성하는 특수 진공관 부품이다.

모든 것은 언제나 가열된 필라멘트에서 시작한다. 사진에 보이는 소형 음극선관은 필라멘트 지름이 약 0.01mm인 초미세 전선으로 만든다. 전선은 종이 약 일곱 장 두께에 해당하는 0.7mm 간격만큼 떨어지도록 수직 방향으로 길게 감는다. 가열된 필라멘트가 전자를 방출하면 죽 늘어선 컵 모양 전극에 고전압을 가해 방출된 전자가 화면에 집중되도록 가속시킨다. 전자가 전자총을 떠난 뒤에는 자기 요크magnetic yoke를 이용해 인광체 화면의 올바른 위치로 이동하도록 조정한다.

음극선관의 전면은 평평하며 내부에 인광체가 코팅되어 있다.

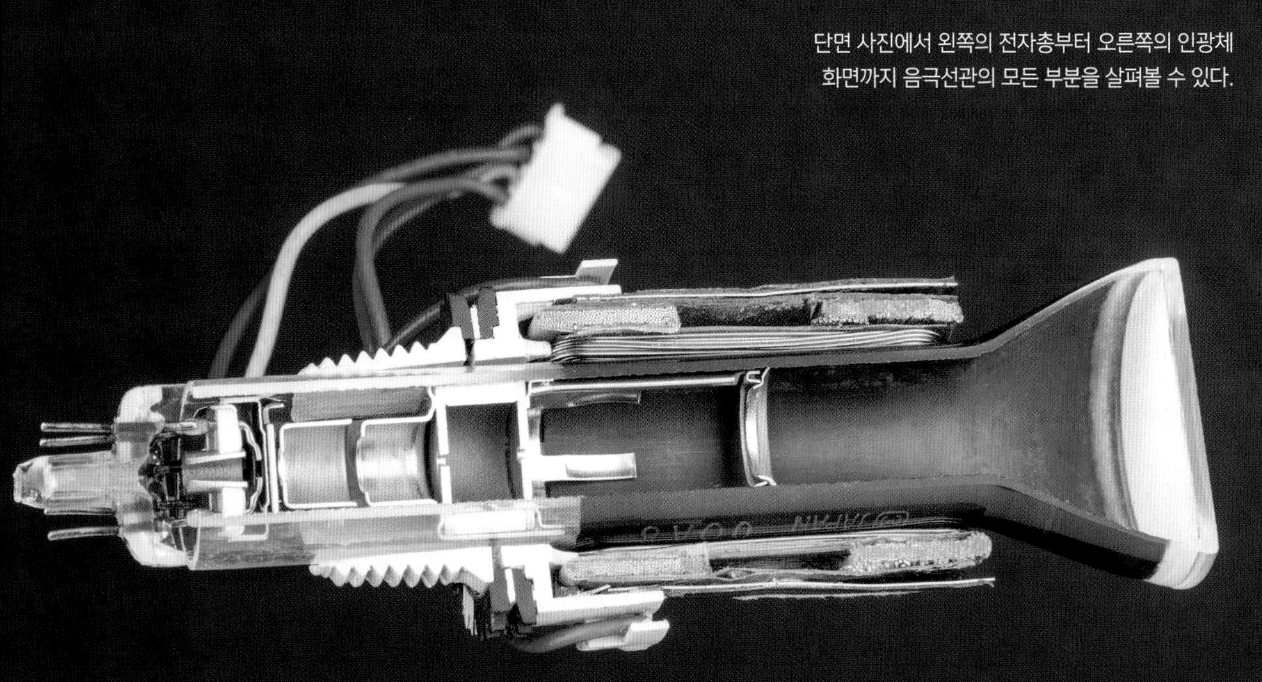

단면 사진에서 왼쪽의 전자총부터 오른쪽의 인광체 화면까지 음극선관의 모든 부분을 살펴볼 수 있다.

수은 틸트 스위치

Mercury Tilt Switch

가장 단순한 스위치 유형으로, 전도성을 띤 액체 상태의 작은 수은 방울이 두 전극과 접촉하면서 전기 회로를 완성하는 방식이다. 이때 스위치는 수직으로 바로 서야 한다. 한쪽 끝을 아래로 기울이면 수은이 전극에서 떨어지면서 회로 연결이 끊긴다.

이러한 스위치는 수은의 독성 때문에 지금은 구하기 어렵지만 수 년 전만 해도 간단한 전기기계식 온도 조절 장치에 사용됐다. 장치에서 수은 스위치는 코일 형태의 바이메탈 판coiled bimetallic strip 끝부분과 연결되어 있다. 판을 가열하거나 냉각하면 수은 스위치가 회전하면서 설정한 온도에서 스위치가 닫혀 히터나 에어컨이 켜진다.

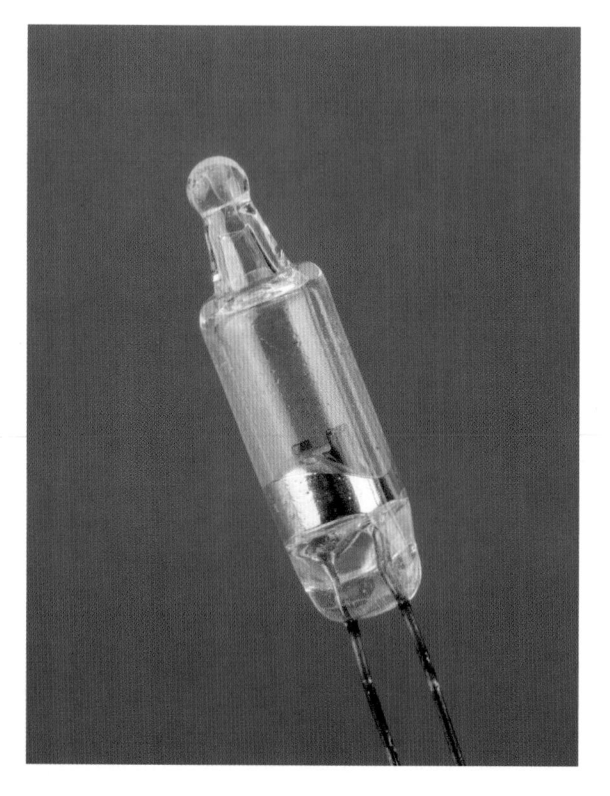

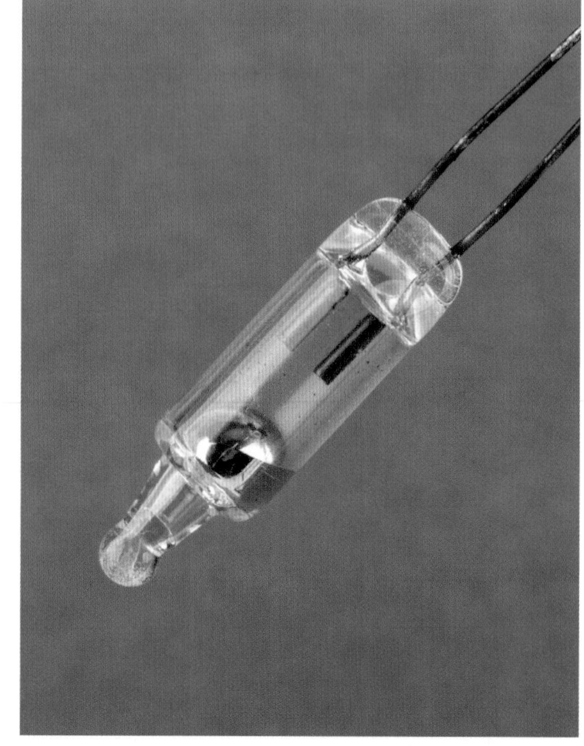

빈티지 권선 저항기

Vintage Wirewound Resistor

소형 탄소 저항기는 높은 전력을 처리할 수 없다. 몇 와트만 초과해도 탄소 코팅이 과열되어 깨지고 분해되기 십상이기 때문이다. 21쪽에서 본 것처럼 더 높은 전력을 다루는 저항기는 저항성이 있는 권선으로 만들어지고 고온을 처리할 수 있는 세라믹 패키지에 담긴다. 사진에 보이는 두 개의 권선 저항기는 시작이 거의 100년 전으로 거슬러 올라가는 고전적인 디자인을 사용하지만 지금까지도 제조되고 있다.

관형 유리 에나멜 저항기tubular vitreous enamel resistor는 고전적인 스타일의 견고하고 저렴한 전력용 권선 저항기다. 측면에 에나멜이 없는 제품은 와이퍼를 클램프로 고정해 함께 사용하면 단순한 가변저항기 역할을 한다.

카드형 운모저항기mica card resistor는 광범위한 전력손실 값 범위에서 작동해야 하는 무척이나 안정적인 회로에 사용한다. 정밀하게 보정할 수 있는 길고 얇은 저항성 전선을 내열성 운모 위로 여러 번 감아 만든다.

관형 유리 에나멜 저항기

카드형 운모저항기

탄소합성 저항기

Carbon Composition Resistor

탄소합성 저항기는 골동품 라디오 등 오래된 전자기기에서 종종 볼 수 있다. 저항성 소자는 흔히 합성물이라고 줄여 부르는 탄소 합성물이다. 만드는 방법은 이렇다. 먼저 전도성 탄소 분말, 비전도성 세라믹 점토, 바인더 수지로 반죽을 만든다.

이렇게 만든 반죽을 경화해서 생긴 합성물은 테라초 재질의 바닥처럼 보인다. 옅은 색 점토 알갱이가 탄소를 함유한 어두운 색 수지와 대조를 이룬다. 외부 셸은 베이클라이트bakelite 같은 **페놀 수지**phenolic resin로 만든다.

본딩용 전선의 양 끝 부근에서 합성물이 어떤 형태를 이루고 있는지 주목하자. 이러한 형태를 만들려면 반죽이 아직 부드러운 상태일 때 전선을 꽂은 다음 경화 과정을 거쳐야 한다.

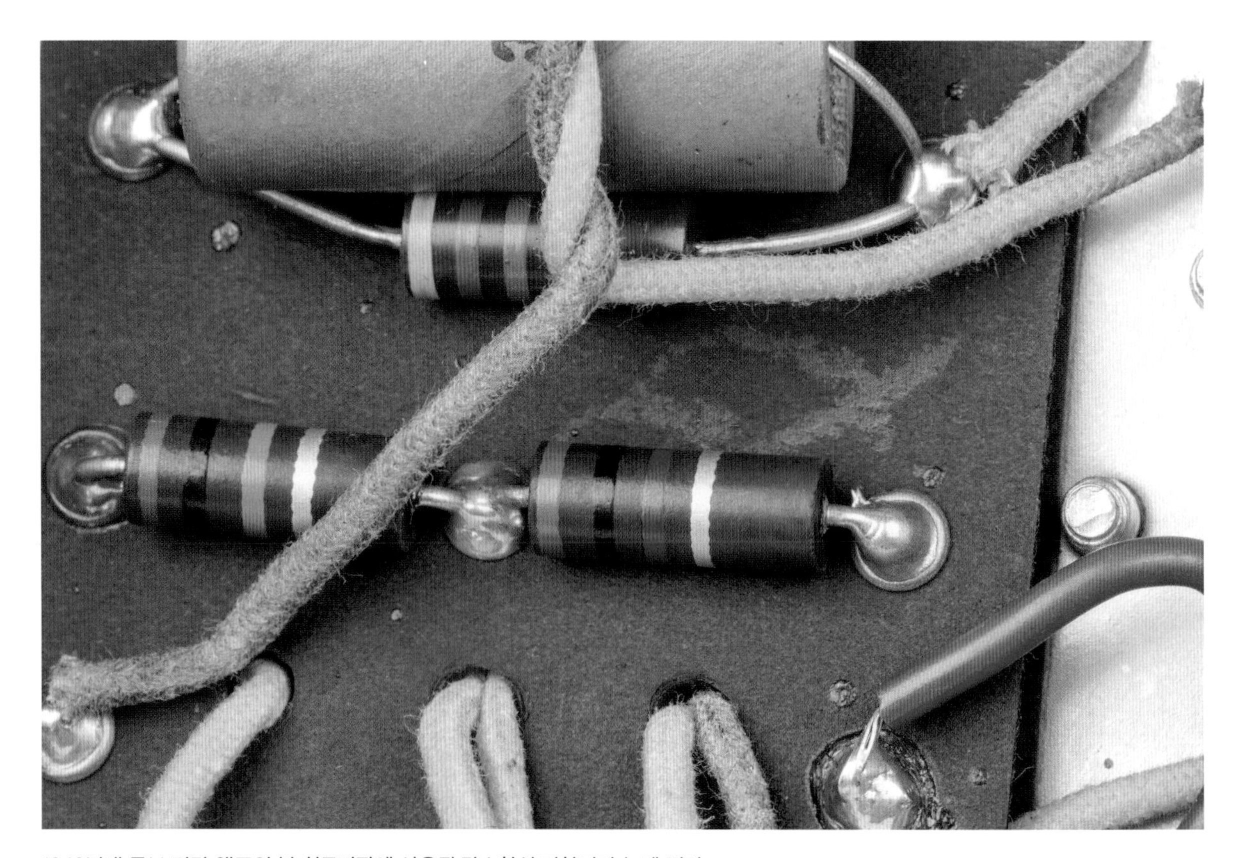

1960년대 튜브 기타 앰프의 본 회로기판에 사용된 탄소합성 저항기가 눈에 띈다.

코넬 듀블리어 9LS 커패시터

Cornell-Dubilier 9LS Capacitor

1920년대에 등장한 이 커패시터는 유전체 재료로 운모를 사용한다. 운모는 자연 발생한 투명한 광물로 어떤 것은 유리처럼 보일 정도다. 또한 전기 절연체이면서 균일한 두께의 평행한 면으로 쉽게 쪼개진다.

커패시터의 전극에는 연질 금속판을 사용한다. 정전용량을 높이기 위해 금속판과 운모판을 번갈아가며 여러 층으로 쌓는다. 이렇게 만든 '샌드위치'는 접점 역할을 하는 나사형 삽입물에 부착하기 전 단단하게 압축해 절연 화합물을 주입한다. 마지막으로 깨지기 쉬운 내부 소자를 보호하기 위해 커패시터 전체를 베이클라이트로 성형한다.

W. DUBILIER.
CONDENSER AND METHOD OF MAKING THE SAME.
APPLICATION FILED OCT. 30, 1918.

1,345,754. Patented July 6, 1920.

Inventor
William Dubilier

커패시터 양 끝의 금속 배선을 나사 단자에 감아
전기적 연결을 만든다.

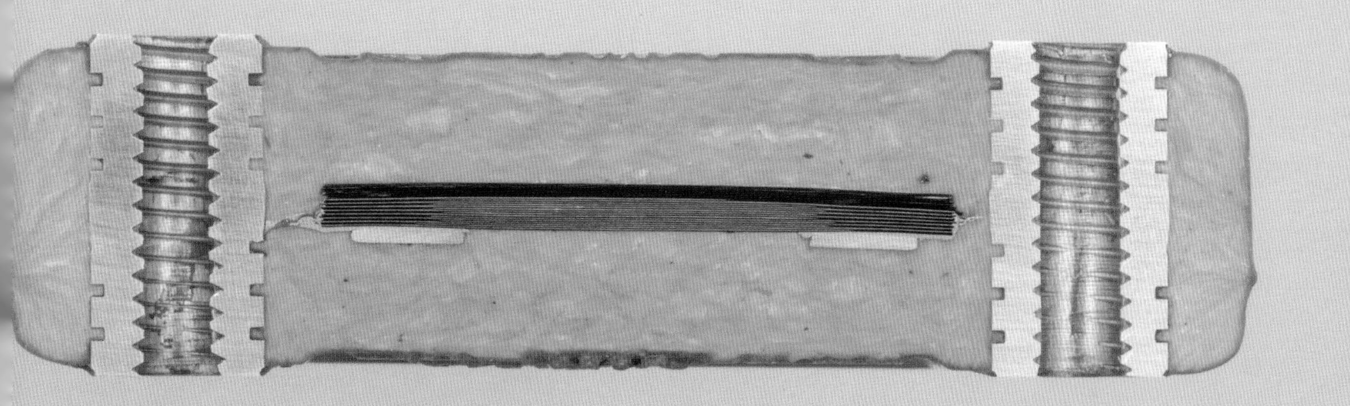

축소해서 보면 맞물려 있는 커패시터 층이 보인다.
은으로 된 밝은색 층이 어두운 운모 층으로 분리되어 있다.

은 운모 커패시터

Dipped Silver Mica Capacitor

1950년대에 발명된 **은 운모 커패시터**는 별개의 연질 금속판과 운모판을 사용하는 대신 특수 도금 공정을 통해 운모 절연체 표면에 직접 은을 증착하는 방식을 사용한다. 정전용량을 늘리기 위해 코넬 듀블리어 커패시터와 마찬가지로 도금판을 여러 개 쌓는다.

운모판 사이의 얇은 금속 포일 층은 도금한 은 전극과 쌓인 도금판 위를 압착하고 있는 커다란 황동색 금속 클램프 두 개를 서로 연결한다. 이렇게 만들어진 커패시터는 보호를 위해 페놀 수지로 감싸여 있다.

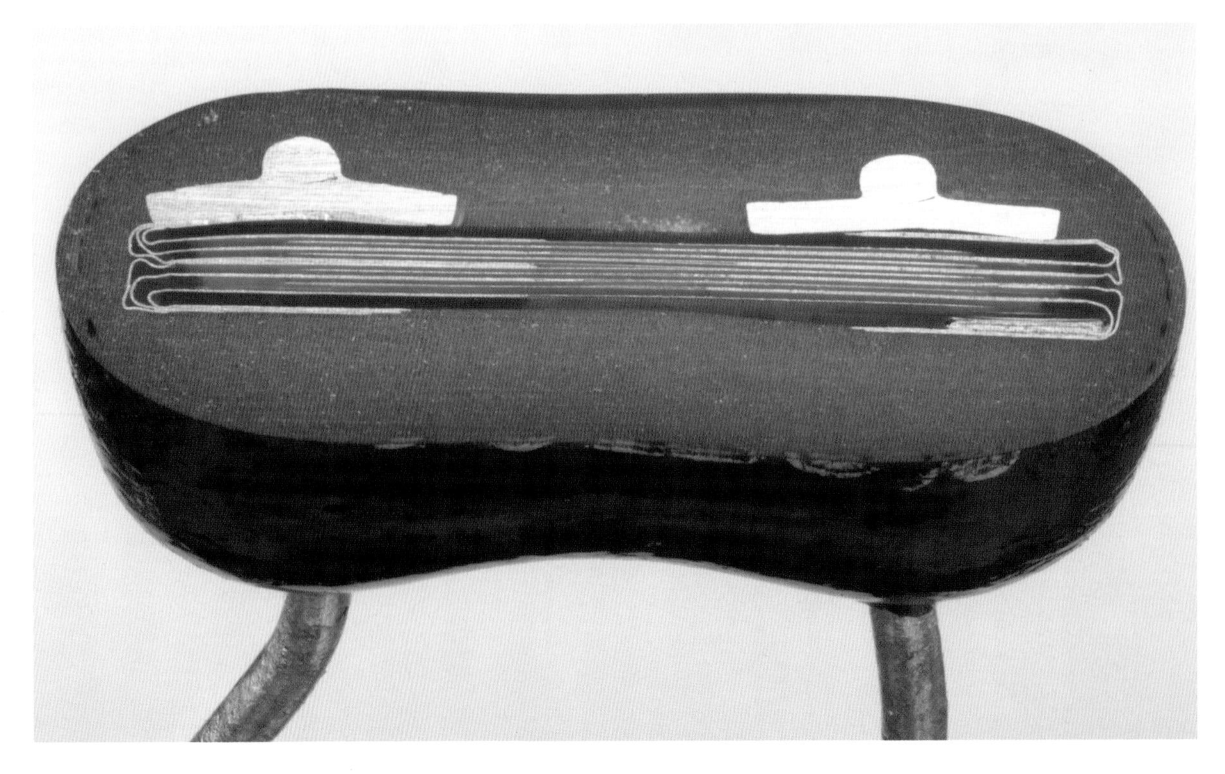

축방향 적층 세라믹 커패시터

Axial Multilayer Ceramic Capacitor

38쪽에서 인쇄회로기판에 직접 장착하는 적층 세라믹 커패시터를 살펴봤다. 적층 세라믹 커패시터는 한때 전선을 부착한 작은 유리관에 밀폐되어 있어서 일반 축방향 저항기나 다이오드와 마찬가지로 회로기판의 도금된 스루홀에 전선을 끼워 납땜하는 식으로 설치했다.

이 부품에 사용된 유리 케이스, 연결 및 밀봉 기술은 68쪽의 유리 케이스 다이오드에 사용된 것과 유사하다.

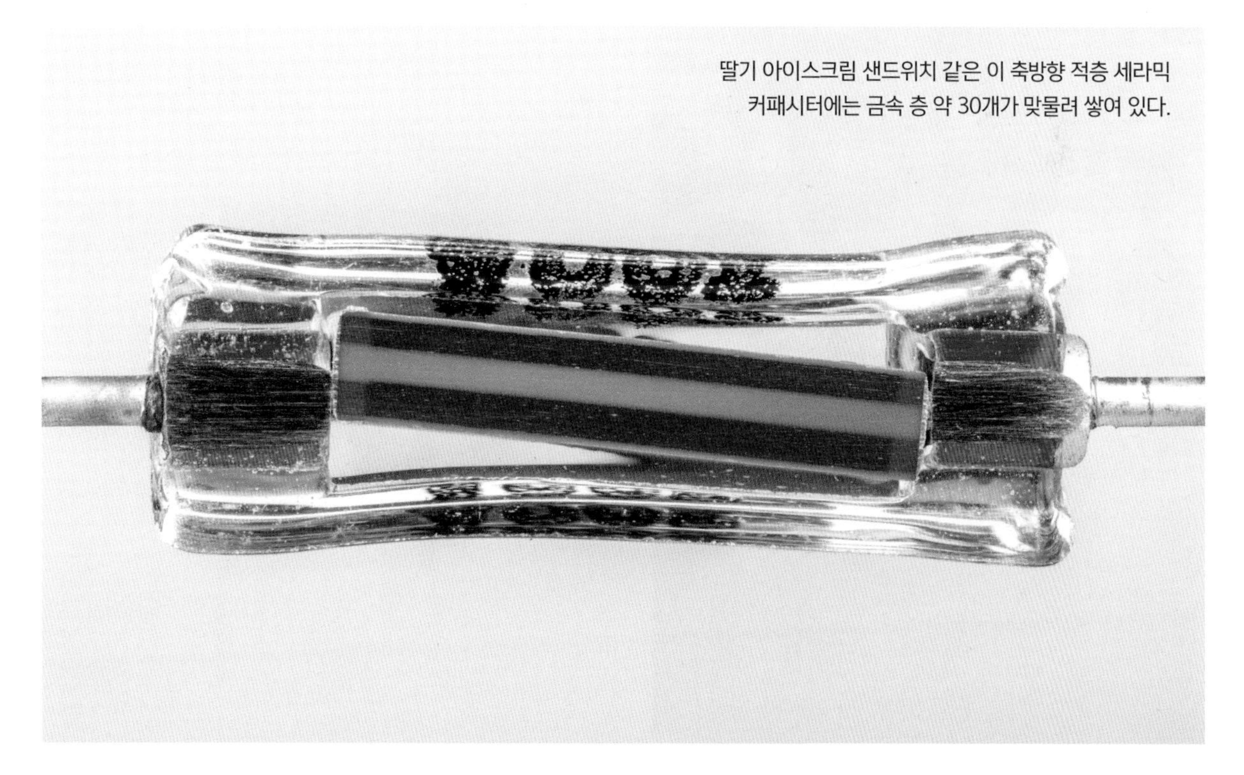

딸기 아이스크림 샌드위치 같은 이 축방향 적층 세라믹 커패시터에는 금속 층 약 30개가 맞물려 쌓여 있다.

IF 변압기

IF Transformer

IF 변압기는 커패시터를 내장한 조정 가능한 인덕터다. IF는 중간주파수를 뜻한다. 한때 IF 변압기는 사진에 보이는 1960년대 트랜지스터 라디오 회로기판 등 텔레비전과 라디오에 무척이나 흔하게 사용됐다.

인덕터의 인덕턴스는 자기코어의 유형과 위치에 따라 달라지며 IF 변압기의 코어에 사용된 페라이트 슬러그ferrite slug는 움직일 수 있는 나사 모양을 띤다. 페라이트 슬러그는 회전하면서 인덕터 권선 내를 오르내린다. 페라이트 슬러그는 부서지기 쉽기 때문에 회전 시 균열이 생기지 않도록 특수 플라스틱 도구를 사용한다. 페라이트 슬러그가 움직이면 IF 변압기의 특성이 변하면서 이를 사용하는 회로의 반응을 조정한다. 커패시터가 내장되어 있어 회로 설계 시 부품을 적게 추가할 수 있다.

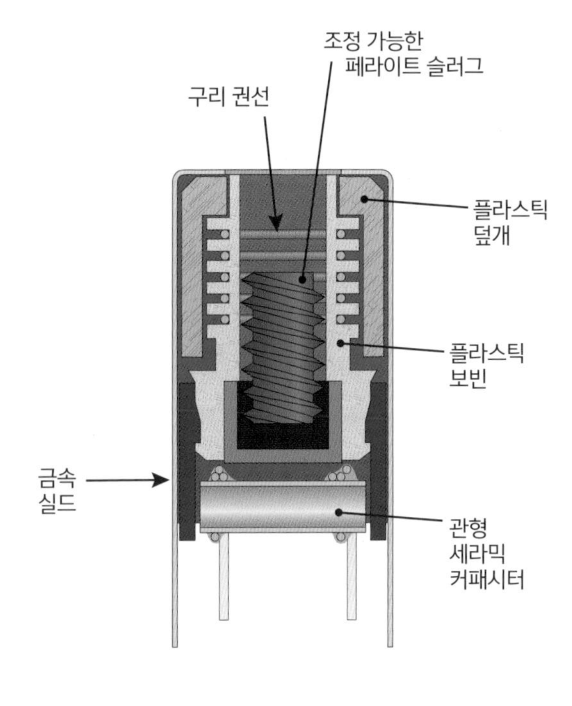

IF 변압기 하단의 은색 관은 1960년대에 흔히
사용한 구식 관형 세라믹 커패시터다.

백열전구
Incandescent Light Bulb

예스러운 디자인의 **백열전구**에서 텅스텐 필라멘트가 빛을 내는 이유는 단순히 뜨겁기 때문이다. 백열전구는 전력 출력의 상당 부분이 빛이 아닌 열로 방출되기 때문에 그다지 효율적인 광원은 아니다. 이러한 이유로 오늘날은 LED가 백열전구를 대체하고 있다.

전구의 필라멘트는 언뜻 보거나 중간 정도의 배율에서 보더라도 단순한 전선 코일처럼 보인다. 하지만 배율을 높여 보면 훨씬 더 가는 철사로 감은 코일임을 알 수 있다.

필라멘트의 끝은 빛이 날 만큼 뜨거워지지는 않는다. 한 가지 이유는 수직 지지대 두 개가 방열판 역할을 해 필라멘트 양 끝에서 열을 흡수하기 때문이다.

전구를 켜면 열 펄스가 발생하면서 필라멘트에 어마어마한 스트레스가 가해진다. 따라서 스위치를 켜는 즉시 전구가 밝게 빛난다.

최초의 상용 전구는 미세한 탄소 조각을 필라멘트로
사용했지만 얼마 지나지 않아 더 오래 지속되고 제조
비용이 저렴한 텅스텐 필라멘트가 탄소 조각을 대체했다.

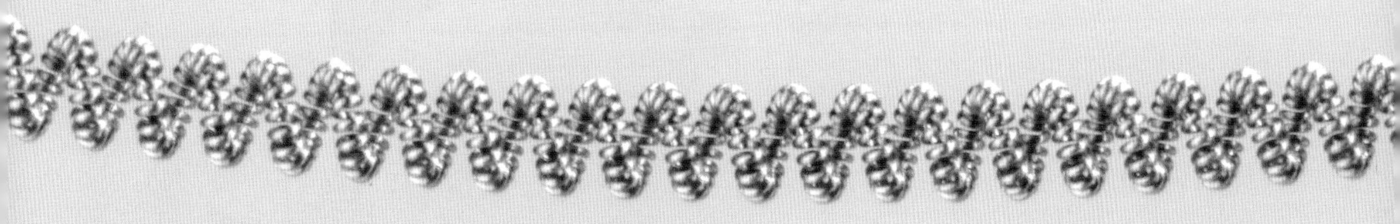

필라멘트는 아주 가는 텅스텐 전선을 다시 한번 감은 형태다.

카메라 섬광전구

Camera Flashbulb

백열전구가 수명이 가능한 한 오래 지속되도록 설계된 반면 일회용 섬광전구flashbulb는 처음 켜는 그 순간에 밝게 타오르도록 설계됐다. 이 정도면 매력적인 장면을 사진 필름에 노출하기에 충분한 시간이다.

섬광전구에는 텅스텐 필라멘트 대신 마그네슘으로 된 리본, 전선이나 포일이 있으며 이는 산소로 채워진 유리 케이스에 들어 있다. 전압 펄스를 가하면 마그네슘이 가열되면서 점화가 이루어져 산소가 풍부한 공기 중에서 아주 빠르게 연소된다. 이러한 유형이 오늘날 섬광등strobe을 사용하는 카메라 플래시보다 섬광을 훨씬 오래 방출한다.

섬광전구 외부에 코팅된 파란색 플라스틱은 출력하는 빛을 필터링하는 한편 유리 케이스를 강화한다.

25B 크기의 프레스Press 섬광전구는 지름이 약 25mm다.
사진에 보이는 제품은 한 상자에 전구 열두 개를 포함한다.

이 섬광전구는 카메라 플래시 장치에서
빠르게 교체하기 위한 목적으로
총검 착탈식 소켓을 적용했다.

포토레지스터

Photoresistor

포토레지스터는 **광전지**, **황화카드뮴 셀**, **광의존 저항기**light-dependent resistor(LDR) 등 여러 이름으로 알려져 있다. 저항기와 같은 역할을 하는 회로 소자지만 부품에 닿는 빛의 양에 따라 저항이 변한다는 차이가 있다.

포토레지스터는 황화카드뮴(CdS)이나 셀레늄화카드뮴(CdSe)으로 코팅한 세라믹 기판을 사용해 만든다. 금속 전극은 상단에 특유의 맞물린 모양을 형성하도록 배치된다. 중앙의 곡선은 두 전극 사이의 길고 좁은 틈을 보여주는 것으로, 아래에 있는 카드뮴 화합물을 노출시키는 역할을 한다.

카드뮴 화합물은 밝은 노란색이나 빨간색을 띤다. 화가들은 황화카드뮴과 셀레늄화카드뮴을 안료로 사용하는 경우 각각을 **카드뮴 옐로**와 **카드뮴 레드**라고 부르기도 한다. 두 화합물 모두 빛의 유무에 따라 고유 저항이 바뀐다.

카드뮴 화합물은 독성이 있으며 이와 같은 포토레지스터의 사용이 점차 줄어들면서 실리콘 광센서로 대체되고 있다.

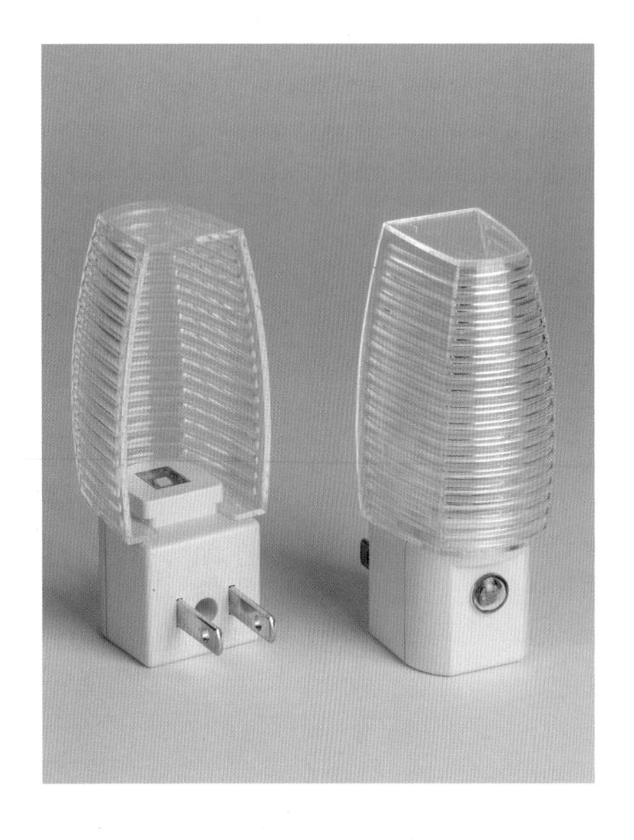

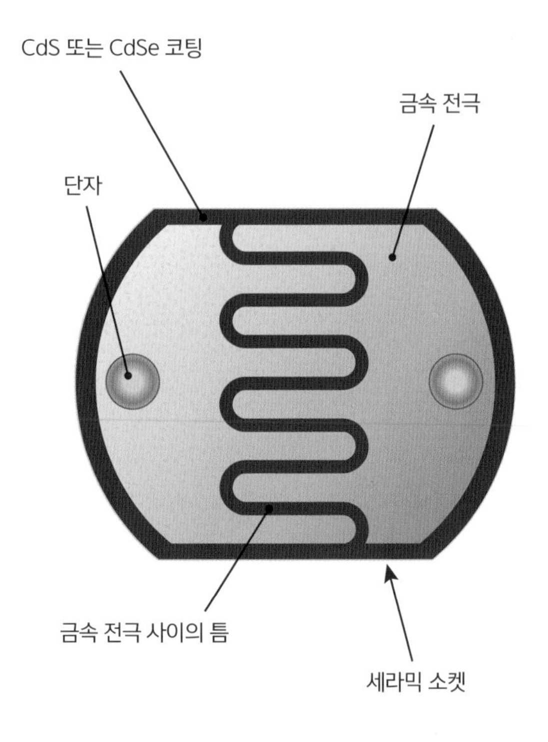

포토레지스터는 빛을 감지하면서도 반응이 빠를 필요는 없는 야간 조명, 가로등, 자동 차광 거울auto-darkening mirror 등의 회로에 사용한다.

표면의 투명 코팅은 산화나 물리적 손상으로부터 표면을 보호한다.

점 접촉형 다이오드

Point Contact Diode

점 접촉형 다이오드는 **고양이 수염 다이오드**cat whisker diode나 **광석 다이오드**crystal diode라고도 부른다. 이는 고양이 수염을 닮은 얇은 금속 전선이 반도체 성질을 띠는 광석 덩어리와 접촉해야 하기 때문이다.

사진에 보이는 점 접촉형 다이오드의 강철 전선은 방연석galena 조각과 접점을 형성한다. 방연석은 자연에서 발생해 반도체 성질을 띠는 황화납 광물이다. 전선이 이 광석과 접촉하는 위치는 조정할 수 있으며 이를 이용해 사용자는 표면에서 성능이 가장 좋은 곳을 찾을 수 있다.

단순한 AM 라디오 수신기는 이와 같은 점 접촉형 다이오드와 안테나 역할을 하는 전선, 이어폰만으로 만들 수 있다. 배터리도 필요 없다. **광석 라디오**crystal radio는 전력 또한 수신하는 전파에서 직접 공급받는다.

게르마늄 다이오드

Germanium Diode

고전적인 **게르마늄 다이오드**는 오늘날에도 광석 라디오에서 찾아볼 수 있지만 대체로 더 현대적인 다이오드 제품으로 대체됐다. 사진에 보이는 다이오드는 점 접촉형 다이오드로, 반도체에는 다른 유형의 다이오드에서 사용되는 방연석이나 실리콘이 아닌 게르마늄 조각을 사용한다.

외부 구조는 68쪽에서 살펴본 다른 유리 케이스 다이오드와 아주 유사하다. 내부에는 회색의 조그마한 정사각형 게르마늄이 구리 캐소드와 납땜되어 있다.

사진에 보이는 다이오드에서는 가느다란 금선을 스프링 모양으로 만들어 '고양이 수염'으로 사용하며 이때 생기는 접점의 크기는 아주 작다. 전선은 애노드 리드선과 용접한 뒤 유리 케이스에 끼워 넣어 게르마늄과 접촉할 수 있도록 한다. 그런 다음 고양이 수염과 게르마늄을 통해 전류를 흘려 둘을 융합해 결합한다.

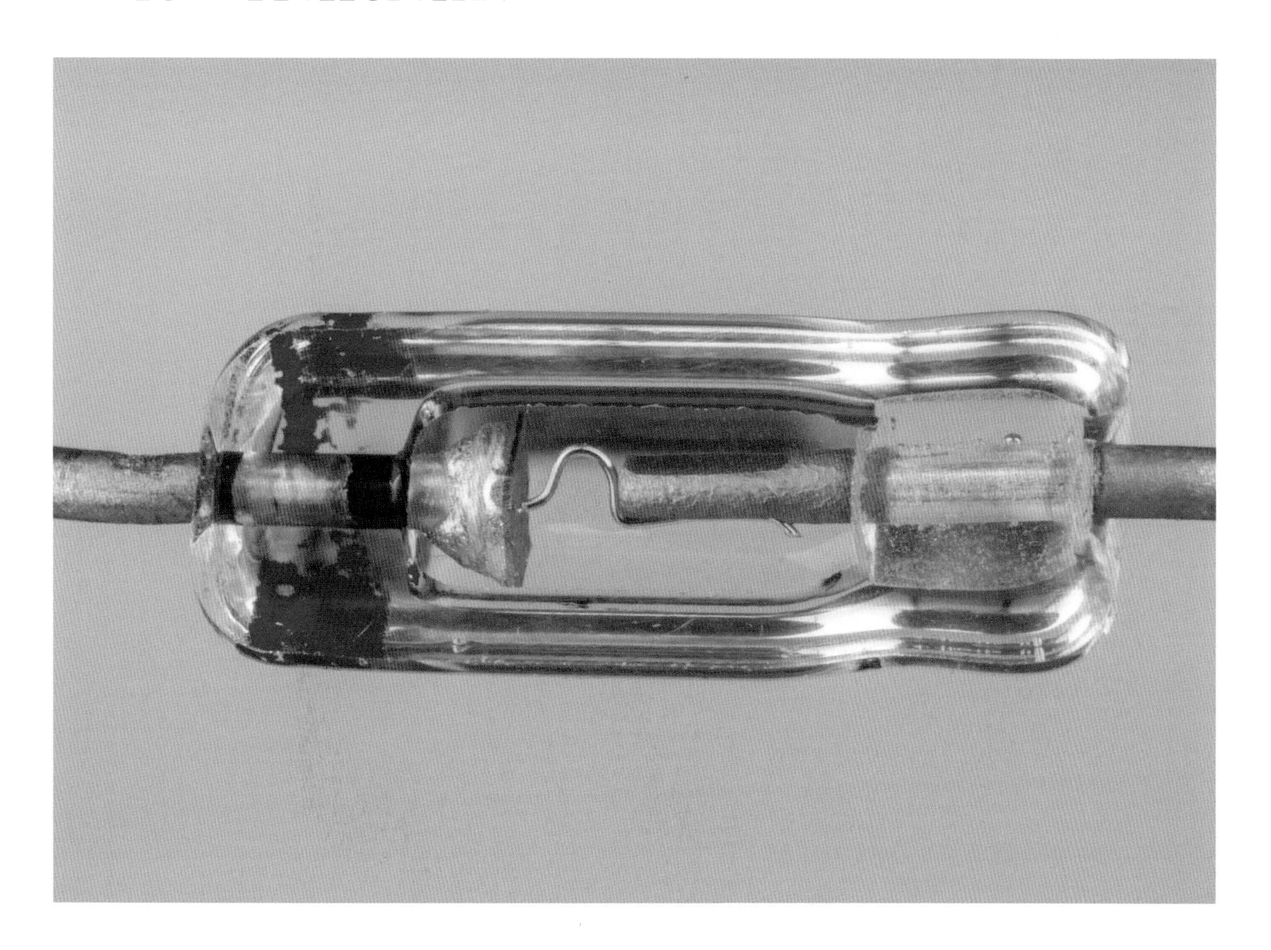

µA702 IC

µA702 Integrated Circuit

µA702라고 표시된 이 칩은 시장에 최초로 출시된 아날로그 IC 칩이다. 페어차일드 세미컨덕터Fairchild Semiconductor의 전설적인 IC 설계자인 밥 와이들러Bob Widlar가 설계해 1964년에 출시했다. 실리콘 다이는 총 아홉 개의 트랜지스터로 구성된다.

µA702 IC는 아날로그 신호를 감산해서 증폭하는 **연산증폭기**operational amplifier다. 디지털 회로에서 논리 게이트가 기본 구성 요소인 것처럼 아날로그 회로에서는 연산증폭기가 기본 구성 요소다.

금속 원통 모양의 TO-99 패키지 내부를 보면 이 장치를 손으로 조립하거나 재작업했다는 증거가 있다. 뒷면의 띠 모양 에폭시 흔적은 칩을 부착할 때 칩이 잠시 중앙에서 벗어났다가 다시 제자리로 미끄러져 들어갔음을 보여준다. 오른쪽의 긁힌 듯한 어두운 흔적은 핀셋 자국으로 보인다. 칩을 옮길 때 사용한 듯하다. 이후에는 칩을 자동화 장비로 조립했으며 사람이 수작업을 한 흔적은 없다.

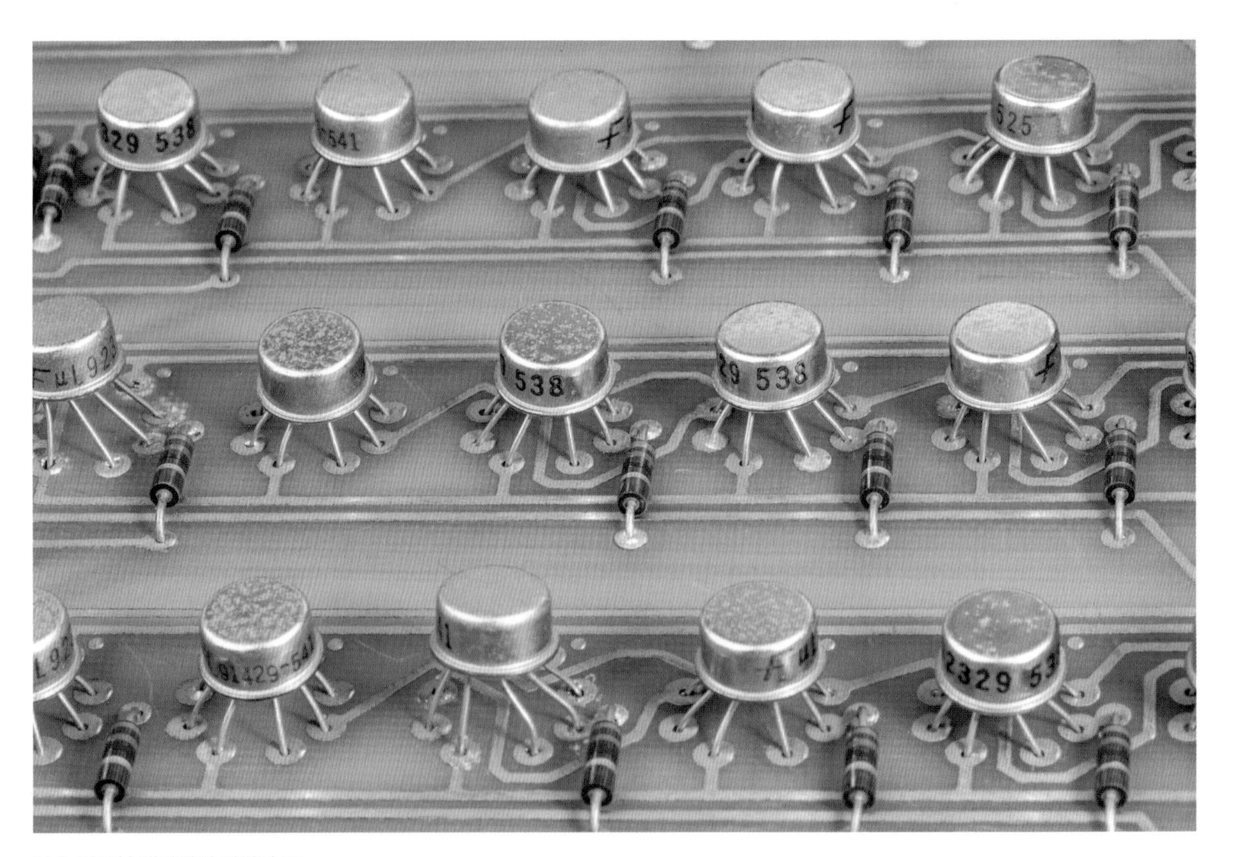

금속 원통형 패키지의 빈티지 IC

칩은 전선 여덟 개로 연결된다. 일곱 개는 밀폐용 유리로 절연한
핀과 연결하고 나머지 핀 하나는 금속 원통에 전기적으로 연결한다.

창이 나 있는 EPROM

Windowed EPROM

읽기 전용 메모리read-only memory(ROM)는 쓰기가 아닌 읽기만 가능한 영구 컴퓨터 메모리다. 실제로 많은 ROM 장치는 제조 초기 과정 어딘가에서 프로그래밍이 이루어져야 한다. 한 번 사용하고 버리지 않고 지워서 다시 쓸 수 있으면 편리하다.

삭제와 프로그래밍이 가능한 읽기 전용 메모리erasable programmable read-only memory(EPROM) 칩에는 석영 유리창이 나 있다. 창을 통해 실리콘 다이를 자외선에 노출시키면 메모리가 깨끗하게 지워지고 모든 비트가 디지털 1로 재설정된다. 그런 다음 칩을 다시 프로그래밍해 각각의 비트를 0으로 설정하면 데이터를 저장할 수 있다.

EPROM 칩은 한때 컴퓨터 마더보드의 바이오스BIOS 칩으로 자주 사용됐으며 보통 불투명 스티커가 창을 덮고 있다. EPROM 칩은 전기적 삭제와 프로그래밍이 가능한 읽기 전용 메모리와 그 후세대인 플래시 메모리로 대체됐다.

EPROM의 세라믹 DIP에는 석영 유리창이 있어서 실리콘
다이를 자외선에 노출시켜 메모리를 지울 수 있다.

코어 메모리

Core Memory

값싼 메모리 칩이 등장하기 전에는 **코어 메모리**가 컴퓨터의 메인 메모리에 사용하는 신뢰할 수 있는 몇 안 되는 기술 중 하나였다. 수십억 비트를 저장할 수 있는 최신 메모리 칩과 달리 코어 메모리에는 비트를 하나하나 볼 수 있을 정도로 비트가 몇 개 없다. 도넛 모양의 코어 메모리는 페라이트 세라믹으로 만드는데 두 방향 중 하나로 자화해서 각각 이진수 1이나 0을 나타내도록 한다.

수직과 수평으로 코어를 통과하는 전선 그리드는 쓰기나 읽기를 할 개별 코어를 지정하는 데 사용한다. 모든 코어를 사선으로 지나는 구리선은 선택된 코어에 저장한 정보를 다시 읽어들이는 **감지선**sense line 역할을 한다. 검은색 전선은 빨간색 전선의 자기장에 대응해 코어 세트에 정보가 기록되지 않도록 선택적으로 차단하는 **억지선**inhibit line이다.

1967년으로 추정되는 카시오Casio AL-1000 계산기의 코어 메모리(448비트 또는 56바이트 메모리)

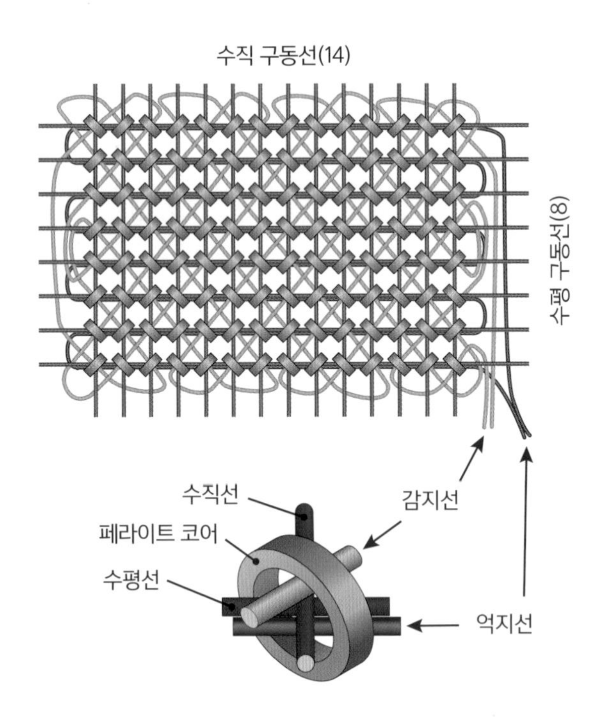

IBM SLT 모듈

IBM SLT Module

IBM은 1960년대에 고정 논리소자 기술을 의미하는 **SLT**solid logic technology라는 일종의 하이브리드 회로hybrid circuit 모듈을 개발했다. 이 작고 견고한 모듈은 각설탕보다 작은 패키지에 저항기, 다이오드, 트랜지스터를 담아 전체 회로 카드의 부품을 대체했다.

SLT 모듈에는 단일 트랜지스터 혹은 다이오드 배열 두 개로 이루어진 작은 칩 여러 개가 사용된다. 본딩용 전선 대신 다이에 솔더범프가 있어 다이를 모듈 세라믹 기판의 전도성 은 회로 패턴과 연결할 수 있다. 솔더범프 방식은 시대를 무척이나 앞서간 것으로 89쪽의 스마트폰 SoC에서 본 플립 칩 장착 방식이 탄생하는 데 직접적인 영향을 끼쳤다.

회로기판에 이러한 고밀도 SLT 모듈 옆으로 탄소합성 저항기 같은 빈티지 부품이 놓인 모습은 시대착오적으로 보이기까지 한다.

개별 SLT 트랜지스터 다이. 다이마다 솔더범프가 보인다.

아직 다이를 부착하지 않아 속이 드러난 세라믹 SLT 모듈

SLT 모듈은 세라믹 회로기판 위로
알루미늄 패키지가 덮여 있다.

아날로그 패널 계측기

Analog Panel Meter

저렴한 LCD 패널과 LED 디스플레이가 등장하기 전에는 아날로그 계측기를 사용해 다양한 응용 분야에서 전압과 전류를 표시했다.

사진에 보이는 아날로그 계측기 유형은 영구자석을 고정해 전자석을 밀고 돌리는 식으로 부착된 바늘을 회전시킨다.

회전하는 전자석은 권선 위아래로 각각 한 개씩 팽팽하게 당겨진 금속 리본에 매달려 회전한다. 리본은 계측기 단자로부터 회전하는 권선에 전기를 전도한다. 리본은 또한 약한 비틀림 스프링torsion spring 역할을 해 전류량이 감소할 때 바늘을 0으로 되돌린다.

바늘이 회전하는 각도는 전자석의 구리 권선에 흐르는 전류에 따라 정확히 정해지며 균형은 약한 스프링으로 잡는다. 이러한 방식을 **다르손발 운동**d'Arsonval movement이라고 한다.

영구자석은 두껍고 둥근 자극편을 쌓아 만든다.

수직으로 뻗어 있는 얇은 금속 리본은 아치 모양의 강철 스프링으로 팽팽하게 고정되어 있다. 스프링은 전기 단자 역할도 한다.

자기 테이프 헤드
Magnetic Tape Head

테이프 헤드는 아날로그 음악이나 디지털 데이터 같은 정보를 자기 테이프에 쓰거나 테이프에서 읽어올 때 쓴다. 겉으로는 단순해 보일 수 있지만 매끈한 외관 뒤에는 복잡하게 조립된 부품이 숨어 있다.

테이프 헤드의 핵심은 구리 권선이다. 권선은 C자 철심 자극편pole piece과 더불어 전자석 역할을 해 헤드가 자기 테이프를 누르는 곳에 생기는 아주 작은 틈새에 자기장을 집중한다. 자석과 자극편은 흔한 말굽 모양 자석과 작동 방식이 무척 유사하다. 두 극을 서로 가까이 가져다 대면 그 틈을 가로질러 강한 자기장이 생성된다.

틈 자체는 철심의 양 끝 사이에 끼운 얇은 구리나 금박 조각으로 형성된다. 포일은 틈이 일관된 폭으로 정밀하게 제어되도록 하며 전반적인 충실도와 성능을 향상한다.

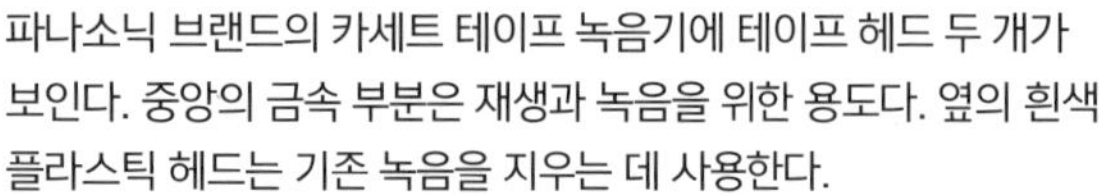
파나소닉 브랜드의 카세트 테이프 녹음기에 테이프 헤드 두 개가 보인다. 중앙의 금속 부분은 재생과 녹음을 위한 용도다. 옆의 흰색 플라스틱 헤드는 기존 녹음을 지우는 데 사용한다.

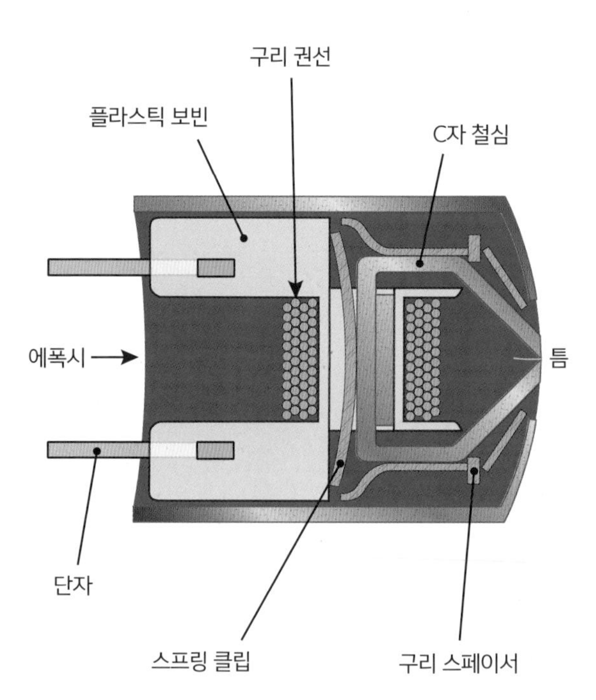

구리 소자는 헤드 내부의 철 자극편을
분리 배치해 자기회로 부품을 격리하는
용도로 사용한다.

얇은 포일은 강자성체 코어의 양 끝
사이에 위치해 검은색 에폭시 바탕에
대비되는 가볍고 얇은 선으로 보인다.

박막 하드 드라이브 헤드

Thin-Film Hard Drive Head

컴퓨터 하드 드라이브에는 자기 테이프 헤드의 축소된 버전이 사용된다. 더 정확히 말하자면, 그런 헤드가 많이 사용된다.

헤드는 세라믹 **슬라이더**에 부착되어 있으며 회전식 음성 코일 모터가 헤드를 나란히 정렬시킨다. 드라이브의 디스크 모양 플래터platter는 각각 앞면과 뒷면에 하나씩, 총 두 개의 슬라이더와 쌍을 이룬다. 드라이브가 회전할 때 각 슬라이더는 슬라이더와 플래터 표면 사이에 있는 매우 얇은 공기층을 따라 미끄러져 움직인다.

각각의 슬라이더는 폭이 약 3.3mm로 아주 작다. 전면에는 금속 단자 패드와 작은 루비색 헤드 두 개가 있다. 헤드를 제조할 때는 박막 기술을 사용해서 코일이 테이프 헤드와 전기적으로 유사하도록 코일을 증착한다.

슬라이더 하나가 실제로 사용하는 헤드는 하나뿐이지만 슬라이더를 모두 같은 모양으로 제조하기 위해 헤드를 두 개 부착한다. 다만 플래터 아래에 위치하는 슬라이더는 뒤집혀 있다. 이렇게 뒤집힌 슬라이더에서는 다른 쪽 헤드를 사용해서, 각 데이터 트랙의 지름이 동일하도록 플래터 위와 아래에 헤드를 나란히 정렬시킨다.

1992년 출시된 2GB 용량의 마이크로폴리스Micropolis 하드 드라이브는 데이터 저장을 위해 플래터를 여덟 개 사용한다.

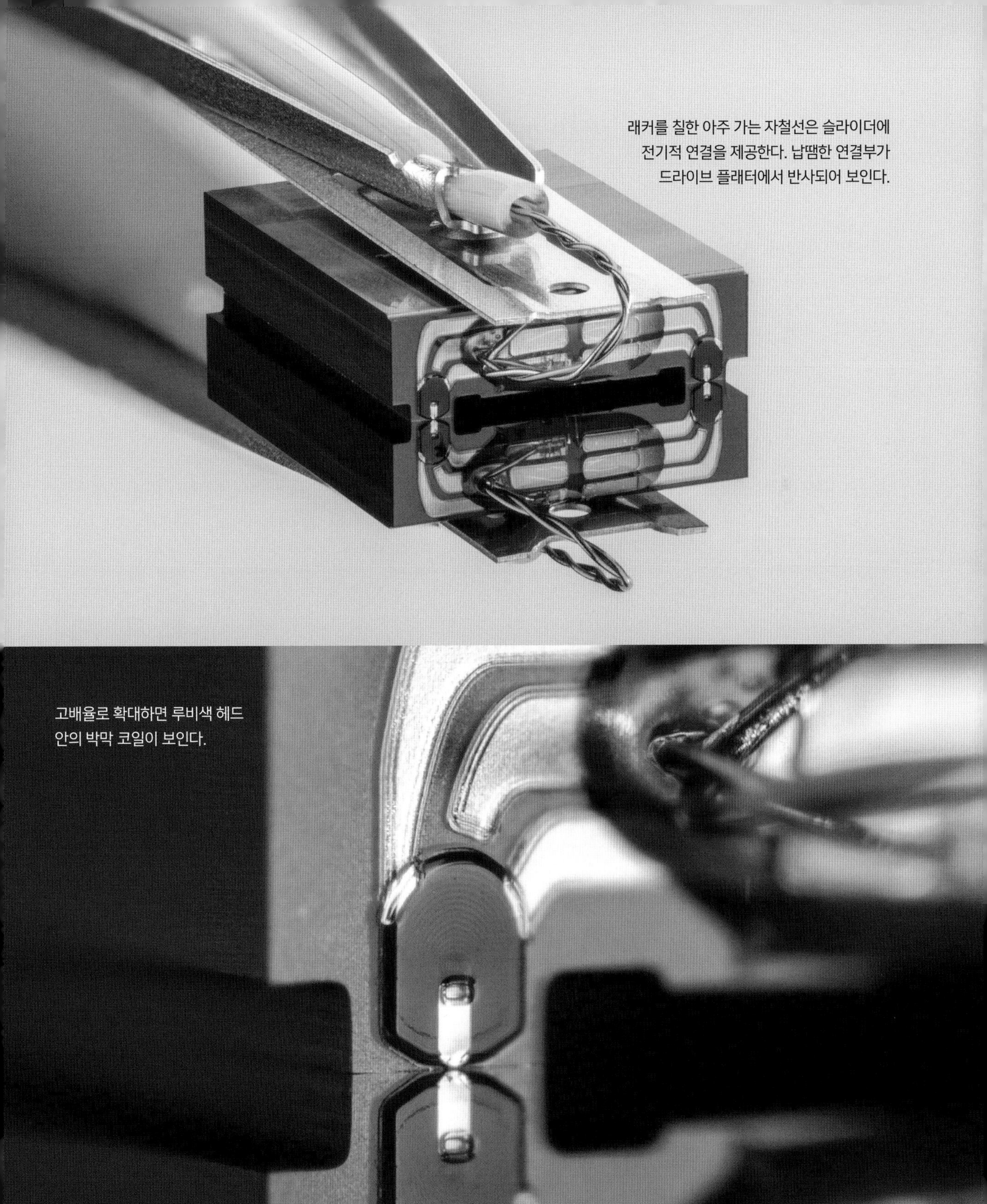

래커를 칠한 아주 가는 자철선은 슬라이더에
전기적 연결을 제공한다. 납땜한 연결부가
드라이브 플래터에서 반사되어 보인다.

고배율로 확대하면 루비색 헤드
안의 박막 코일이 보인다.

GMR 하드 드라이브 헤드

GMR Hard Drive Head

박막 하드 드라이브 헤드를 2001년에 등장한 하드 드라이브와 비교해보자. 이즈음에는 헤드에 **거대자기저항**giant magneto-resistance(GMR) 기술을 사용했으며 슬라이더는 폭이 약 1mm로 줄었다.

자기저항은 외부 자기장 유무에 따라 물질의 저항이 변하는 현상을 말한다. 자기저항 효과를 기반으로 하는 센서는 아주 작은 자구magnetic domain를 감지해 드라이브 메모리 저장 밀도를 높인다.

센서 기술로서 거대자기저항을 기반으로 하는 헤드만으로는 데이터를 드라이브에 기록하지 않는다. 오히려 거대자기저항 '읽기 헤드'는 앞서 본 박막 '쓰기 헤드'와 층을 이룬다.

하드 드라이브 산업은 계속 발전하고 있다. 현세대의 드라이브 헤드는 완전히 다른 기술을 사용해 더 높은 스토리지 밀도를 구현한다.

100GB 용량의 웨스턴 디지털Western Digital 하드 드라이브에는 플래터가 세 개뿐이다. 전체 드라이브 사진은 134쪽 회전식 음성 코일에서 확인할 수 있다.

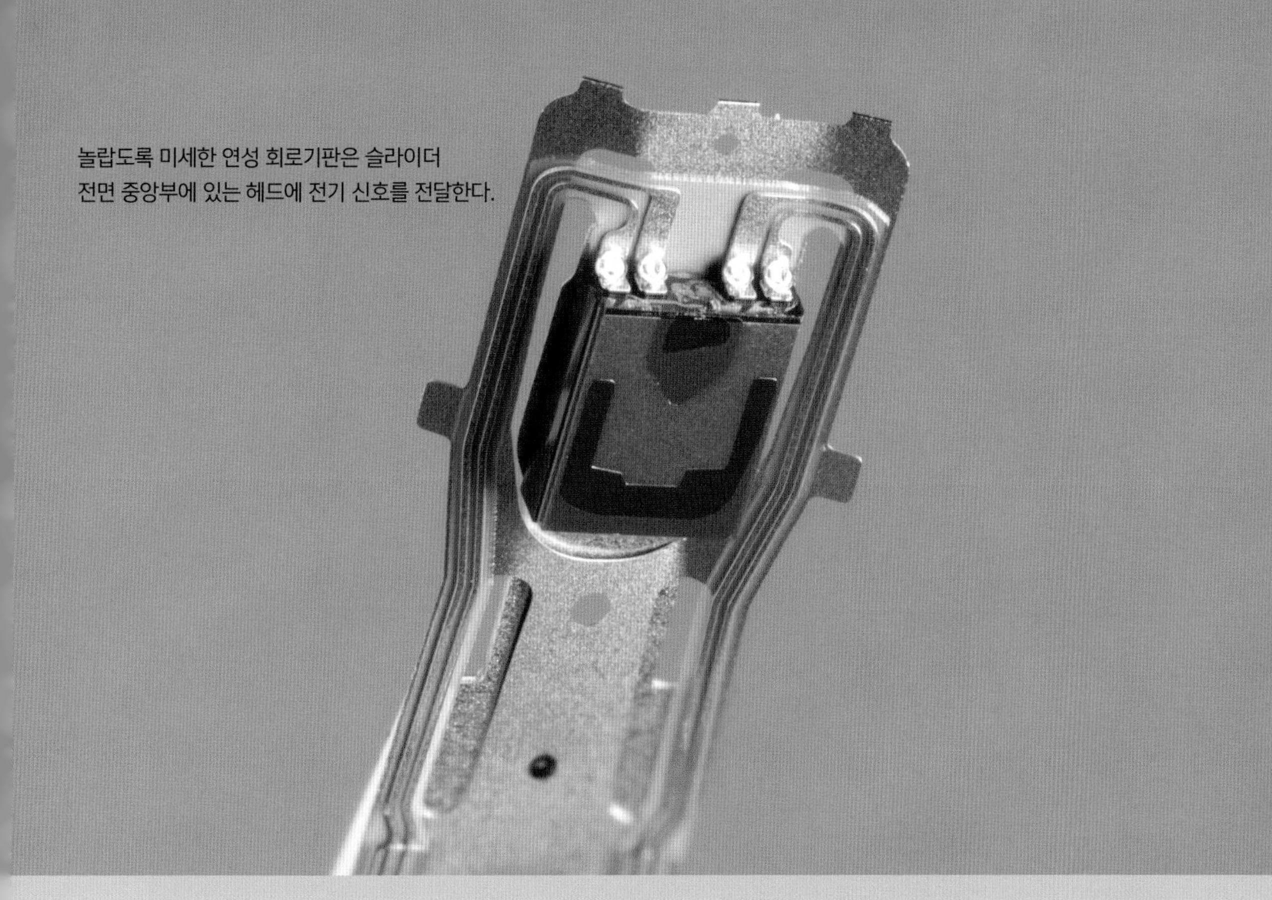

놀랍도록 미세한 연성 회로기판은 슬라이더
전면 중앙부에 있는 헤드에 전기 신호를 전달한다.

박막 쓰기 헤드의 빨간색 코일이 슬라이더 겉면
중앙 하단부에 있다. 그 뒤에 자리한 구리 사각형
두 개는 거대자기저항 센서의 읽기 헤드 일부다.

6

복합 장치
Composite Devices

전자부품을 분해하면 내부에 더 작은 부품이 들어 있는 경우가 있다. 심지어 그 부품 안을 보면? 그 안에도 더 작은 부품이 있다. 이제 이러한 복합 장치에 관심을 돌려보자. 이 장에서는 온갖 종류의 회로기판, LED 다이 여러 개를 사용한 디스플레이, 여러 부품을 결합한 복합 패키지, 세라믹 회로기판과 개별 반도체 다이를 손상이 쉬운 전선으로 연결해 구성한 독특한 하이브리드 모듈 등을 만나본다.

LED 필라멘트 전구

LED Filament Light Bulb

오늘날의 LED 전구는 다양한 모양과 스타일로 제작된다. 사진에 보이는 전구는 구식 필라멘트 전구처럼 보이게끔 설계한 제품이다. 그런데 어떻게 하면 LED를 그렇게 길고 얇게 만들 수 있을까?

필라멘트는 사실 파란색 소형 LED 다이 수십 개를 길게 박아 만든 세라믹 띠(본질적으로는 회로기판)다. 세라믹 띠는 인광체로 채운 노란색 실리콘 고무로 앞면과 뒷면이 코팅되어 있다.

다른 백색 LED와 마찬가지로 인광체는 청색광 일부를 흡수하고 녹색과 적색에 해당하는 넓은 스펙트럼의 빛을 방출한다. 사람이 인지하는 빛 색깔은 백열전구에서 나오는 빛과 같은 따뜻한 백열이다.

LED 필라멘트 전구는 미학적인 면에서 백열 전구의 매력을 지니면서도 보다 효율적으로 전기를 빛으로 변환한다.

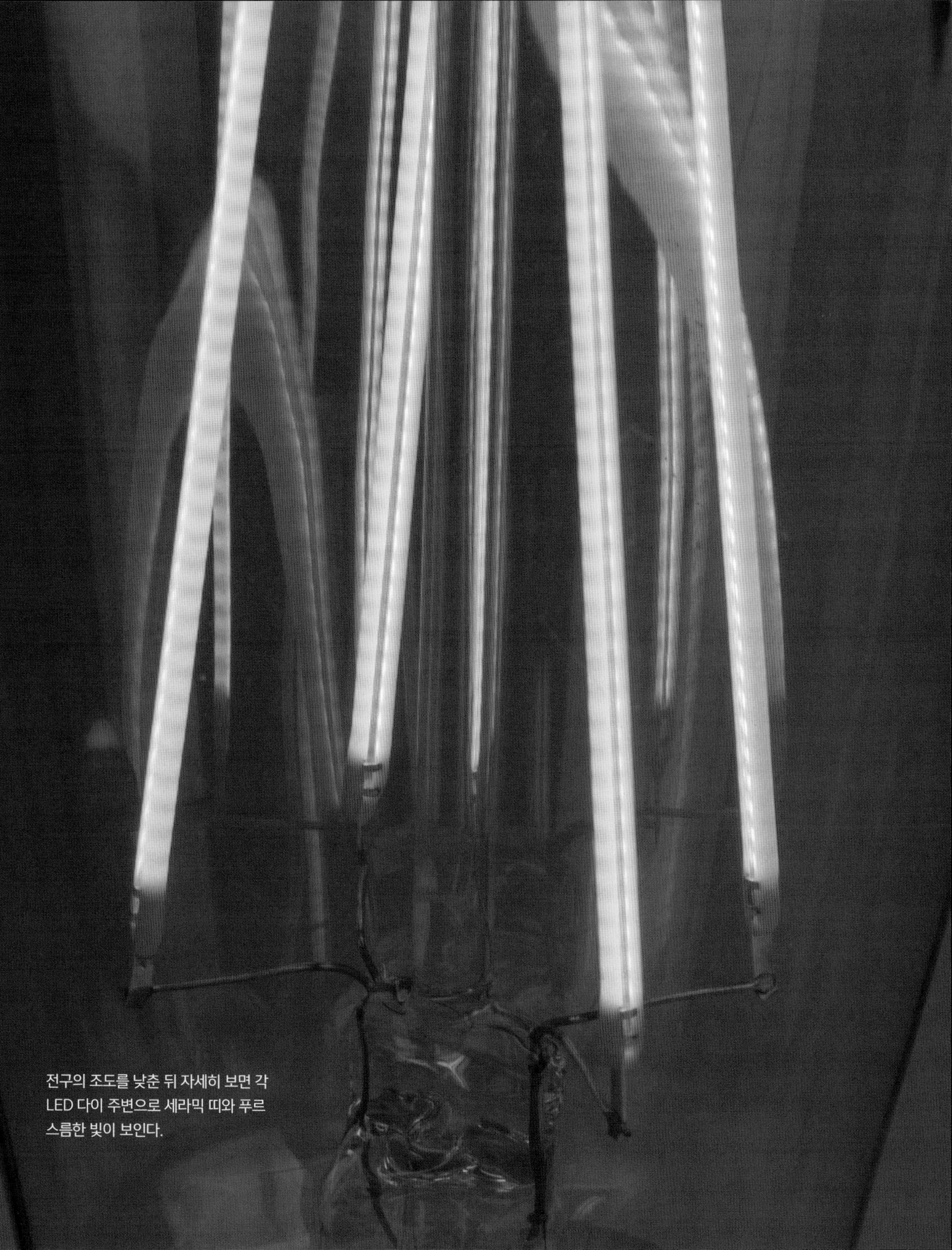

전구의 조도를 낮춘 뒤 자세히 보면 각 LED 다이 주변으로 세라믹 띠와 푸르스름한 빛이 보인다.

단면 인쇄회로기판

Single-Side Printed Circuit Board

인쇄회로기판(PCB)은 전자 장치 어디에서나 찾아볼 수 있다. 이름은 인쇄회로기판이지만 구리 회로가 기판에 인쇄되어 있는 것은 아니다. 오히려 기판(보통 유리섬유 합성물)은 구리 시트를 부착한 뒤 선택적으로 식각해 트레이스trace라고 하는 배선 패턴만 기판에 원하는 만큼 남긴다. 그리고 기판에 드릴을 사용해 부품 리드선용 구멍을 뚫는다.

사진에 보이는 회로기판은 전원 공급 장치의 일부로, 한쪽에만 구리 트레이스가 있어 단면 기판이라고 한다. 구리가 없는 면에는 DIP 칩, 트랜지스터, 필름 커패시터 등 스루홀 부품들이 보인다. 반대편에는 짙은 색의 구리선이 구불구불 지나며 칩 저항기와 칩 커패시터를 비롯한 표면실장 부품이 자리 잡고 있다.

구리선이 있는 면의 초록색으로 코팅된 부분은 얇은 절연층으로, **땜납방지막**solder mask이라고 부른다. 이렇게 코팅한 부분에는 땜납이 달라붙지 않는다.

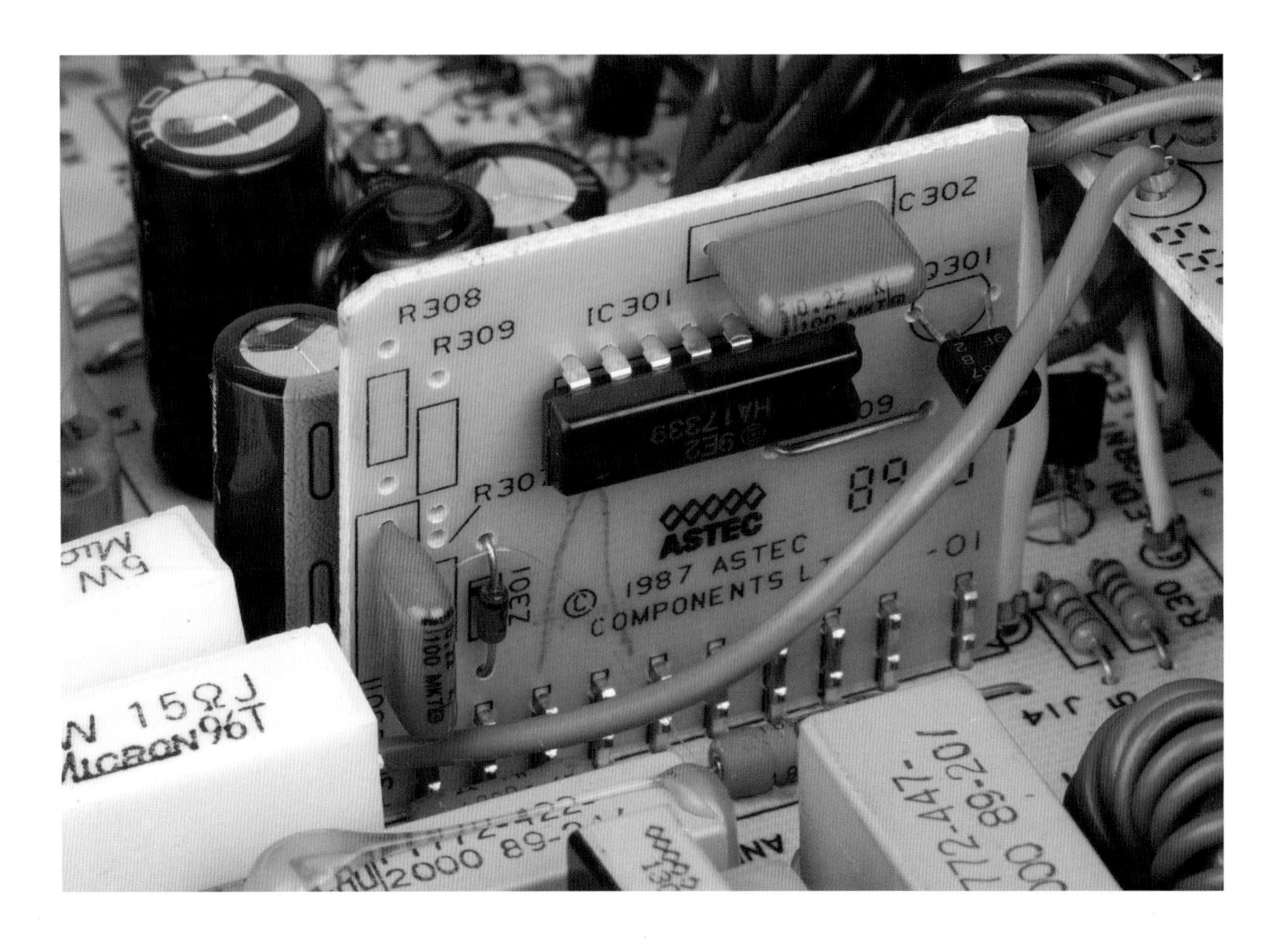

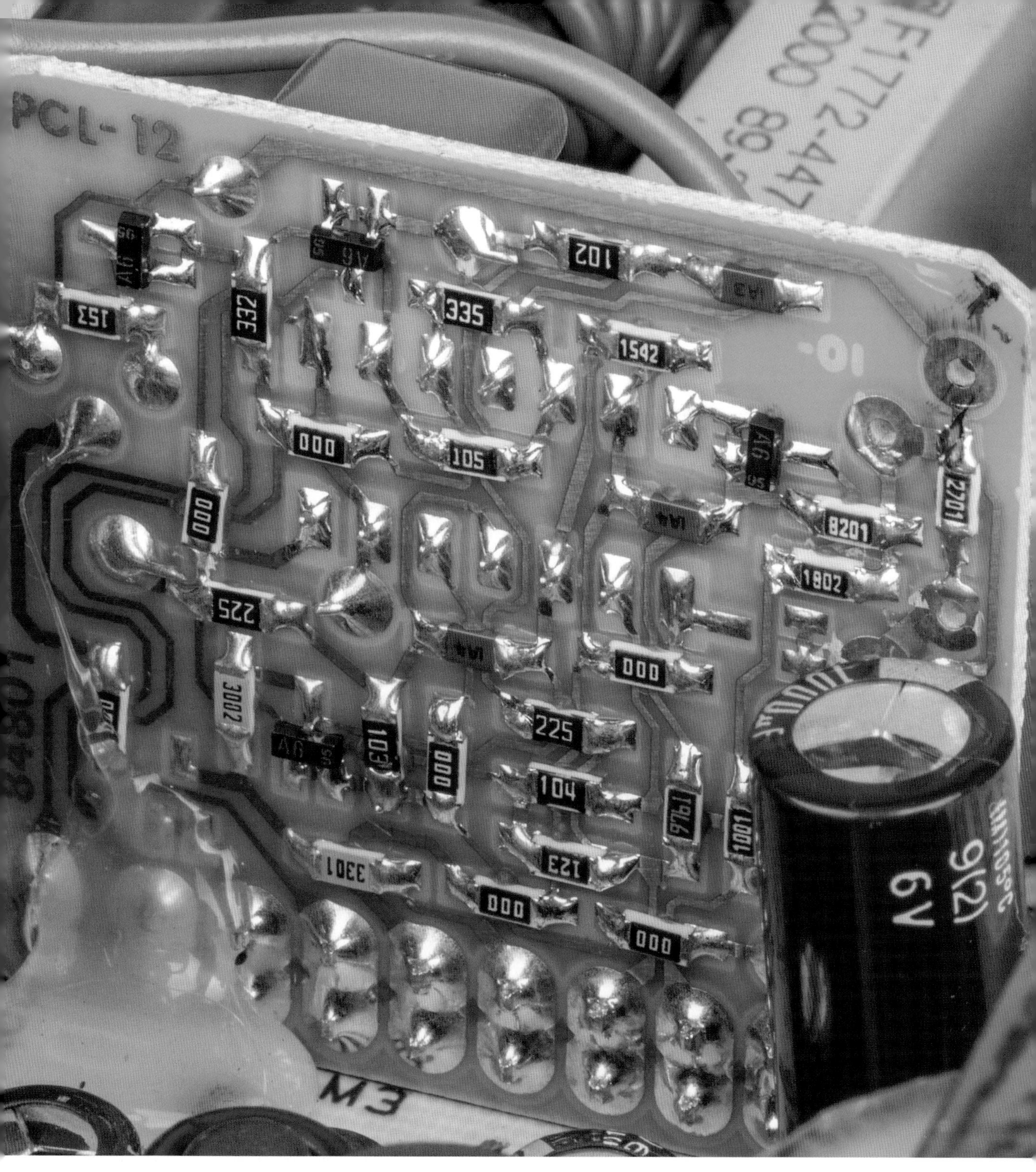

이 기판은 구리면이 아래를 향하도록 한 상태에서 기판이 녹은 땜납을 지나가도록 하는 식으로 납땜했다.
각 부품의 아래에 보이는 점 모양의 주황색 접착제는 납땜을 수월하게 할 수 있도록 부품을 고정하는 역할을 한다.

2층 인쇄회로기판

Two-Layer Printed Circuit Board

단면 인쇄회로기판은 제조 비용이 저렴하지만 배선 트레이스를 서로 교차시킬 수 없어서 설계가 무척 까다롭다. 한편 유리섬유 기판의 각 면에 구리 시트를 부착하고 양면에 회로를 식각하면 한 면의 트레이스가 다른 면의 트레이스를 교차해 지나갈 수 있다. 2층 회로기판에서는 배선 경로를 계획하기가 훨씬 쉽다.

2개 층의 구리 트레이스는 도금된 스루홀plated through hole을 통해 서로 연결할 수 있다. 구멍을 뚫은 후 화학 공정을 통해 구멍 내부에 구리를 추가로 전기 도금해 두 층을 연결한다. 두 층 사이의 트레이스를 연결하기 위해 추가한 스루홀을 **비아**via라고 한다. 그 외의 스루홀은 부품을 납땜하기 위한 위치를 지정하는 역할을 한다.

이 회로기판의 노출된 구리 표면 위로 보라색 땜납방지막과 얇게 금으로 도금한 부분이 보인다.

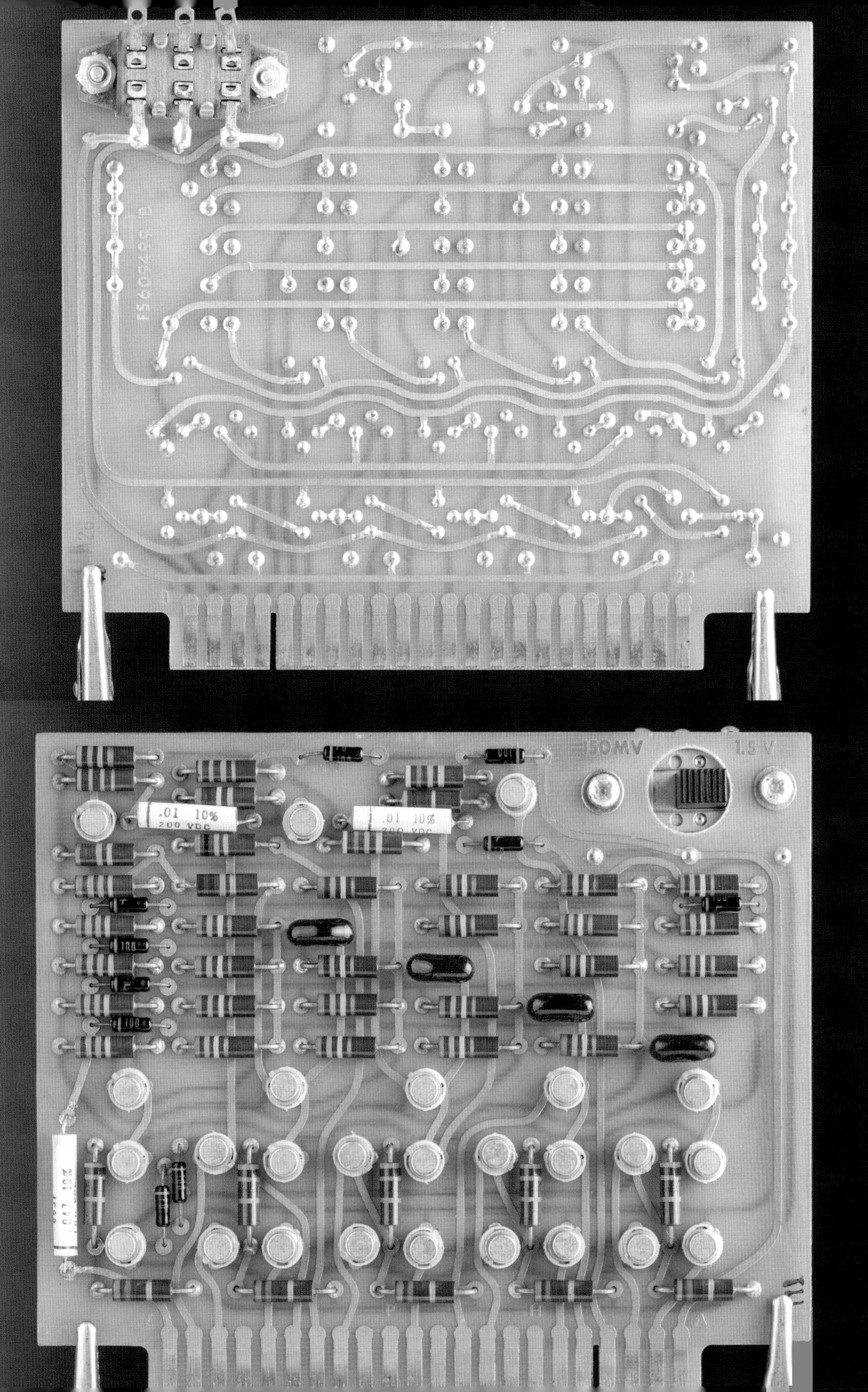
.01 10%
200 VDC

다층 회로기판

Multilayer Circuit Board

부품이 공간을 가득 차지하는 회로기판이라면 배선 외형가공[routing]을 위해 층이 두 개 이상 필요한 경우가 많다.

제조 공장에서는 구리와 유리섬유를 더욱 복잡하게 겹쳐 층이 두 개 이상인 인쇄회로기판을 만들 수 있다. 4층 기판은 보통 얇은 2층 기판 두 개를 식각한 다음 공통의 유리섬유 코어 양면에 기판을 하나씩 접합[laminating]해 제작한다. 접합할 때는 고온 고압 프레스를 사용해 각 기판을 영구 결합한다. 층 개수가 다른 기판을 선택해 동일한 공정을 거치면 층이 수십 개인 회로기판을 만들 수도 있다.

가장 바깥쪽 층만 관통하는 숨은 비아[blind via]와 구멍이 바깥쪽 기판으로 드러나지 않는 매립 비아[buried via](둘 다 전체 회로기판을 통과하지 않는 도금 비아) 등 특수한 부분은 전체를 접합하기 전에 각각 층에 구멍을 뚫고 도금 처리해 제작한다.

4층 회로기판

6층 회로기판

스마트폰용 10층 인쇄회로기판에는 연결하는 층을 수직으로
관통하는 구리 기둥 모양의 숨은 비아와 매립 비아가 보인다.

기판을 비스듬히 자르면 기판이 더 입체적으로 보인다.
층을 관통하도록 잘라낸 원형 부분이 비아다.

연성 회로기판과 경연성 회로기판

Flex and Rigid-Flex Circuit Board

연성 인쇄회로기판은 유리섬유가 아닌 휘어지는 폴리이미드polyimide 필름 기판에 식각한 회로기판이다. 폴리이미드는 납땜할 때 발생하는 높은 열을 견딜 수 있는 매우 견고하면서도 유연한 플라스틱이다. 특유의 진한 갈색을 띠는 폴리이미드는 흔히 파이라락스Pyralux나 캡톤Kapton이라는 브랜드명으로 불린다.

연성 인쇄회로기판은 구조를 만들기 위해 **보강재**stiffener나 평평한 유리섬유 층, 기타 재료 등을 사용해 모양에 맞게 절단하고 폴리이미드 층에 부착하는 식으로 제조하는 경우가 많다. 이렇게 하면 기판이 특정 위치(예를 들어 부품이 납땜되는 위치)에서 모양을 유지하는 데 도움이 된다.

경연성 인쇄회로기판은 연성 폴리이미드 기판에 식각한 층을 한 개 이상 사용하는, 말 그대로 다층 인쇄회로기판이다. 이처럼 놀라운 경연성 기판은 힌지와 케이블을 내장해 완전한 기능을 갖춘 회로기판처럼 작동한다.

연성 인쇄회로기판을 보강재와 함께 사용하면 복잡한 기계 조립품에서 부품을 다양한 위치에 다양한 방향으로 배치할 수 있다.

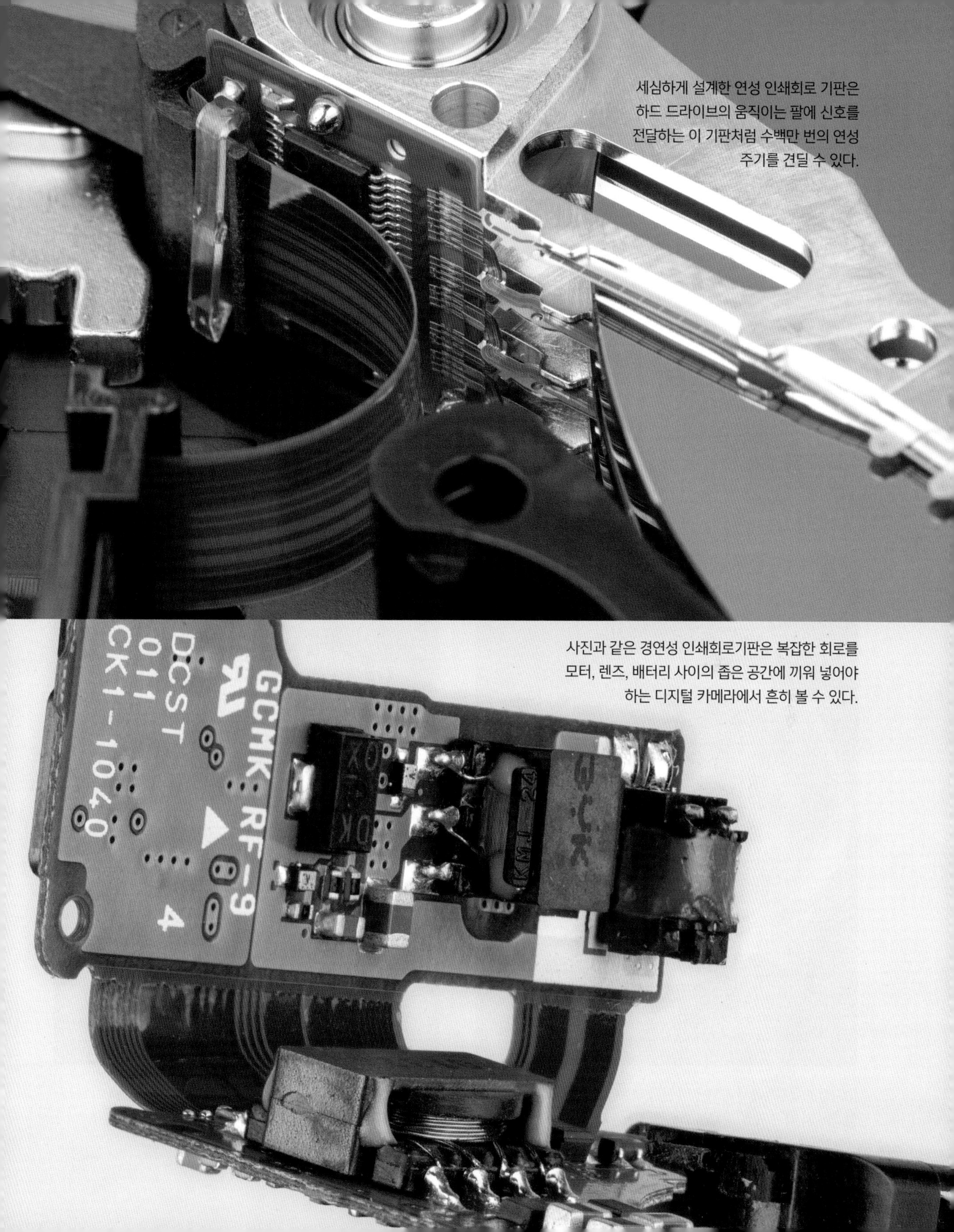

세심하게 설계한 연성 인쇄회로 기판은 하드 드라이브의 움직이는 팔에 신호를 전달하는 이 기판처럼 수백만 번의 연성 주기를 견딜 수 있다.

사진과 같은 경연성 인쇄회로기판은 복잡한 회로를 모터, 렌즈, 배터리 사이의 좁은 공간에 끼워 넣어야 하는 디지털 카메라에서 흔히 볼 수 있다.

탄성중합 커넥터

Elastomeric Connector

탄성중합 커넥터는 유형이 완전히 다른 연성 회로다. 손목시계나 계산기같이 저렴한 장치의 액정 디스플레이(LCD) 모듈에서 흔히 볼 수 있다.

보통의 LCD 모듈은 투명한 전도성 전극으로 패턴화한 유리 조각과 디스플레이 구동을 위한 회로기판이 특징이다. 탄성중합 커넥터는 전극과 그에 해당하는 회로기판 접촉 패드 사이에 자리한 말랑한 고무 띠로, 이를 사용하면 전극과 접촉 패드 사이에 안정적이고 부드럽게 휘어지는 연결이 생긴다.

커넥터는 절연성 흰색 실리콘 고무와 전도성 탄소를 채운 검은색 실리콘 고무로 번갈아가며 층을 쌓아 만든다. 상단과 하단에는 얇은 절연성 흰색 실리콘 라이너를 댄다.

디지털 손목시계에서 가져온 이 전자 모듈에 보이는 LCD는 탄성중합 커넥터 띠 두 개를 사용해 회로기판과 연결된다.

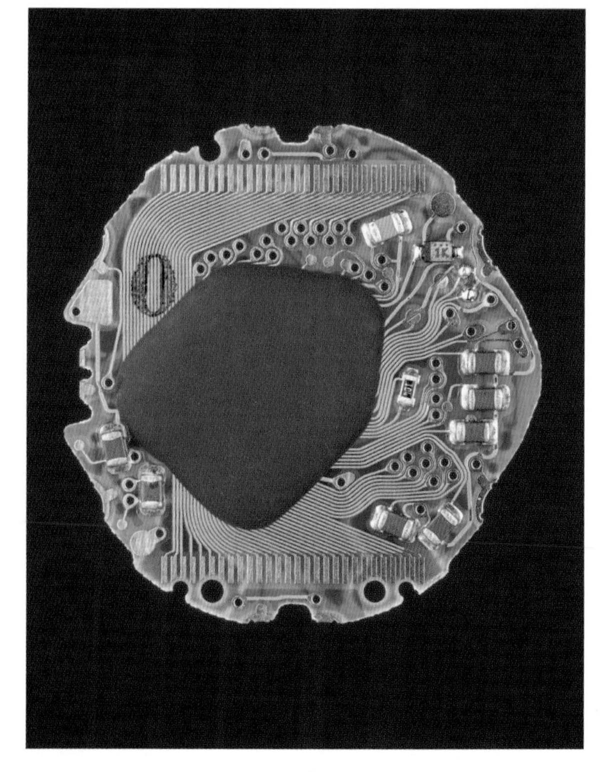

회로기판의 위와 아래에 있는 2열의 금도금 접촉 패드는 LCD 모듈의 전극과 대응한다.

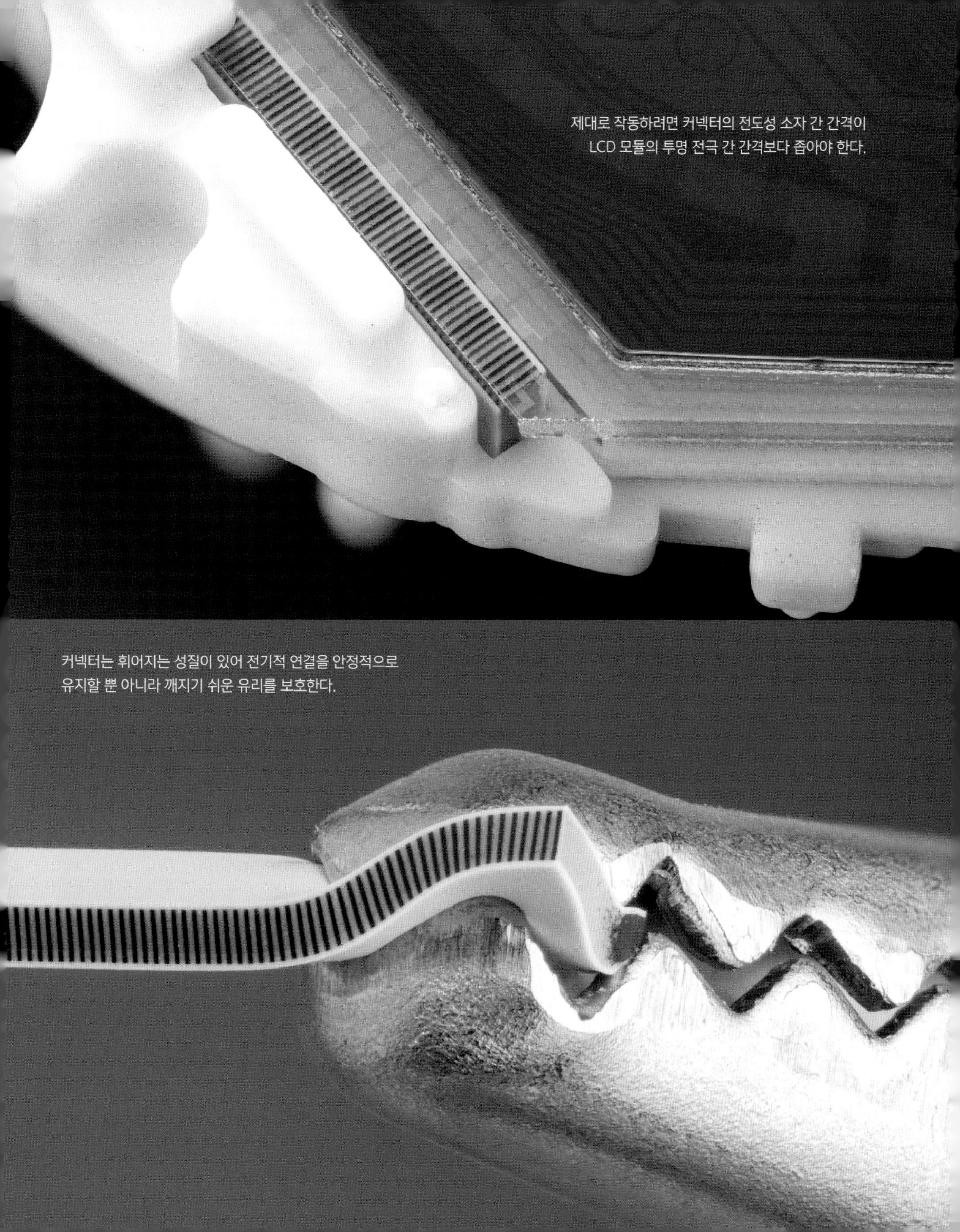

제대로 작동하려면 커넥터의 전도성 소자 간 간격이
LCD 모듈의 투명 전극 간 간격보다 좁아야 한다.

커넥터는 휘어지는 성질이 있어 전기적 연결을 안정적으로
유지할 뿐 아니라 깨지기 쉬운 유리를 보호한다.

마이크로 SD 카드

MicroSD Card

마이크로 보안 디지털micro secure digital(microSD) 메모리 카드에는 메모리 칩을 사용한 아주 얇은 회로기판이 들어 있다. 메모리 카드 전체가 검은색 에폭시 수지로 감싸여 있기 때문에 카드를 반으로 자르지 않고 겉으로 봐서는 내부에 그런 회로기판이 있다고 바로 알 수 없다.

메모리 칩은 은회색 띠처럼 보인다. 놀랍게도 칩은 카드 내부 공간 대부분을 차지하며 심지어 커넥터의 금도금한 막대 아래까지 이어진다. 제조 업체는 칩을 만들 때 공간을 효율적으로 사용해 저장 공간을 극대화할 수 있다. 이는 72쪽에서 본 2N2222같이 패키지가 활성 실리콘보다 훨씬 큰 단순한 트랜지스터와 대비되는 특징이다. 또한 전자제품 제조와 패키징 분야에서 40년에 걸쳐 진화한 자연스러운 결과이기도 하다.

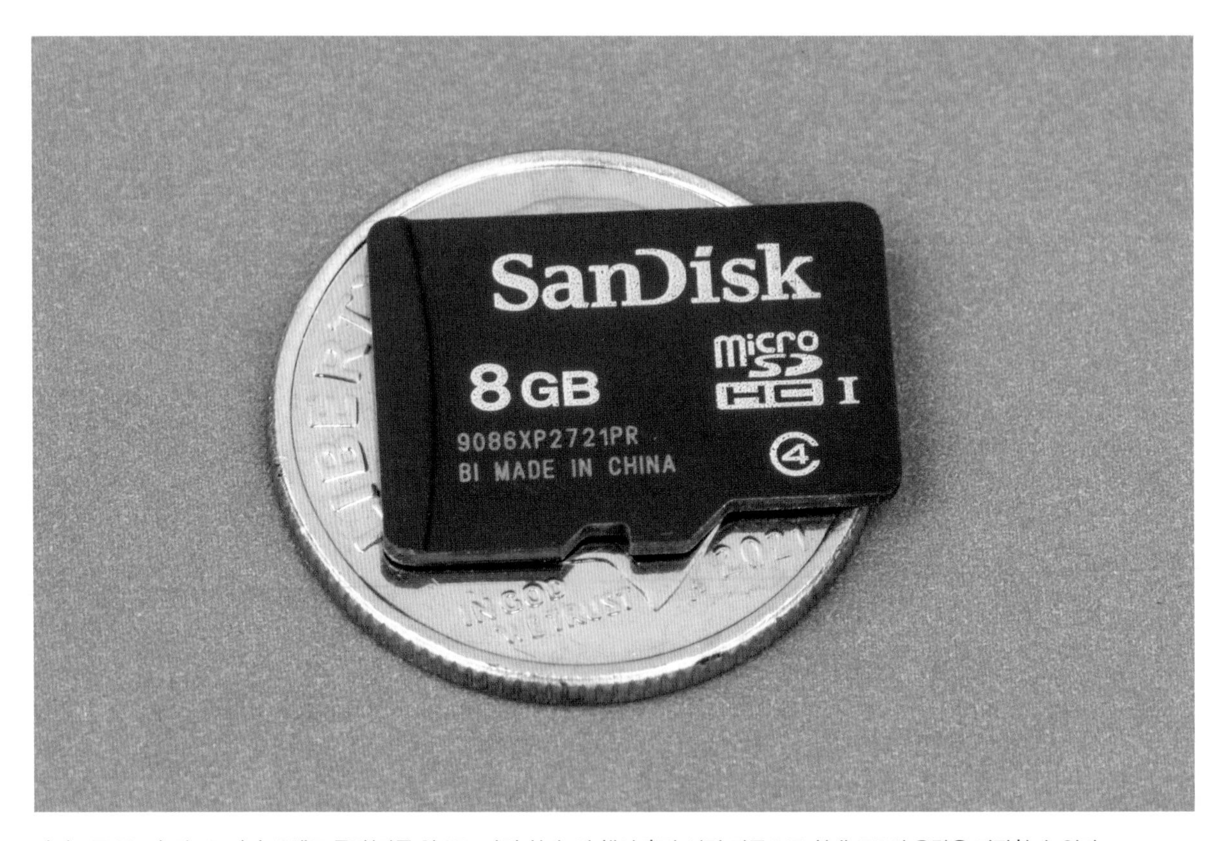

마이크로 SD 카드는 크기가 10센트 동전(지름 약 1.7cm)만 하다. 이 책의 출간 시점 기준으로 최대 1TB의 용량을 저장할 수 있다.

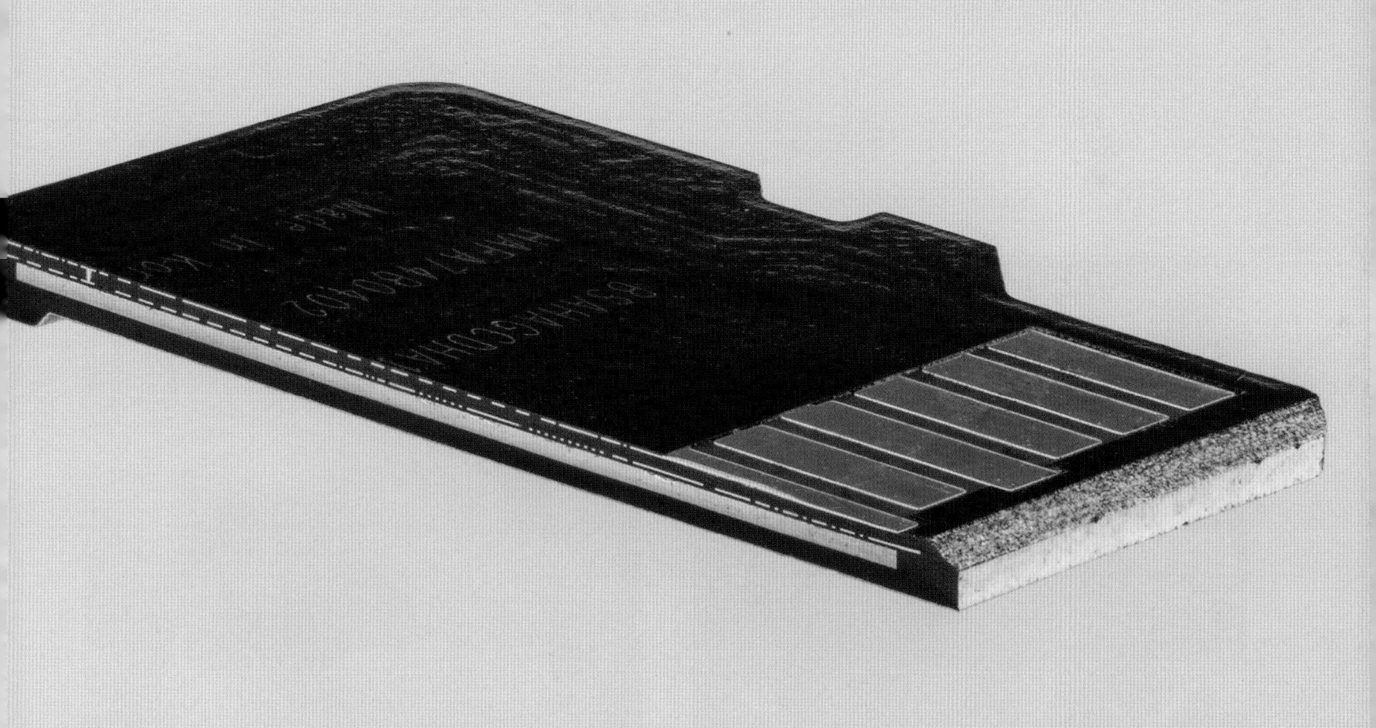

마이크로 SD 카드 뒷면 전체는 2층 회로기판으로 이루어져 있다. 큰 접촉 막대는 금으로 도금해 마감 처리한 인쇄회로기판 위층의 구리 영역을 노출시켜 만든다.

글롭톱 패키징

Glob-Top Packaging

할인 매장에서 판매하는 계산기나 브랜드 제품이 아닌 계측기 등 값싼 전자제품은 제조 공정에서 비용을 가능한 한 절감해야 한다. 이러한 제품은 금속 핀이 있어 납땜이 필요한 기존의 에폭시 패키지 칩을 사용하지 않는 경우가 많다. 비용 절감을 위해 IC 다이 자체를 회로기판에 접착하고 아주 가는 본딩용 전선으로 회로에 연결한다. 그런 다음 둥근 에폭시 덩어리로 끊어지기 쉬운 전선을 덮으면 칩이 완성된다.

이러한 방식의 패키징을 **글롭톱**glob-top이라고 한다. 앞서 238쪽의 손목시계에서 이미 글롭톱의 예를 본 적이 있다.

글롭톱 패키징은 다이를 회로기판에 직접 부착하는 **칩온보드**chip-on-board(COB) 패키징의 한 형태다. COB 패키지는 LED 조명에 흔히 사용한다. 228쪽에서 본 LED 필라멘트 전구의 필라멘트 모듈이 바로 이러한 방식으로 제작된다.

칩을 회로기판에 연결한 곳에 여러 개의 알루미늄 본딩용 전선이 보인다.

EMV 신용카드 칩

EMV Credit Card Chip

오늘날 신용카드에는 단순한 자기 띠 대신 보안 메모리 **EMV 칩**이 내장되어 있다. EMV는 해당 표준을 만든 회사의 이름인 유로페이Europay, 마스터카드Mastercard, 비자Visa에서 따왔다.

신용카드의 나머지 부분을 용제로 녹이면 접촉 패드가 보인다. 이 접촉 패드가 카드에 내장된 회로기판의 한 면을 채우고 있다. 회로기판은 종이만큼 얇다.

직사각형 회로기판은 유리섬유와 에폭시로 만든다. 메모리 칩을 뒷면에 접착한 뒤 금으로 머리카락처럼 얇게 만든 본딩용 전선을 사용해 접촉 패드와 연결하고 보호를 위해 투명 에폭시로 덮는다. 이는 글롭톱 패키지의 또 다른 예다.

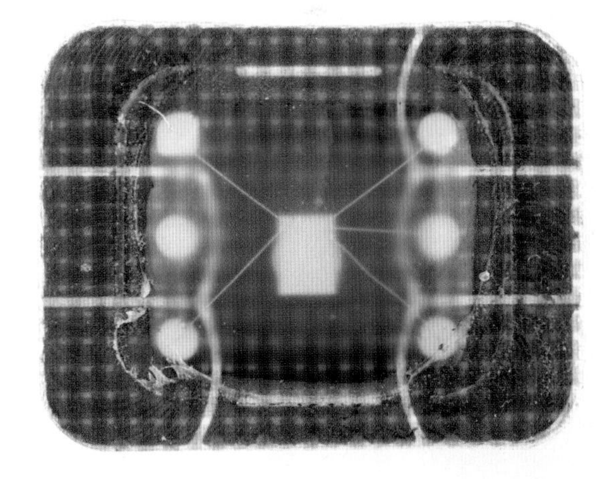

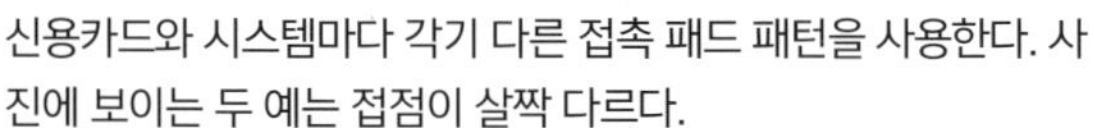

신용카드와 시스템마다 각기 다른 접촉 패드 패턴을 사용한다. 사진에 보이는 두 예는 접점이 살짝 다르다.

NFC 키 카드

NFC Key Card

현대식 호텔 문은 **근거리 무선통신**Near-Field Communication(NFC) 기술을 적용한 키 카드를 사용한다. 각 카드 내부의 권선은 작은 스마트 카드 IC와 연결되어 있다.

카드를 문 잠금 장치에 가져다 대면 잠금 장치의 전자부품이 장치 내부의 권선에서 생성된 변조된 자기장을 이용해 카드를 조사한다. 이 자기장은 스마트 카드 칩에 전력을 공급하기도 한다. 혹은 카드를 잠금 장치에 가져다 댈 때 잠금 장치의 권선과 카드 내부의 권선이 만나 임시 변압기를 생성한다고 볼 수도 있다.

이 칩은 신용카드와 무척 비슷해 보이는 종이처럼 얇은 회로기판 위에 있다. IC 위에 검은색 에폭시를 사용해 글롭톱 패키지를 만들어 완성한다. 흥미로운 점은 회로기판이 살짝 곡선을 이루도록 일부러 구부러져 있다는 점이다.

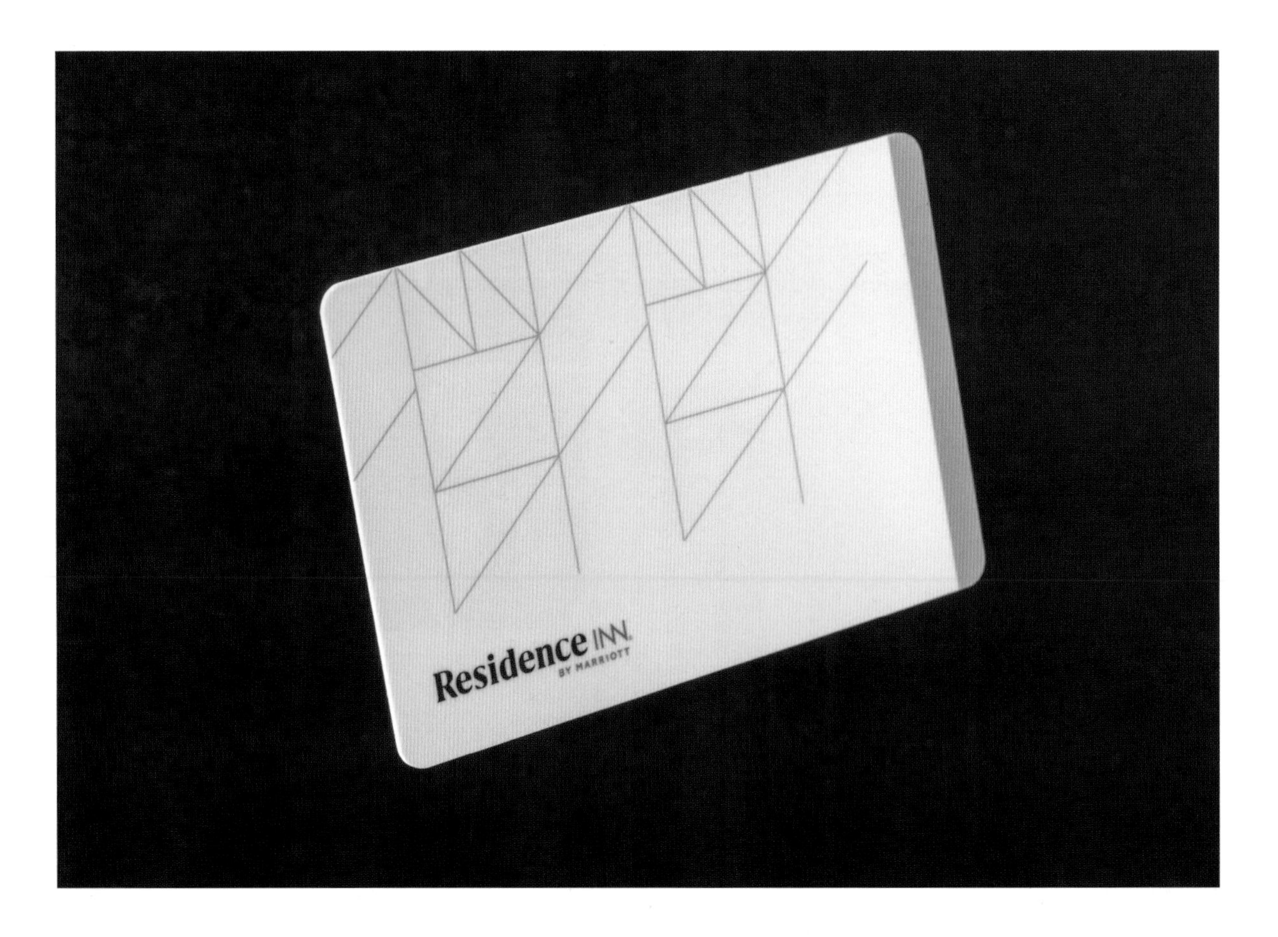

카드 내부에는 글롭톱 패키지를 적용한 IC와 신용카드 크기에 버금가는 구리 권선 네 개로 이루어진 회로기판이 있다.

카드 내부에 흰색 에폭시를 채워 권선과 회로기판을 감쌌다.
카드 상단과 하단 표면은 얇은 흰색 플라스틱으로, 에폭시 위에 적층했다.

스마트폰 논리기판

Smartphone Logic Board

우리가 으레 당연히 여기는 스마트폰은 사실 놀랄 만한 회로와 센서로 가득 찬 경이로운 기술이다.

스마트폰 내부에는 파란색 땜납방지막을 씌운 인쇄회로기판이 있다. 235쪽에서 본 단면과 같다. 엔지니어들은 기판을 스마트폰이 지닌 기계적 특징에 맞춰 끼워 넣고자 리튬 폴리머 배터리를 둘 커다란 영역뿐 아니라 카메라 모듈 및 여러 장착용 부품을 둘 작은 영역으로 기판을 잘라냈다.

커넥터, 광물, LED 카메라 플래시와 마이크, 가속도계 같은 초소형 센서 모듈 등 아주 작은 부품들이 기판 표면을 뒤덮고 있다. IC는 대부분 내부의 민감한 전자 장치를 보호하기 위해 얇은 금속 덮개 아래에 고정되어 있다.

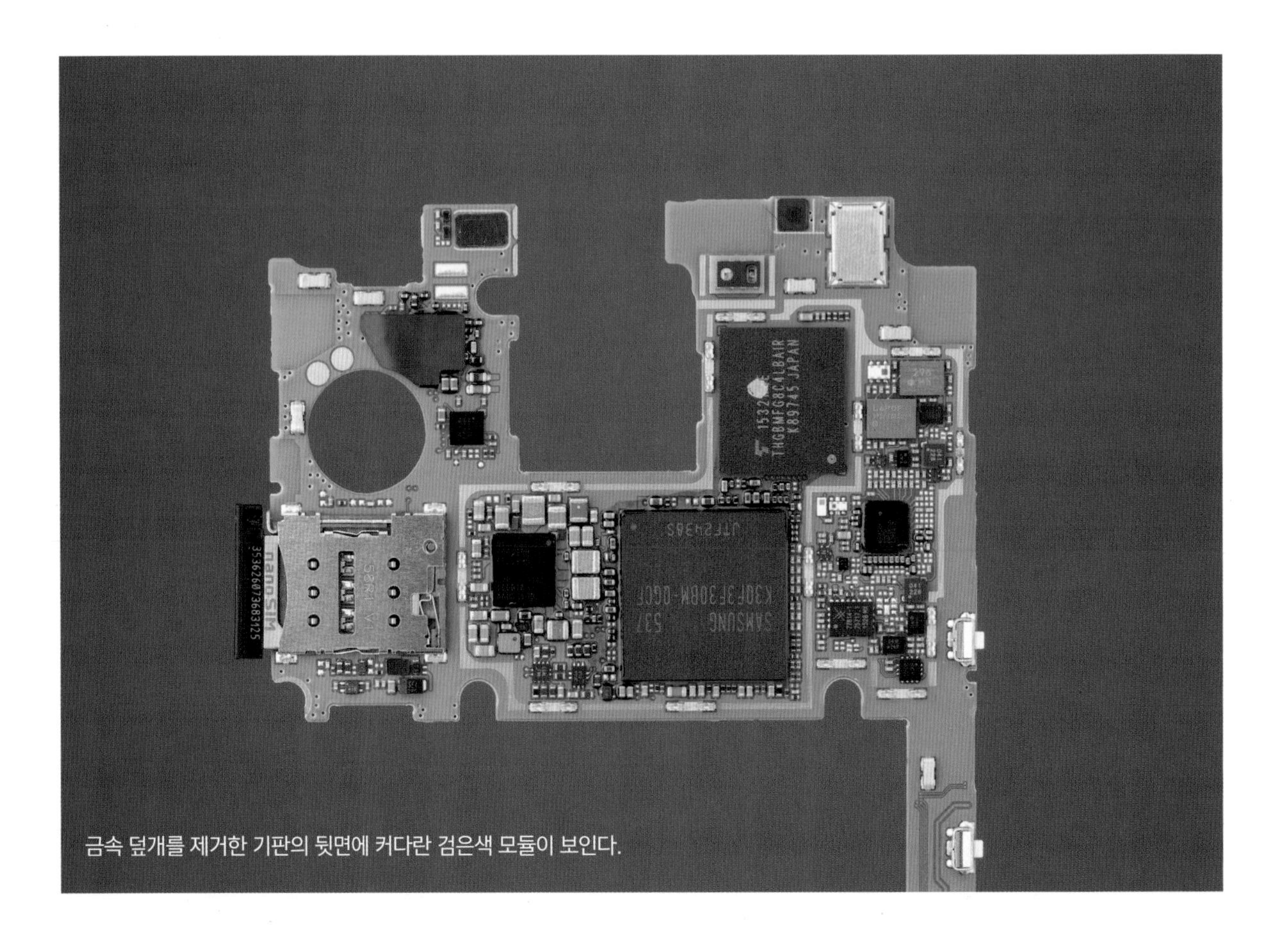

금속 덮개를 제거한 기판의 뒷면에 커다란 검은색 모듈이 보인다.

LG
Rechargeable Li-Ion Polymer Battery 3.8V
Li-Ion Polymer Battery 3.8V
Bateria de Li-íon 3,8Vcc
二次鋰電池組
BL-T19
Typ 2700mAh / 10.3Wh
Min 2620mAh / 10.0Wh
1ICP 5 / 55 / 69
사용 설명서를 참고 하세요
REFER TO USER'S GUIDE
CONSULTE LA GUÍA DEL USUARIO
CONSULTE O MANUAL DO USUÁRIO
REPORTEZ-VOUS AU GUIDE DE L'UTILISATEUR
CAUTION
-Do not expose to high temperature. (140°F/60°C)
-Do not disassemble.
-Do not allow metal objects to contact or short circuit the battery terminals.
-Do not incinerate or expose to fire.
-To dispose of properly.
Recycling number 1-800-822-8837
ZU10258-15001
R3A062
3.8V / 2620mAh
廢電池請回收
제품명칭 : 전지
제조자 : Donghwa Tocad Electronics Energy Yantai Co.,Ltd.
A/S 연락처 : 1544-7777
NOM
NYCE
注意事項
-請參考說明書使用
-僅可使用說明書指定的充電器
-切勿隨意拆開或投入火中、水中或與金屬品接觸
-避免放置於過熱、潮溼或腐蝕性環境中
-嚴禁短路，不可擠壓或碰撞
充電限制電壓 : 4.35V
同和藤化堂電子能源(煙臺)有限公司
Made in China / Fabricado na China / Fabricado en China / 中國製造
Cell made in China. Manufactured in China
PRECAUCION
-No la exponga a altas temperaturas.60°C(140°F)
-No la desarme.
-No deje objectos metálicos en contacto o corto circuito las baterías terminales.
-No la incinere o exponga al fuego.
-se deshaga apropiadamente.
El número de reciclaje 1-800-822-8837
生產日期: 2015.11.06 (D)
P/N EAC63079601 AAC

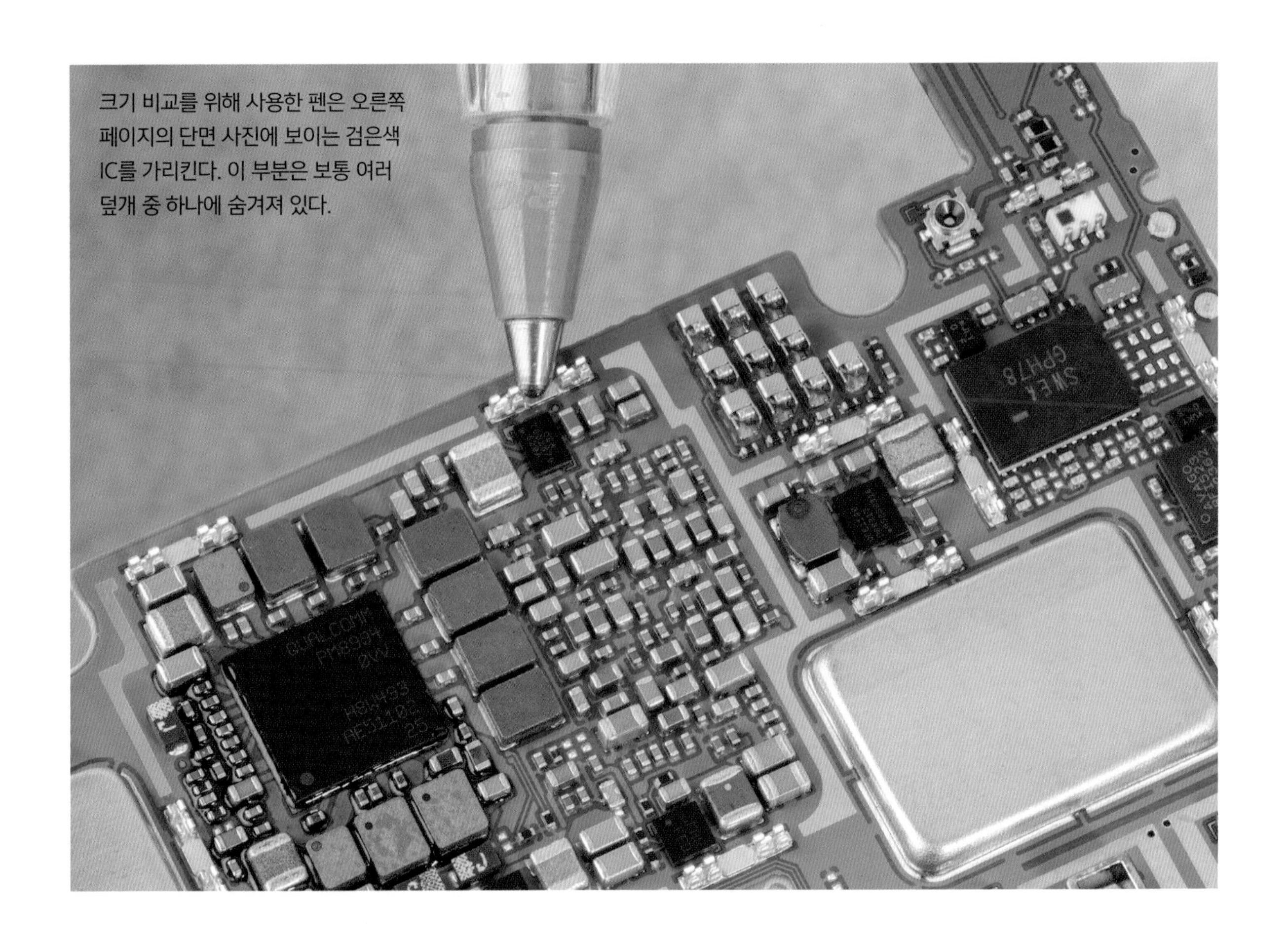

크기 비교를 위해 사용한 펜은 오른쪽 페이지의 단면 사진에 보이는 검은색 IC를 가리킨다. 이 부분은 보통 여러 덮개 중 하나에 숨겨져 있다.

논리기판 내부

회로는 심오한 3차원 예술 형식이 될 수 있다. 스마트폰 논리기판logic board의 중앙을 가로지르는 조각은 온갖 부품을 겹쳐놓은 두꺼운 재료 층을 보여준다.

가장 위층은 10층 구리 배선으로 구성된 파란색 주 인쇄회로기판이다. 그 아래에 볼 그리드 어레이를 통해 기판과 연결되어 있는 것이 여러 개의 IC로 이루어진 복잡한 **패키지형 시스템**system in package(SiP)이다. SiP는 6층 구리 배선으로 구성된 인쇄회로기판에서 시작한다. 크고 얇은 칩은 미세한 솔더범프를 사용해 이 6층 기판에 납땜된다.

SiP의 아래에는 3층 구리 회로로 이루어진 또 다른 인쇄회로기판이 놓여 있다. 이 기판에는 적어도 칩 두 개를 추가 장착하고 금으로 만든 미세한 본딩용 전선으로 고정했다. 조립한 SiP 전체는 검은색 에폭시로 감쌌다.

주 회로기판 위의 베이지색 블록들은 적층 세라믹 커패시터(MLCC)다.

이더넷 변압기

Ethernet Transformer

네트워크 케이블 연결은 안전을 위해 전기적으로 절연해야 한다. 이더넷 포트가 있는 컴퓨터와 기타 장치는 52쪽에서 본 환상형 변압기를 여러 개 사용해 절연한다.

사진에 보이는 **이더넷 변압기**를 자르면 작은 환상형 변압기 여덟 개가 여러 각도로 놓인 모습이 보인다. 164쪽에서 본 이더넷 케이블의 연선 네 쌍은 각각 변압기 두 개와 연결된다. 쌍을 이루는 변압기 중 하나는 전기 절연을 담당하고 다른 하나는 초크choke로 구성되어 두 전선에 공통되는 잡음을 필터링한다.

DC-DC 컨버터

DC-DC Converter

76쪽에서 본 LM309K와 같은 전압 조정기는 안정적이지만 전력 소모가 크다. 전압 조정기는 전기 에너지를 열로 변환해 전압을 낮추어 제어한다.

DC-DC 컨버터도 하나의 전압을 다른 전압으로 변경하지만 효율이 더 뛰어나다. 디지털 회로를 사용해 인덕터를 통해 전류를 관리하며 회전 속도를 고르게 하기 위한 장치인 관성바퀴와 비슷한 동작을 이용한다.

소형 DC-DC 컨버터 모듈을 기존 장비에 장착된 비슷한 모양의 선형 전압 조정기 대신 사용하면 효율성이 향상된다.

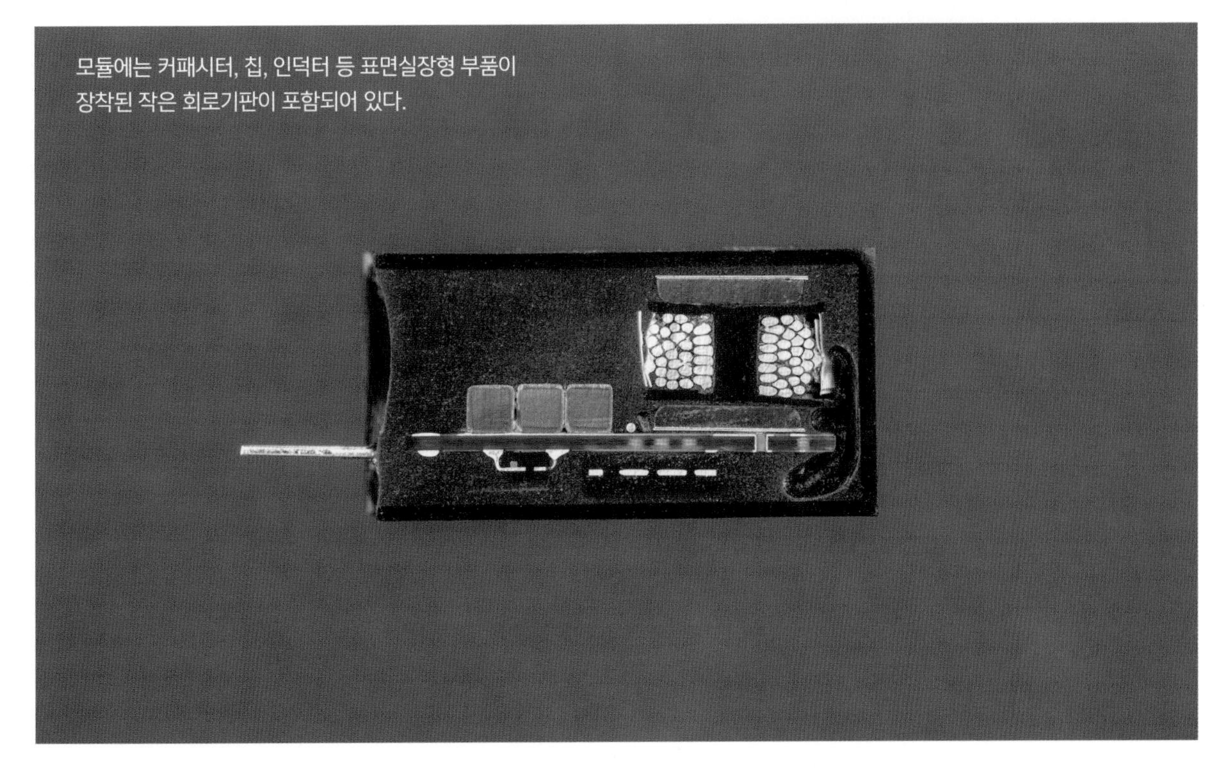

모듈에는 커패시터, 칩, 인덕터 등 표면실장형 부품이 장착된 작은 회로기판이 포함되어 있다.

7세그먼트 LED 디스플레이

Seven-Segment LED Display

7세그먼트 LED 디스플레이의 놀라운 점은 전체 장치에 비해 실제 LED가 아주 작다는 점이다. D자형 컬러 플라스틱 렌즈 밑에는 작은 LED 칩이 자리 잡고 있다. 이 LED 칩은 90쪽에서 본 적색 스루홀 LED의 다이와 크기가 거의 같지만 칩의 패키지는 훨씬 크다.

LED 다이는 소형 회로기판에 칩온보드 스타일로 장착된다. 미세한 본딩용 전선은 다이를 기판의 구리 트레이스와 연결해 커다란 금속 핀에서 구동 신호를 가져온다. 기판은 단면만 사용되며 반사를 최소화하기 위해 검은색 유리섬유로 이루어져 있다.

조립이 끝난 회로기판은 플라스틱을 사출 성형해 만든 흰색 외부 틀 안에 넣는다. 전면은 검은색 페인트로 칠한다. 조립한 회로기판의 가시 렌즈에 붉은색 에폭시 수지를 채워 넣은 뒤 굳힌다.

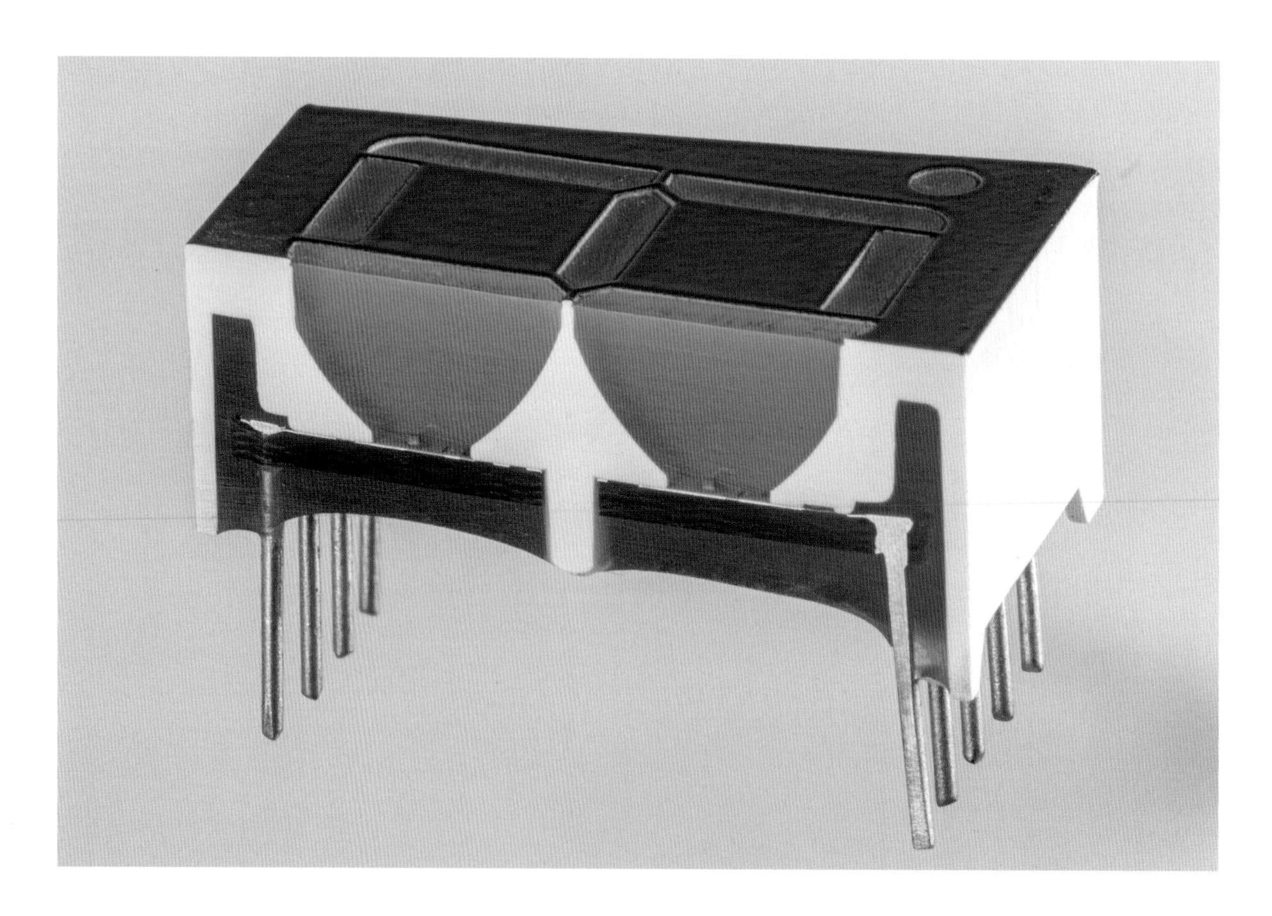

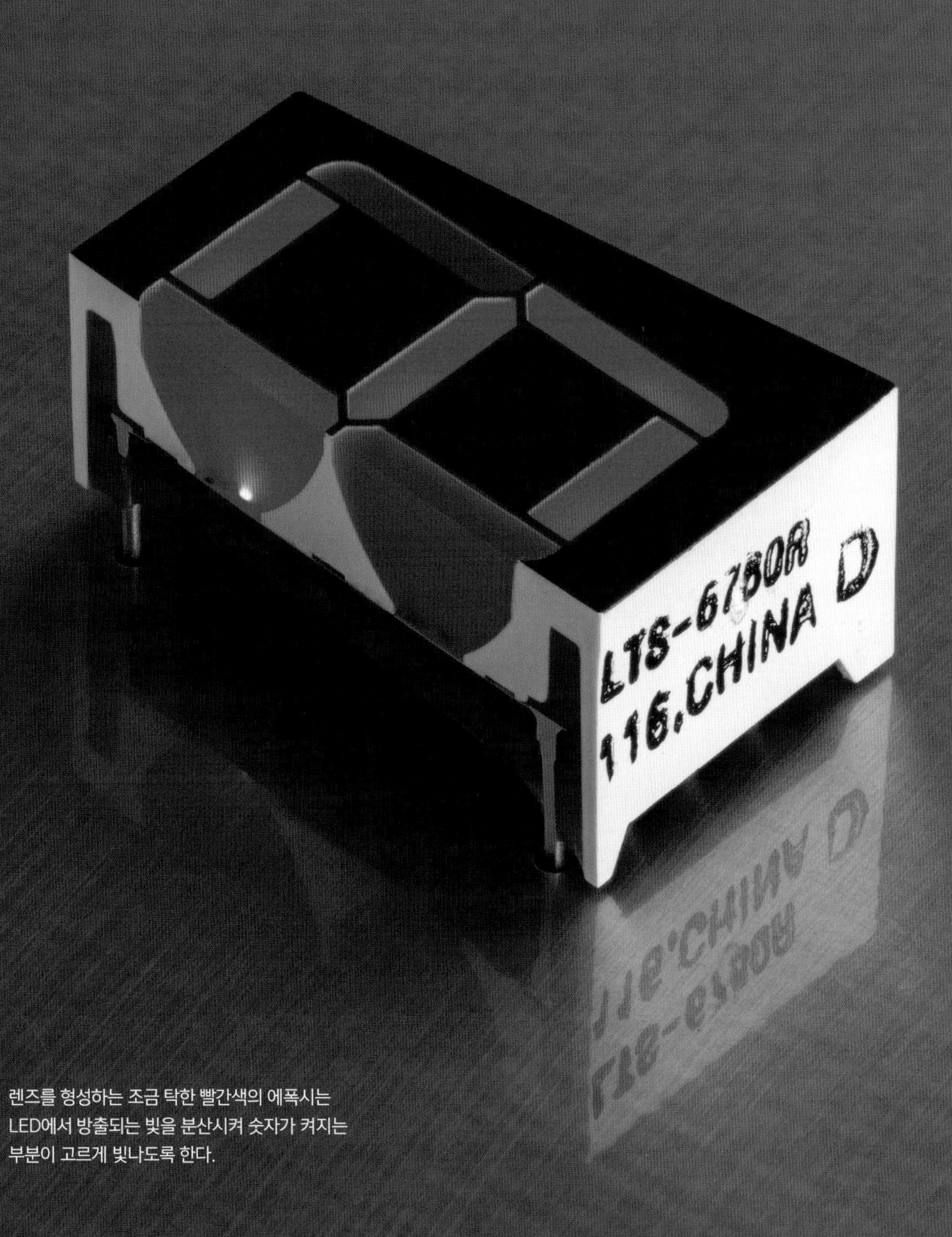

렌즈를 형성하는 조금 탁한 빨간색의 에폭시는
LED에서 방출되는 빛을 분산시켜 숫자가 켜지는
부분이 고르게 빛나도록 한다.

후막 LED 숫자 디스플레이

Thick-Film LED Numeric Display

사진에 보이는 HDSP-0760 LED 디스플레이는 일반적인 7세그먼트 LED 디스플레이 대신 사용할 수 있는 고급 제품이다. 렌즈 일곱 개 각각에 LED가 숨겨져 있지 않고 LED 다이 20개의 패턴을 눈으로 직접 볼 수 있다는 점이 특징이다.

LED 디스플레이는 세라믹 기반의 후막 하이브리드 회로thick-film hybrid circuit로, 7세그먼트 LED 디스플레이와 달리 플라스틱을 전혀 사용하지 않는다. 앞에서 살펴본 다른 후막 장치와 마찬가지로 후막 디스플레이를 제조할 때는 금 트레이스와 세라믹 잉크 등 인쇄 재료를 여러 단계에 걸쳐 사용하고 그 사이사이에 재료를 소성firing하는 과정을 거친다. 조립이 끝난 장치를 유리 덮개로 밀폐해 다른 유형의 디스플레이라면 녹거나 파괴될 수 있는 열악한 환경에서도 잘 작동하도록 한다.

이 디스플레이 내부의 칩은 입력받은 이진수를 변환해 그에 맞게 LED를 끄거나 켬으로써 해당 숫자 패턴을 표시하도록 한다.

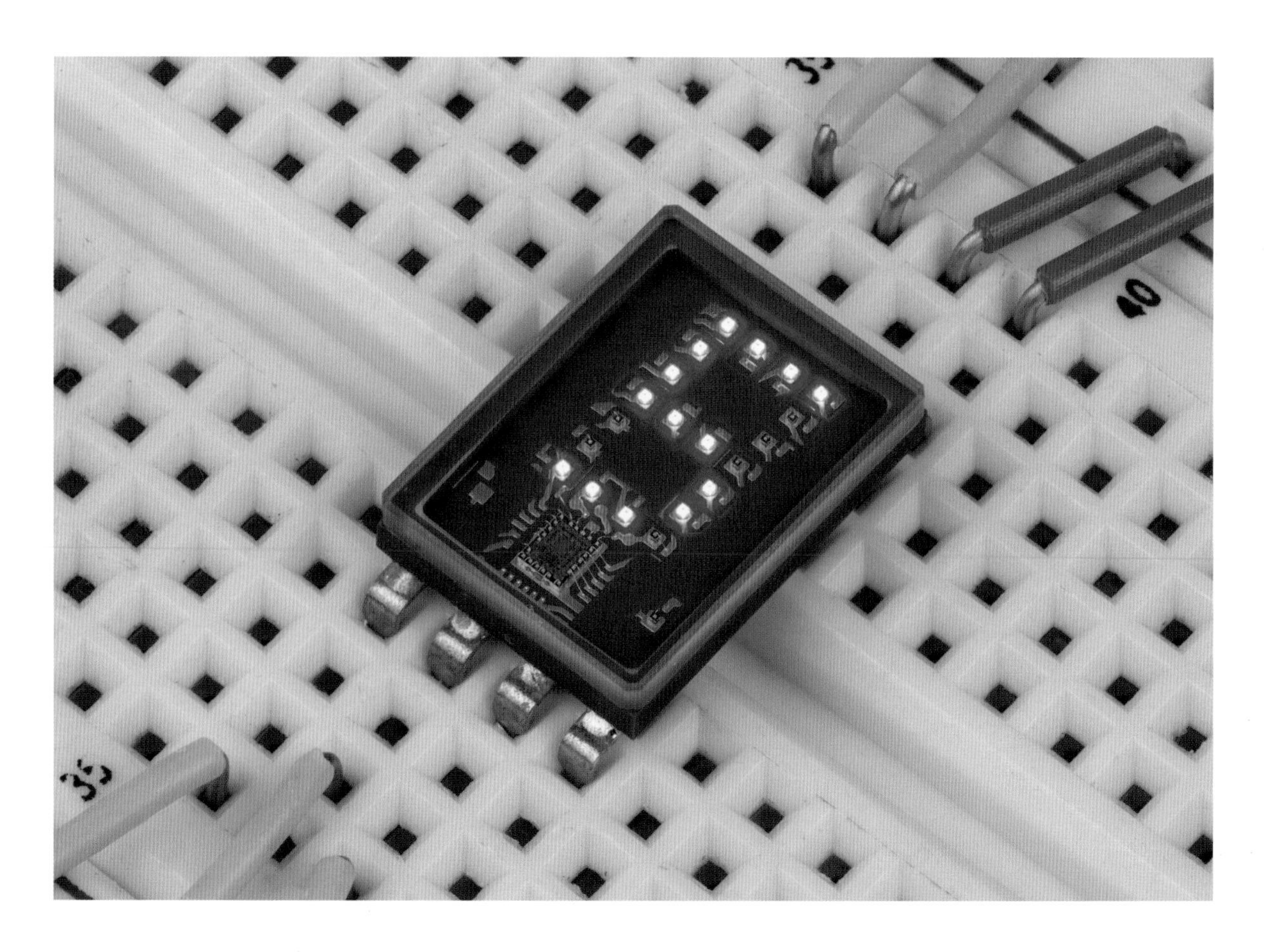

디스플레이가 유리로 덮여 있어 켜지거나 꺼져 있는
LED 다이와 디코더 칩, 본딩용 전선이 아주 잘 보인다.

5×7 LED 도트 매트릭스 디스플레이

5×7 LED Dot Matrix Display

사진에 보이는 HCMS-2904 디스플레이는 몇 개의 점이나 세그먼트로 좁은 범위의 문자를 만드는 대신 개별 LED 다이를 5×7 그리드로 구성해 영문자와 숫자를 형성한다.

이 디스플레이는 일반 다층 회로기판으로 제작하며 LED 다이 140개가 상단에 칩온보드 방식으로 장착된다. 다이와 본딩용 전선은 장치 상단에 투명한 플라스틱을 덮어 보호하는데 이는 후막 LED 디스플레이의 유리-세라믹 패키지보다 비교적 저렴한 선택지다.

이러한 도트 매트릭스 모듈은 매끄럽게 끝과 끝을 잇거나 위아래로 쌓아 더 큰 디스플레이를 만들 수 있도록 설계됐다. 모듈의 회로기판 아래에 구동 칩이 장착되어 있다. 칩은 픽셀 데이터 스트림을 수신하고 LED 디스플레이를 관리한다.

LED 다이는 매트릭스 형태로 배열되어 있으며 이때 회로기판 트레이스는 세로단을,
데이지 체인daisy chain 방식으로 연결한 전선은 가로단을 정의한다.

빈티지 LED 물방울 디스플레이

Vintage LED Bubble Display

사진에 보이는 HP-67 같은 초기 전자계산기는 오늘날 널리 사용되는 LCD 패널 대신 7세그먼트 LED 디스플레이를 사용했다. 각 숫자는 일곱 개의 세그먼트와 그 위에 소수점을 패턴화한 단일 LED 칩으로 표시한다. LED 칩은 작기 때문에 확대 렌즈를 디스플레이의 외부 플라스틱 케이스에 넣어 숫자가 더 잘 보이도록 확대한다.

오른쪽 페이지에서 숫자를 확대한 사진을 보면 LED 숫자를 나머지 계산기 회로에 연결하는 순금 본딩용 전선의 배열이 보인다. 핀 수를 줄이기 위해 **다중화**multiplexing라는 기술을 사용했다. 숫자를 다섯 개씩 묶은 뒤 이 숫자들의 각 세그먼트가 동일한 제어 핀을 공유하도록 하는 식이다. 예를 들어 다섯 개 숫자의 '위쪽' 세그먼트는 모두 하나로 연결된다. 배선을 공유하기 때문에 숫자는 한 번에 하나만 켜지지만 회로의 신호가 모든 숫자를 빠르게 지나기 때문에 사람 눈에는 마치 모든 숫자가 계속 켜져 있는 것처럼 보인다.

1976년 출시된 이 휴렛팩커드Hewlett-Packard 67 계산기는 열다섯 글자 LED 물방울 디스플레이를 사용한다. 이름은 렌즈가 물방울 모양인 데서 따왔다.

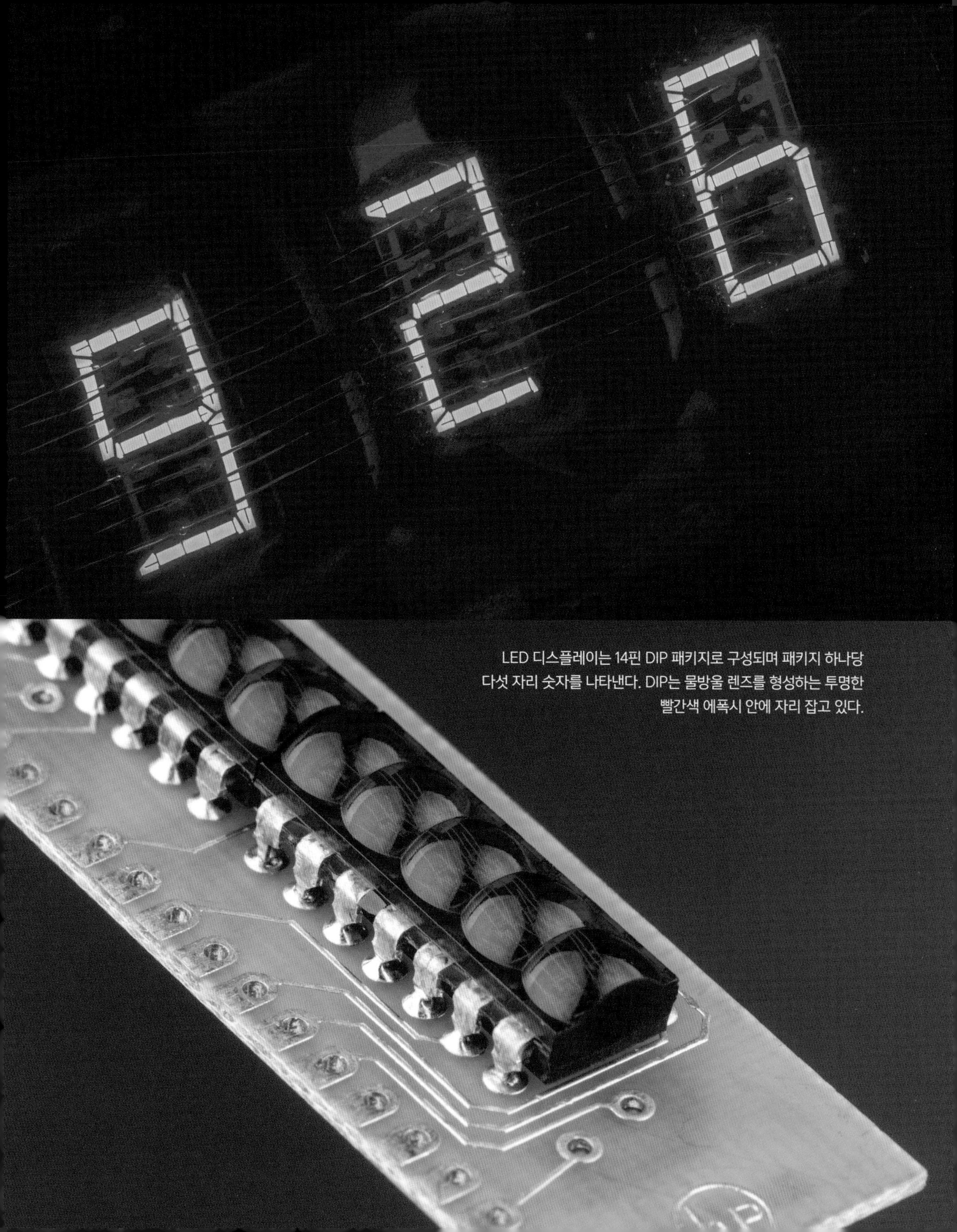

LED 디스플레이는 14핀 DIP 패키지로 구성되며 패키지 하나당 다섯 자리 숫자를 나타낸다. DIP는 물방울 렌즈를 형성하는 투명한 빨간색 에폭시 안에 자리 잡고 있다.

영숫자 LED 디스플레이

Alphanumeric LED Display

영숫자 LED 디스플레이는 휴렛팩커드 물방울 디스플레이와 비슷해 보이지만 소비자 가전이 아닌 군사 및 항공우주 분야에 적용하던 기술에서 유래했다. 이 견고한 LED 디스플레이는 비용에 관계없이 작동이 멈추면 안 되는 튼튼한 밀폐 디스플레이가 필요한 시스템에 사용할 용도로 설계됐다.

후막 모듈은 유리 덮개와 함께 세라믹 기판 위에 자리하고 있다. 세라믹 기판 위에는 전도성 은 트레이스가 여러 층을 이루고 있다. 절연 소재 역시 트레이스가 단락 없이 서로 교차할 수 있도록 패턴화되어 있다. 대형 16-세그먼트 LED 다이(소수점 포함 17개 자릿수)는 본딩용 전선으로 트레이스와 연결된다.

세라믹 반대쪽의 칩은 문자와 숫자를 나타내는 이진 정보를 디코딩해 LED 세그먼트를 구동하는 신호로 변환한다.

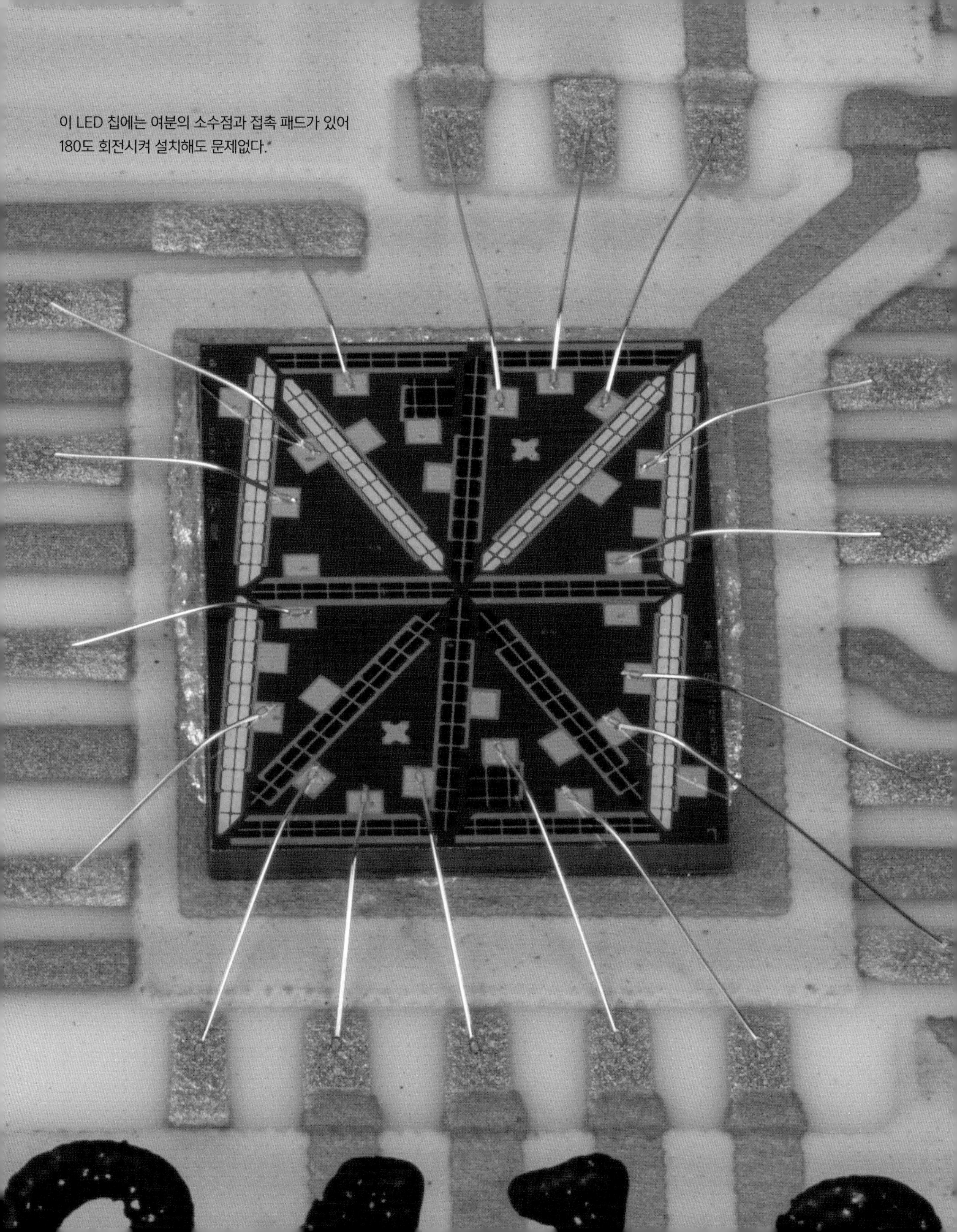

이 LED 칩에는 여분의 소수점과 접촉 패드가 있어
180도 회전시켜 설치해도 문제없다.

온도 보상 클록

Temperature-Compensated Clock

사진에 보이는 DS3231은 하이브리드 회로의 **실시간 클록**real time clock(RTC)이다. 전자 장치의 클록은 보통 논리를 동기화하는 데 사용하는 발진 신호를 뜻하지만 이와 달리 실시간 클록은 시간 경과에 따른 시간, 분, 초를 계수한다. 즉, 컴퓨터로 읽을 수 있도록 설계한 디지털 시계라고 볼 수 있다.

DS3231은 겉으로는 16핀 SOIC 패키지를 사용하는 일반 IC처럼 보인다. 케이스 내부에는 칩 외에 32kHz 수정 진동자도 보인다. 수정은 16쪽에서 본 손목시계의 광물과 거의 동일하다.

수정 진동자의 정확한 주파수는 온도에 따라 변하지만 칩의 센서는 이러한 변화를 자동으로 보상한다. 이와 같은 장치를 **온도보상 수정 발진기**temperature-compensated crystal oscillator(TCXO)라고 한다.

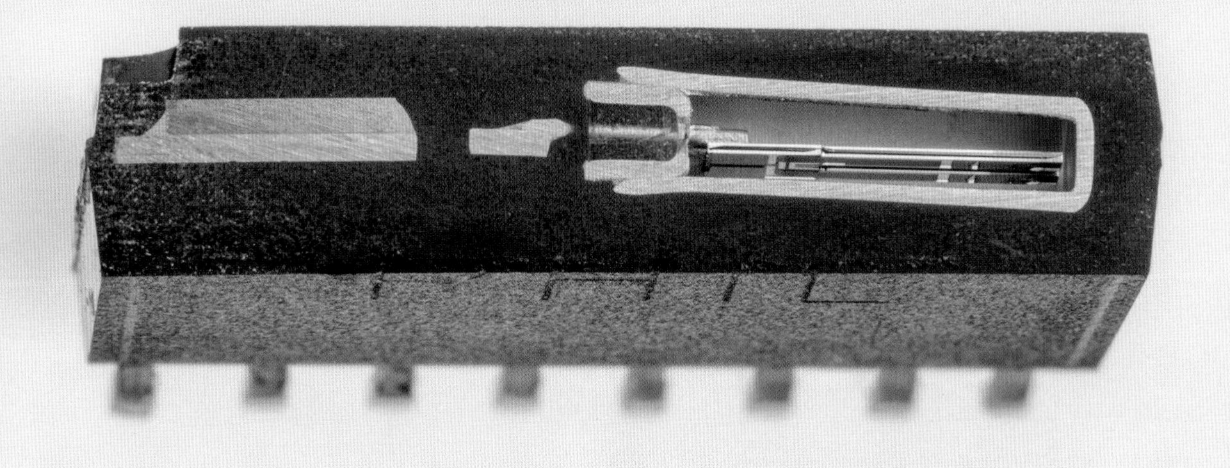

회색 IC 다이는 구리 리드 프레임의 상단 왼쪽에서 볼 수 있다.
오른쪽에는 32kHz 수정 진동자가 들어갈 공간을 비워두었다.

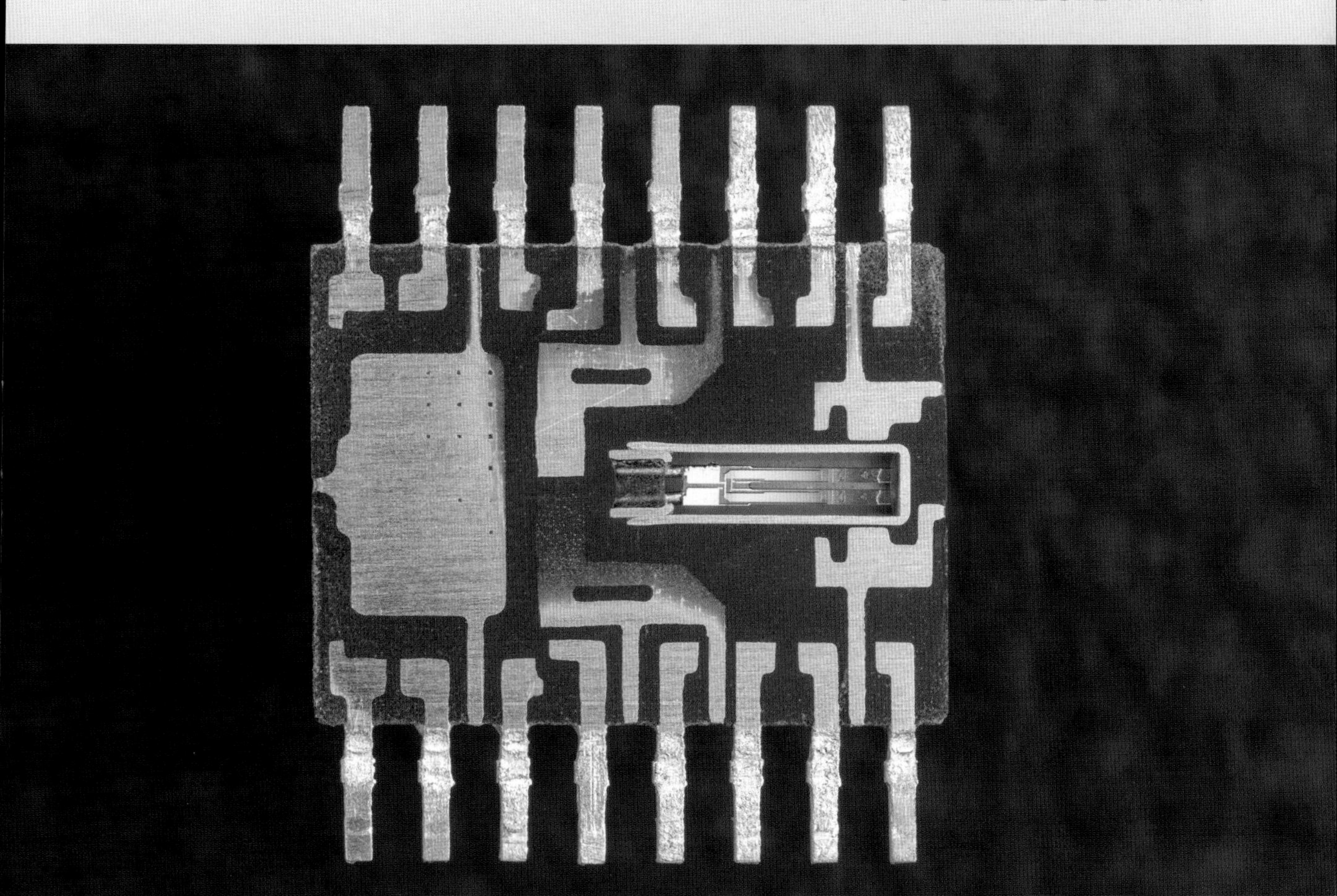

수정 발진기

Crystal Oscillator

여러 디지털 장치에서 '똑딱이는 심장 박동'은 사진과 같은 발진기 모듈에서 생성된다. 발진기 내부에는 종이처럼 얇은 디스크 모양으로 자른 수정 진동자가 스프링에 매달려 있다.

디스크 상단과 하단 둘 중 한쪽을 은 전극으로 도금한다. 전극에 전압을 가하면 디스크가 자극을 받아 움직이기 시작하면서 전기로 구동되는 작은 시계추 역할을 한다. 17쪽에서 본 소리굽쇠 모양의 32kHz 수정과 달리 디스크의 발진주파수oscillation frequency는 이보다 훨씬 더 높은 50MHz 정도다. 디스크는 고주파 진동을 발생시키는 데 사용하는 수정 진동자의 여러 형태 중 하나다.

사진에 보이는 모듈에는 후막 세라믹 회로기판도 포함되어 있다. 기판에서 소형 표면실장형 칩과 커패시터가 발진기 회로의 나머지 부분을 구성해 잡음 없이 깨끗한 구형파square wave를 출력 핀으로 보낸다.

작은 금속 스프링이 수정 진동자를 기계적으로 떠받치는 동시에 분리시킨다.
스프링은 또한 전극과 아래의 세라믹 기판 사이에 전기적 연결을 제공한다.

애벌랜치 포토다이오드 모듈

Avalanche Photodiode Module

사진과 같이 금으로 도금한 **애벌랜치 포토다이오드**(APD) **모듈**은 일반 포토다이오드보다 성능이 훨씬 뛰어나며 가격도 그에 맞게 비싸다. 장치는 저잡음 고속 고감도 광검출기로, 통신 산업과 과학 분야의 정밀 광학 장비에 사용한다.

모듈은 상단이 유리로 만들어진 금속 캔 패키지를 사용한다. 애벌랜치 포토다이오드에서 다이는 하이브리드 모듈 중앙에 보이는 금색 사각형이다. 포토다이오드 주변의 회로는 포토다이오드가 생성하는 미세한 신호를 증폭한다.

자세히 살펴보면 표면실장형 칩 커패시터와 다이오드, 트랜지스터, 레이저로 트리밍한 후막 저항기가 보인다. 모두 인쇄된 후막 트레이스와 금으로 된 아주 미세한 본딩용 전선으로 배선되어 있다.

검은색으로 그려놓은 Y자 모양 기호는 원 제조사인 EG&G의 로고다.
지금은 엑셀리타스Excelitas에서 제조한다.

3656HG 절연증폭기

3656HG Isolation Amplifier

겉이 회색인 이 **절연증폭기** 모듈은 사실 매우 다채롭고 복잡한 전자부품이다. 절연증폭기는 안전을 위해 일부 회로를 전기적으로 절연해야 하는 의료와 원자력 산업에서 사용할 용도로 설계된 특수 부품이다. 예를 들어 센서 회로는 이를 제어하는 컴퓨터에 높은 전압이 가해졌을 때 작동해야 할 수 있다. 절연증폭기는 센서에 전원을 공급해 센서에서 신호를 전송한 뒤 두 부분을 절연해 전류가 장벽을 너머 흐르지 못하도록 할 수 있다.

윗부분을 제거하면 무척이나 놀라운 내부가 드러난다. 가운데에는 환상형 변압기가 자리 잡고 있다. 일반 권선 변압기와 달리 각 권선 루프의 위쪽 절반은 IC 본딩용 전선이며 아래쪽 절반은 세라믹 기판의 후막 트레이스다.

사진에 보이는 증폭기 모듈은 좌우를 잇는 전기적 연결이 없다.
왼쪽이 입력부고 오른쪽이 출력부다.

절연증폭기 내부

변압기 외에도 사진과 같은 하이브리드 회로에서 몇 가지 IC 칩, 다이오드, 트랜지스터를 볼 수 있다. 또한 세라믹 칩 커패시터 두 개와 레이저로 트리밍한 후막 저항기도 여러 개 보인다.

이 장치에서 놓치기 쉬운 특징은 투명 절연 **파릴렌**parylene 플라스틱을 사용해 내부의 모든 표면(본딩용 전선을 포함한 전체)을 무척 얇고 균일하게 코팅했다는 점이다. 이는 정육면체 다이의 본딩용 전선과 모서리를 자세히 살펴보면 알 수 있다. 이를 위해 증기 증착 **등각 코팅**conformal coating 방식을 사용했다. 등각 코팅이란 얼음폭풍이 칠 때 얼음이 나뭇가지와 잎 주위를 완벽히 균일하게 덮는 것처럼 플라스틱이 모든 표면에 고르게 증착하도록 하는 기술을 말한다. 이렇게 코팅을 하면 어느 정도 견고함이 생기며 부품과 연결부 사이에 고전압으로 인해 아크방전arching이 발생하는 것도 막을 수 있다.

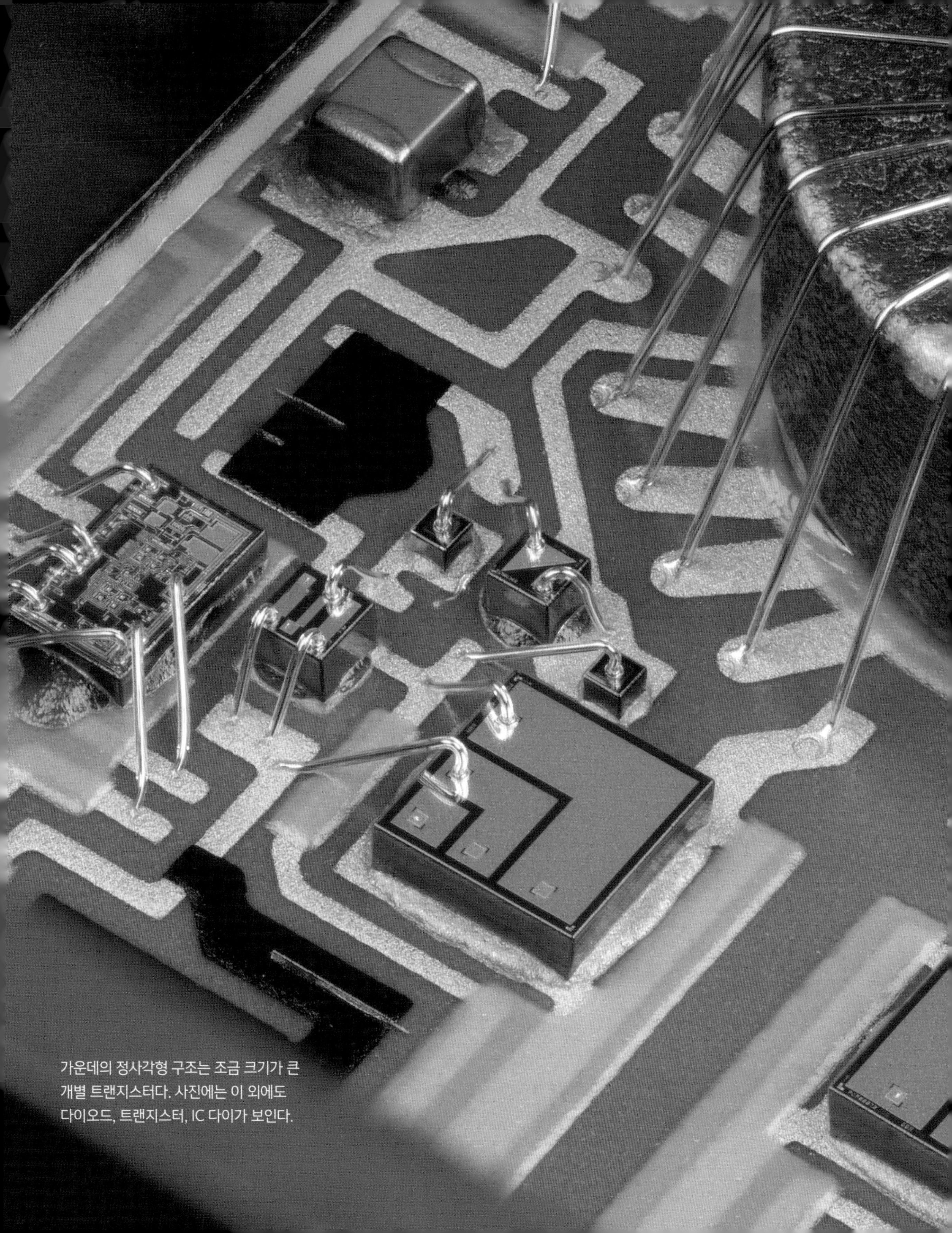

가운데의 정사각형 구조는 조금 크기가 큰 개별 트랜지스터다. 사진에는 이 외에도 다이오드, 트랜지스터, IC 다이가 보인다.

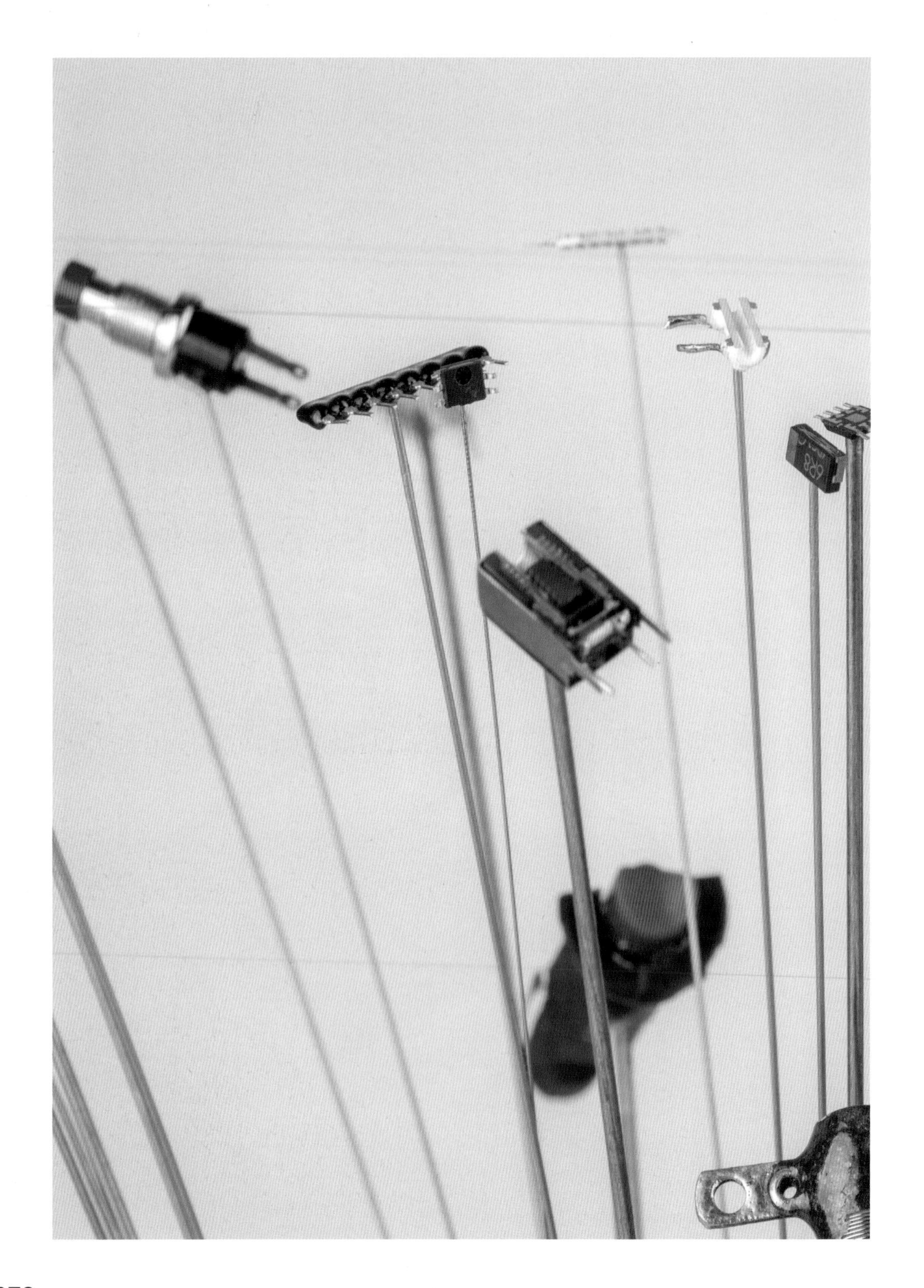
6R8

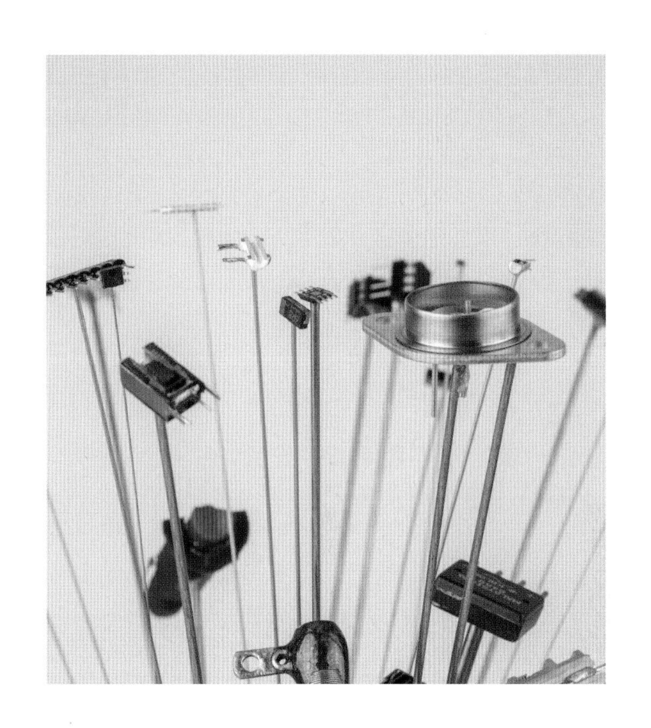

뒷이야기: 단면 만들기
Afterword: Creating Cross Sections

이 책을 집필하는 과정에서 많은 전자부품을 손상했다. 이 장에서는 부품을 자르고 다듬고 닦고 장착하는 일부터 사진을 촬영하고 후처리하는 데 이르기까지 책에 수록한 사진의 촬영 과정을 단계별로 소개한다.

자르고 다듬기

Cutting and Polishing

다양한 주제를 두고 사진을 준비하면서 톱으로 절단하기, 줄 다듬질, 절삭, 샌딩 등의 과정을 거쳤다. 샘플마다 다른 방법으로 접근하면서 검사하고, 시험 삼아 분리해보고, 시각적 효과를 극대화하기 위해 완성본 사진을 어떻게 찍을지 계획했다.

저속 다이아몬드 톱, 다이아몬드 연마 디스크, 면도날, 전동식 샌더, 5,000kg 절삭 기계 등 다양한 장비를 사용했지만 대부분의 경우 인내심을 가지고 우직하게 손으로 사포질하며 공을 들였다.

고운 사포를 작게 잘라 알코올로 적신 뒤 아주 평평한 표면에 대고 사포질했다. 촬영할 부품의 특성에 따라 마지막 사포질에는 600방부터 1만 방의 사포를 사용했다.

다이아몬드 코팅 디스크로 탄소피막 저항기의 세라믹 코어를 절단하는 모습

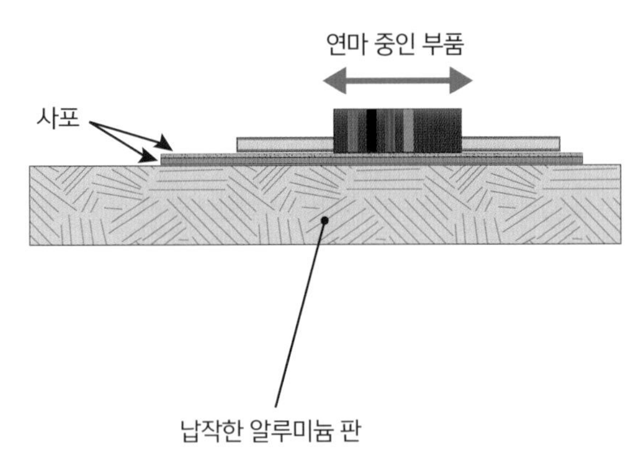

절삭 기계에 달린 솔리드 카바이드 절단기 solid carbide cutter로 3.5mm 오디오 잭을 깔끔하게 절단한다. 잭은 금속 블록에 접착해 단단히 고정했다.

저속 다이아몬드 톱은 보통 재료 분석에 사용한다. 여기서는 조사를 목적으로 EPROM을 자를 때 사용했다.

닦기
Cleaning

사진을 찍기 전에 부품을 닦는 데에도 상당한 준비 시간이 소요됐다.

어떤 빈티지 부품은 반세기 전에 칠한 래커에 먼지가 함께 갇힌 상태로 보존되어 있기도 했다. 그보다 더 문제가 됐던 것은 절단 과정에서 발생하는 플라스틱과 금속, 세라믹, 반도체 가루였다.

부품이 크면 압축 공기와 깨끗하고 건조한 칫솔로 먼지를 턴 다음 먼지 제거용 젤을 사용했다. 작고 민감한 부품은 순수한 이소프로필알코올을 살짝 뿌려 닦은 뒤 에어스프레이로 건조시켰다. 한 가지 까다로웠던 경우를 들자면 본딩용 전선을 닦을 때였는데, 당시 현미경 아래에서 스테인리스 스틸관 손잡이에 고양이 수염 한 가닥을 붙여 만든 솔로 닦았다.

때로 이러한 극단적인 조치를 취했는데도 눈에 보이지 않던 먼지가 고배율로 확대했을 때 보일 가능성은 여전히 있다.

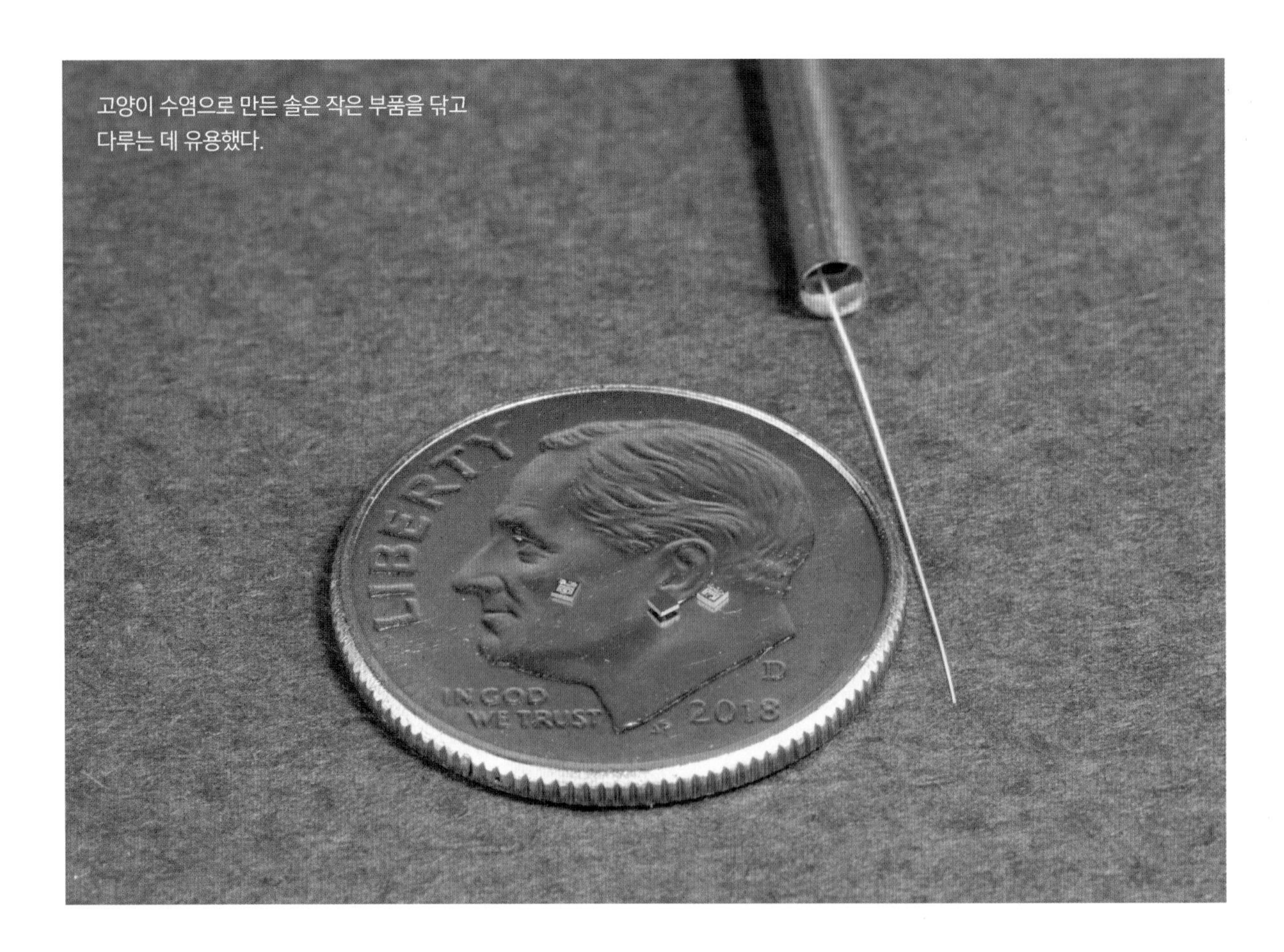

고양이 수염으로 만든 솔은 작은 부품을 닦고 다루는 데 유용했다.

수지 주입하기

Potting

복잡하거나 깨지기 쉬운 샘플 중 일부는 그 상태로 절단했다면 부서졌을 것이다. 128쪽에서 본 스피커가 좋은 예인데 종이로 만든 콘과 얇은 음성 코일은 제자리에 고정시킬 무언가가 없었다면 잘리지 않았을 것이다.

이 경우 절단 과정에서 고정을 위해 부품을 주물용 수지(투명 에폭시)에 담갔다. 주물을 만들기 전에 작은 진공실에 넣어 혼합한 에폭시 수지의 공기를 빼내서 기포의 양과 크기를 상당히 줄였다.

샘플에 수지를 주입하는 방식은 단점도 있기 때문에 가능한 한 사용하지 않으려 했다. 빈 공간을 수지로 채우면 그대로 둘 때보다 결과물이 명확하게 보이지 않는 경향이 있었다.

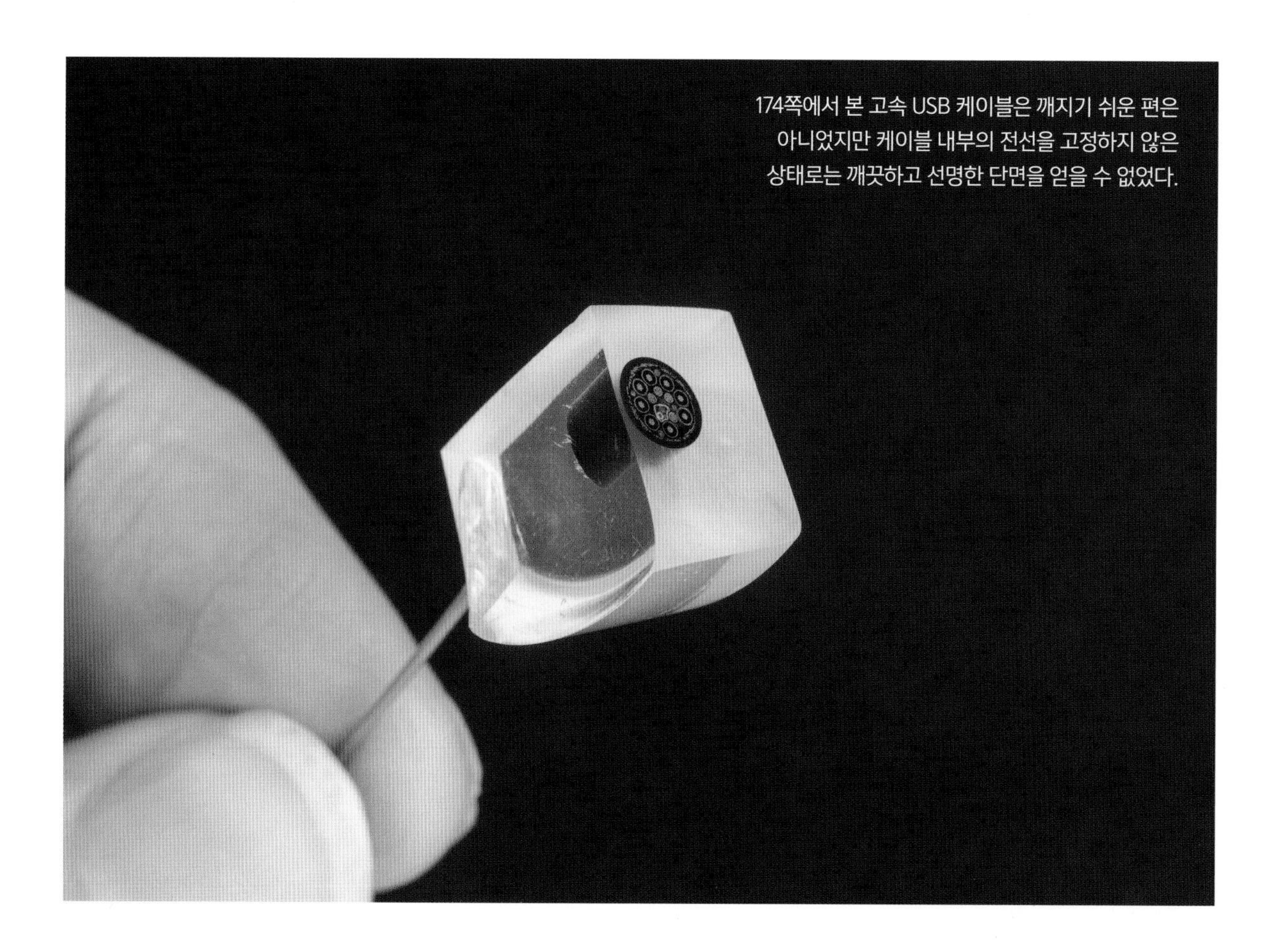

174쪽에서 본 고속 USB 케이블은 깨지기 쉬운 편은 아니었지만 케이블 내부의 전선을 고정하지 않은 상태로는 깨끗하고 선명한 단면을 얻을 수 없었다.

고정하기
Mounting

책에 수록한 많은 사진에서 피사체가 공중에 떠 있는 것처럼 보인다. 이는 포토샵이나 속임수를 사용해서가 아니라 카메라와 피사체의 위치를 신중하게 정해서일 뿐이다.

구부릴 수 있는 팔 네 개와 그 끝에 악어 클립이 달린 쿼드핸드QuadHands 브랜드의 바이스를 사용해 여러 피사체를 고정했으며 대부분의 경우 클립이 화면에 잡히지 않도록 했다. 부품이 작거나 전체가 다 보여야 하는 경우 부품을 금속 지지대에 부착했다. 각도를 신중하게 선택하면 지지대가 거의 보이지 않는다.

아래 사진은 157쪽에서 본 F 커넥터 사진을 찍었을 때의 환경이다. 악어 클립으로 케이블을 고정하고 커넥터는 배경이 되는 종이를 통과한 휘지 않는 스테인리스 강선stainless steel wire에 부착했다. 종이 뒤에서는 악어 클립 두 개로 강선을 제자리에 고정했다.

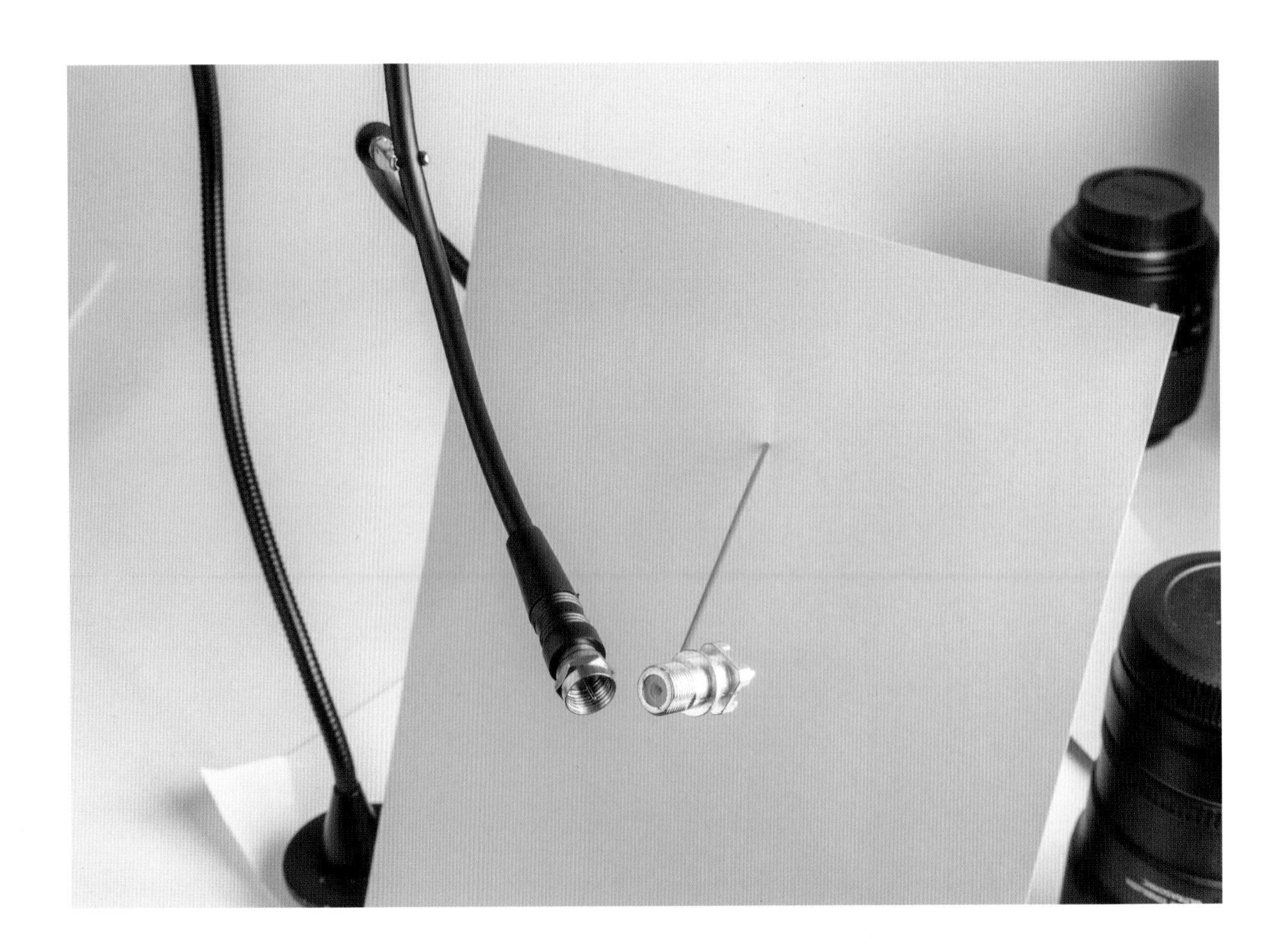

사진 촬영용으로 강선에 접착한 부품이다.
전부 완성 컷에 사용하지는 않았다.

사진 장비

Photographic Equipment

책에 수록한 사진은 심도합성focus stacking 소프트웨어를 사용한 몇 가지 예외를 제외하면 전통적인 방식으로 촬영했다.

사용한 카메라 장비는 다음과 같다.

- 캐논 EOS 7D와 EOS R 카메라와 다음의 렌즈
  - RF 24-105mm f/4-7.1
  - EF 100 mm f/2.8L Macro IS USM
  - EF 28-135 f/3.5-5.6 IS USM
  - MP-E 65mm f/2.8 1-5× Macro
  - TS-E 24 mm f/3.5L II
- 소프트박스 플래시 2개와 원격 셔터가 있는 보조 전원 플래시
- 슬릭Slik 프로 500DX 삼각대
- 액시드로AxiDraw 하드웨어 기반 맞춤형 선형 포커싱 레일과 셔터 릴리스

사용한 소프트웨어는 다음과 같다.

- 헬리콘 리모트Helicon Remote
- 프로세싱Processing

이 사진을 찍기 위해 위에 수록하지 않은 여섯 번째 렌즈를 사용했다.

카메라 아래의 하드웨어는 선형 포커싱 레일이다.
카메라 전원, 셔터, 데이터 판독을 위한 케이블도 보인다.

리터칭

Retouching

책에 수록한 사진은 어도비 라이트룸Adobe Lightroom을 사용해 수집하고 처리했다. 일부 동일한 과정(암실과 화학 물질이 있던 시절에 현상developing이라고 부르던 과정)은 기본적으로 모든 사진에 일관적으로 적용했다. 이 과정에는 렌즈 프로필의 수정뿐 아니라 자르기와 회전, 화이트 밸런스, 밝기, 대비 및 전체 톤의 조정도 포함된다.

대부분의 사진은 라이트룸으로 어느 정도 얼룩을 제거하는 작업을 거쳤다. 이를 통해 미세한 먼지와 센서의 먼지 등 카메라에서 생긴 흔적을 제거하고 샘플 준비 과정과 일반적인 흠집에서 생기는 인공적인 흔적을 줄였다. 아래의 전후 사진을 예로 들 수 있다.

디지털 에어브러싱같이 손이 많이 가는 리터칭 기술은 거의 사용하지 않았다. 책에 수록한 부품 각각이 지닌 시각적 특성을 충실히 보존하고자 노력했다.

라이트룸으로 얼룩을 제거하기 전

라이트룸으로 얼룩을 제거한 후

확대 촬영기법

About Macro Photography

책에 수록한 접사촬영 사진은 **확대 촬영기법**의 예다. 확대 촬영기법은 매크로 포토그래피라고도 하며 이미지를 실제 피사체보다 크게 촬영하는 방식이라고 느슨하게 정의할 수 있다.

확대 촬영기법으로 찍은 사진에서는 피사체가 카메라 렌즈에 아주 가까이 있으며 초점을 맞출 수 있는 거리 범위가 매우 좁은 경향이 있다. 이러한 경우를 **피사계 심도**depth of field가 얕다고 한다.

카메라 배율이 최대일 때 피사계 심도가 최대가 되도록 하려면 카메라 조리개를 최소화해도 한 번에 초점이 맞는 거리 범위가 약 0.25mm(약 0.01in)에 불과할 수 있다.

얕은 피사계 심도는 확대 촬영기법의 특성으로 잘 알려져 있으며 피사계 심도가 얕은 거대한 사진은 미니어처처럼 보이기도 한다. 이를 소위 **디오라마 착시현상**diorama illusion이라고 한다.

디오라마 착시현상 때문에 피사계 심도가 얕은 이 사진이 철도 모형의 배경처럼 보인다.

심도합성

Focus Stacking

책에 수록한 사진 중 다수는 헬리콘 포커스Helicon Focus를 사용해 처리했다. 헬리콘 포커스는 심도가 얕은 여러 이미지를 결합해 심도가 깊은 하나의 이미지를 생성하는 컴퓨터 이미지 처리 기술인 **심도합성**을 전문으로 하는 소프트웨어 응용 프로그램이다. 심도합성은 사진을 분석해 초점이 맞는 부분을 식별한 뒤 해당 영역을 함께 결합하는 방식을 이용한다. 이는 소프트웨어로 사진을 연결해 파노라마를 만드는 방식과 유사하다.

심도합성으로 선명도가 높고 피사계 심도가 깊은 이미지를 생성할 수 있지만 최상의 결과를 얻으려면 복잡한 설정이 필요하다. 이를 위해서는 사진을 촬영할 때 동일한 간격만큼 떨어진 위치에서 동일한 노출을 줘야 한다. 피사계 심도가 1mm 미만이면 카메라 위치를 변경할 때 무척 주의해야 한다. 책에 수록한 부품을 촬영할 때는 맞춤형 소프트웨어 외에 자동 선형 모션 스테이지를 함께 사용해서 카메라를 한 방향으로 아주 조금씩 정밀하게 옮기면서 사진을 찍었다.

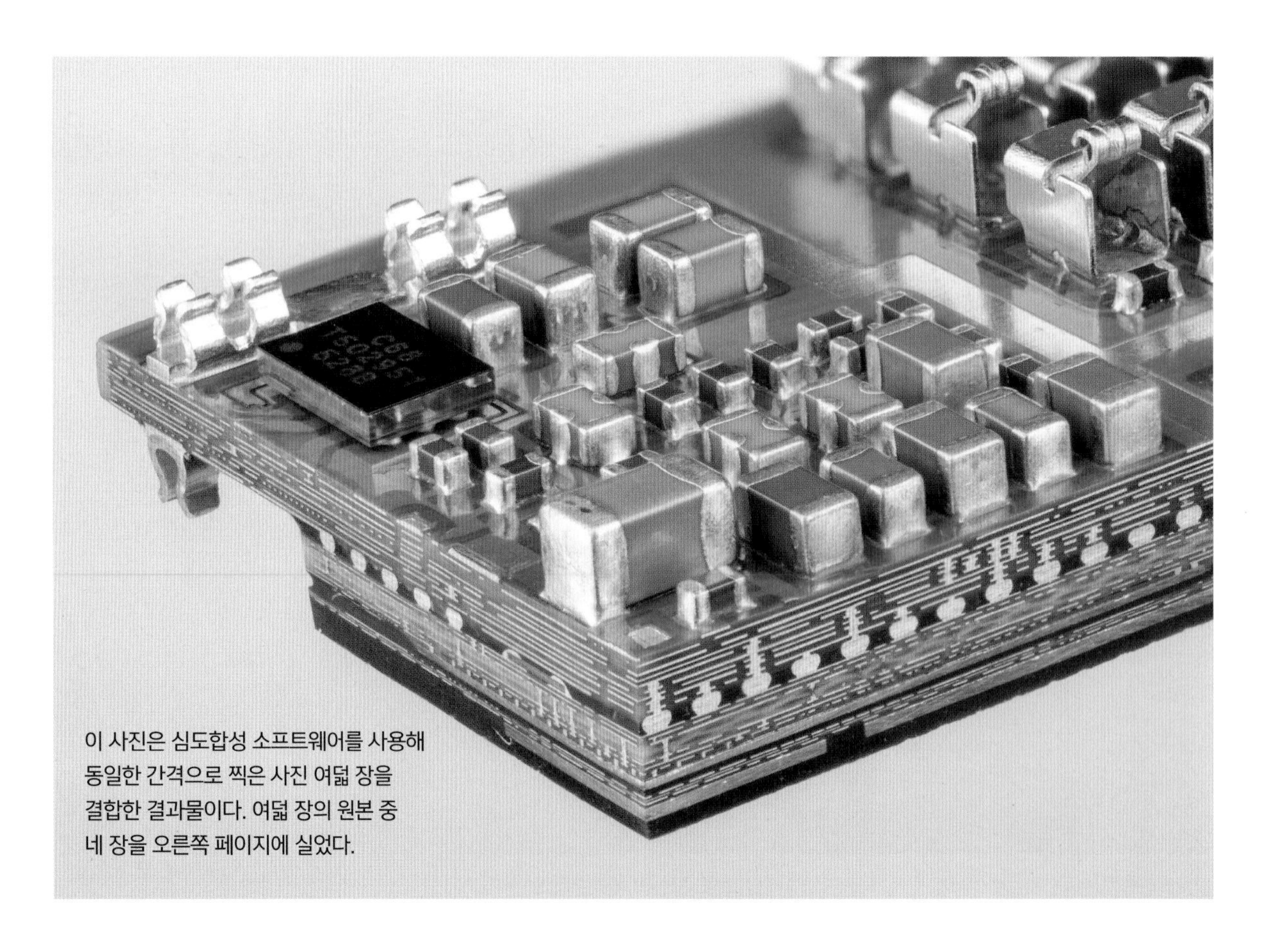

이 사진은 심도합성 소프트웨어를 사용해 동일한 간격으로 찍은 사진 여덟 장을 결합한 결과물이다. 여덟 장의 원본 중 네 장을 오른쪽 페이지에 실었다.

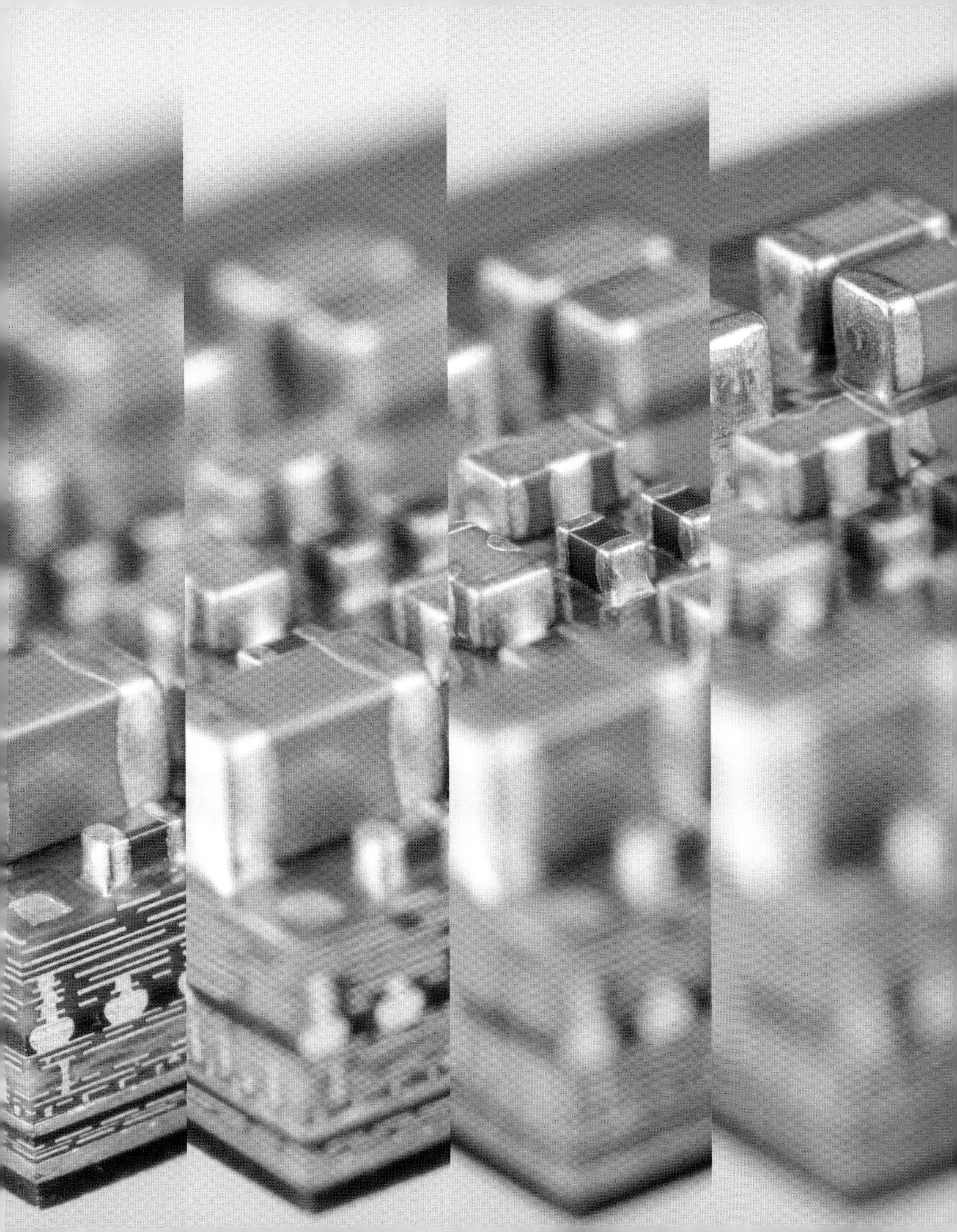

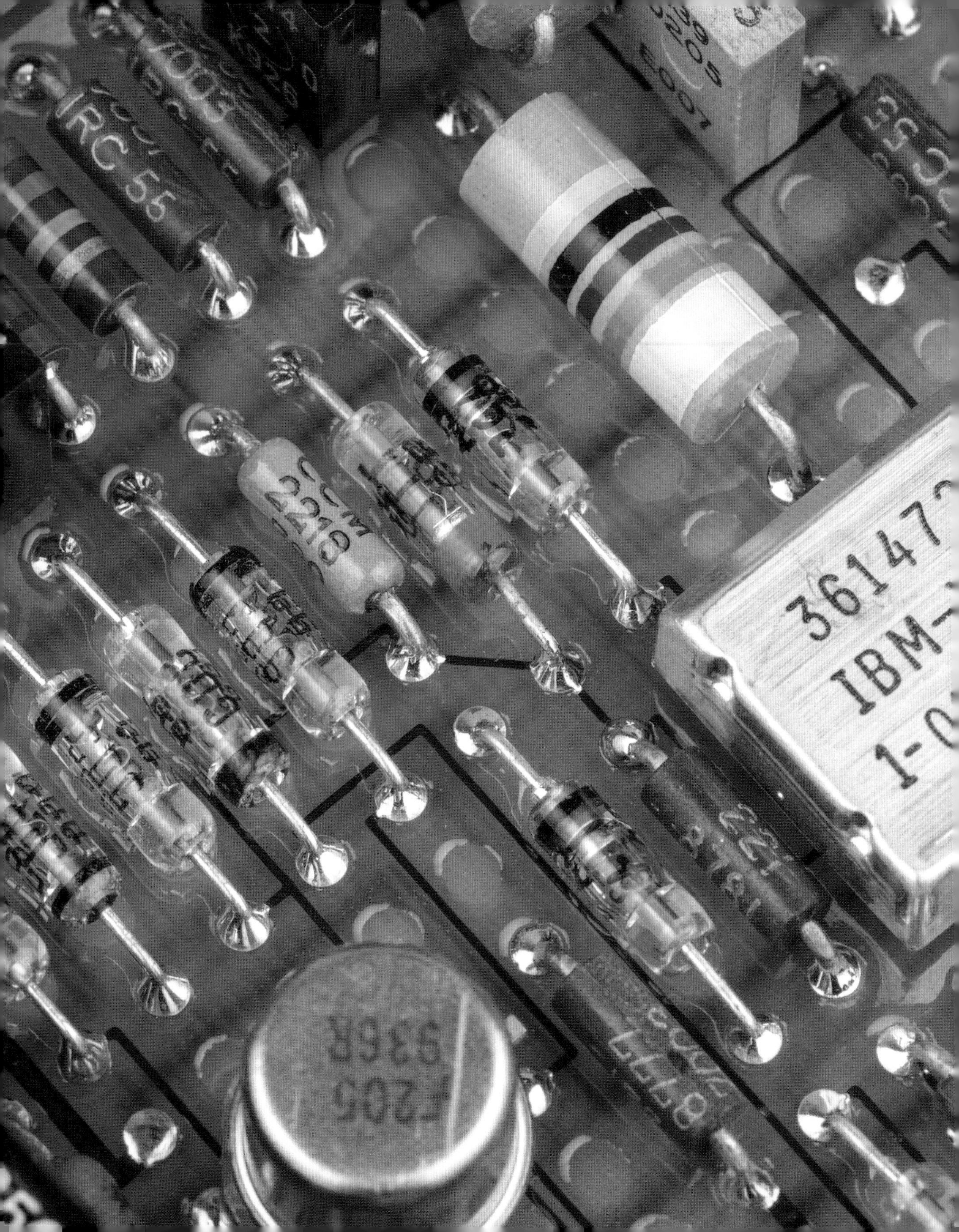
IRC 55
2218
36147
IBM-
1-0
936R
F205

용어집

가변저항기potentiometer

단자가 세 개이고 조정이 가능한 저항기다.

게르마늄germanium

화학 원소로, 실리콘과 유사한 반도체 재료다.

고정자stator

모터에서 움직이지 않는 부분을 가리킨다.

교류전류alternating current(AC)

직류전류(DC)와는 반대로, 양과 음을 부드럽게 오가며 전류를 밀어내고 당기는 전기 신호를 가리킨다. 대부분의 벽 콘센트 및 전력 전송 시스템에서 교류를 사용한다.

권선winding

솔레노이드에 여러 번 감을 수 있는 개별 전선을 가리킨다.

극pole

스위치 또는 릴레이 내의 접촉 단자다.

기판substrate

위에 무언가가 올라가는 판을 가리킨다.

다이die

주로 실리콘으로 만든 반도체 재질의 얇은 직사각형 모양 블록이다. 여러 개의 다이는 때로 '다이스'라고 불린다.

다이오드diode

전류가 한 방향으로만 흐르도록 하는 전자부품이다.

단자terminal

부품을 회로의 다른 요소와 연결할 수 있는 지점이다.

도금된 스루홀plated through hole

인쇄회로기판에 뚫은 구멍이다. 구멍 내부 표면이 구리로 도금되어 있어 기판의 면 사이에 연결을 제공한다. 비아가 그 예다.

동축coaxial

동일한 중심 축을 공유한다는 의미다.

땜납solder

저융점 금속 합금으로, 그 종류는 다양하다. 회로기판의 부품 간, 때로는 부품 내부에 전기적 연결을 형성하는 데 사용한다.

땜납방지막solder mask

땜납이 흐르는 위치를 제어하기 위해 회로기판에 도포하는 절연 수지다. 주로 밝은 색상을 띠며 대부분의 회로기판이 초록색인 것은 땜납방지막 때문이다.

레이저 다이오드laser diode

레이저 빛을 방출하는 특수한 유형의 발광 다이오드다.

리드 프레임lead frame

핀으로 패키징된 집적회로 패키지의 금속 형태 구조물로, 패키지를 보호하고 내부를 외부 회로나 기판과 연결하는 역할을 한다.

바이메탈 판bimetallic strip

열팽창률이 서로 다른 두 가지 금속으로 만든 얇은 금속 구조로, 온도가 변할 때 구부러진다.

바이폴라 접합 트랜지스터bipolar junction transistor(BJT)
기본적인 트랜지스터 유형으로, 주로 작은 전기 신호의 증폭기나 스위치로 사용한다.

박막thin film
스퍼터링(진공 증착)된 전도성 또는 저항성 물질의 초박막 층에 식각된 패턴을 기반으로 하는 회로 제작 기술이다.

발광 다이오드light-emitting diode(LED)
전기가 흐르면 빛을 발하도록 설계된 다이오드다.

발진기oscillator
일정한 간격 또는 일정한 주파수로 출력 신호를 생성하는 회로 소자다. 클록 신호의 소스로 많이 사용된다.

베이클라이트bakelite
주로 고전 전자제품의 절연체 또는 하우징으로 사용하는 페놀 기반 플라스틱 수지다.

변압기transformer
하나 이상의 권선으로 구성된 솔레노이드로, 전기적 절연 또는 전류용량의 트레이드오프로 전압을 높이거나 낮추기 위해 사용된다.

보빈bobbin
전선이 감겨 있는 스풀이다.

복합체composite
다른 재료나 부품으로 이루어진 재료 또는 부품을 가리킨다.

본딩용 전선bond wire
반도체 다이에 직접 연결할 수 있는 초박형 금속 전선이다.

볼 그리드 어레이ball grid array(BGA)
회로기판에 연결할 때 패키지 하부에 있는 솔더볼 배열을 사용하는 부품 패키지다.

브러시brush
스프링이 장착된 부품으로, DC 모터 안에서 움직이는 부분과 정지된 부분을 전기적으로 연결한다.

브러시리스brushless
브러시가 없는 전동 모터로, 회전하는 권선 대신 회전하는 자석을 사용한다.

비아via
회로기판의 구리 층을 연결하는 도금된 스루홀이다. 비아를 통해 신호가 한 층에서 다른 층으로 이동할 수 있다.

서멧cermet
세라믹과 금속으로 만든 복합 재료다.

센서sensor
온도나 빛의 밝기 같은 물리적 특성을 측정하거나 카메라 센서처럼 이미지를 기록하는 전자부품이다.

솔레노이드solenoid
릴레이나 스피커 등에서 전자석으로 사용되는 전선 코일이다.

스루홀through hole
회로기판에 부품을 납땜하는 방법이다. 부품에는 기판에 뚫린 구멍을 통과하는 리드선이 있다.

스퍼터링sputtering
물질을 표면에 증착하기 위한 정밀 공정으로, 진공실에서 수행된다.

스프링 핑거spring finger

스프링이 장착된 전기적 접점으로, 일관된 연결을 만들도록 배치된다.

실드shield

전자기 간섭을 줄이는 데 사용하는 얇은 금속 장벽이다. 들어오는 신호나 내부에서 방출되는 신호를 줄이는 데 도움이 된다.

실리콘(규소)silicon

집적회로를 제작할 때 반도체 재료로 가장 많이 사용하는 화학 원소다.

실리콘silicone

실리콘을 포함하는 화학 물질로 만든 합성 폴리머다. 실리콘 고무는 부드럽고 고무 같은 재질로, 부품을 밀봉하는 용도뿐 아니라 욕실 코킹재로도 사용한다.

애노드anode

양극과 음극이 있는 부품에서 양극 부분을 가리킨다. 음극 부분은 '캐소드'라고 한다.

양극 산화anodization

알루미늄이나 탄탈럼 같은 금속에 사용되는 전기화학 공정으로, 외부 표면을 표면적이 큰 금속산화물로 변환한다.

와이퍼wiper

가변저항기의 중앙 단자와 같이 움직일 수 있는 접점이다.

유전체dielectric

전기를 전도하지 않는 재료다. 더 높은 전압을 견디거나 커패시터처럼 저장할 수 있는 전기장의 양을 늘리는 등 용도에 따라 다양한 유전체를 선택할 수 있다.

음성 코일voice coil

스피커에 들어 있는 전선 코일로, 전류가 인가되면 움직인다. 동일한 원리로 작동하는 선형 모터와 회전 모터를 가리키기도 한다.

인광체phosphor

가시광선을 방출하는 다양한 화합물이다(일부는 전자와 충돌할 때, 일부는 가시광선 또는 비가시광선에 부딪힐 때 방출한다). 백색 LED, 음극선관이나 진공 형광 디스플레이와 같이 빛을 발하는 진공관 등에 중요하게 사용된다.

인덕터inductor

자기장 형태로 에너지를 저장하는 부품이다. 일반적으로 구리 전선이 페라이트에 감긴 형태다.

자극편magnetic pole

자석에서 자기장이 가장 강한 끝부분 또는 이 부분과 접촉하는 강자성 물질의 조각이다.

자철선magnet wire

보통 구리로 된 단선이며 매우 얇은 코팅 층으로 절연되어 있다. 인덕터와 스피커를 비롯한 전자기 장치에 널리 사용한다.

재배선 층redistribution layer(RDL)

연결 수가 많은 집적회로 패키지에서 리드 프레임의 대안으로 사용하는 소형 회로기판이다.

저항기resistor

전류의 흐름을 제한하고 열의 형태로 에너지를 발산하는 부품이다. 수도관의 좁은 부분에 비유할 수 있다.

전극electrode

유전체 등 부품의 비금속 부분에 접촉하는 전기 전도체다. 또한 진공 내에서 전자를 방출하거나 수집하는 전기 전도체를 가리키기도 한다.

전기적 절연electrical isolation

전선을 연결하는 전기 전도성 경로 없이 전선 간에 전력이나 신호를 전송함을 의미한다. 갈바닉 절연이라고도 한다.

전류current

전하가 회로를 통해 흐르는 속도다. 수도관에 물이 흐르는 속도에 비유할 수 있다(예: 분당 리터).

전압voltage

회로 두 지점 사이의 전위차를 의미하며 전하가 이동하도록 하는 원인이다. 수도관을 흐르는 수압에 비유할 수 있다.

전해질electrolyte

전기 전도성 유체다.

절연체insulator

전기를 전도하지 않는 재료다.

정류기rectifier

교류전류(AC)를 직류전류(DC)로 변환하는 데 사용하는 다이오드다.

직류전류direct current(DC)

교류전류(AC)와는 반대로 전류가 한 방향으로만 흐르는 전기 신호를 가리킨다. 배터리와 대부분의 플러그형 전원 공급 장치에서 DC를 출력한다.

집적회로integrated circuit(IC)

트랜지스터와 저항기 등 여러 소자를 하나의 반도체 다이에 함께 제작해 만든 회로다.

칩chip

통상적으로 집적회로를 가리키는 구어 표현으로, 실리콘 칩을 의미한다.

캐소드cathode

양극과 음극이 있는 부품에서 음극 부분을 가리킨다. 양극 부분은 '애노드'라고 한다.

커패시터capacitor

정전기 형태로 에너지를 저장하는 부품으로, 주로 유전체로 분리된 금속판으로 만든다.

트랜지스터transistor

하나의 전기 신호가 다른 전기 신호를 제어하도록 하는 반도체 부품으로, 단자가 세 개다.

트레이스trace

회로기판에 포함된 개별 전선을 가리킨다.

페놀phenolic

베이클라이트처럼 초기 전자부품의 패키지와 회로기판에 많이 사용하는 화합물의 일종이다. (페놀 수지를 포함하지 않더라도) 회로기판 등 특정 복합 재료를 지칭하기도 한다.

페라이트ferrite

철 산화물로 채워진 세라믹이다.

포토다이오드photodiode

빛에 닿으면 전기 신호를 생성하는 다이오드의 일종이다. 광검출기로 많이 사용하며 태양광 패널의 기초로도 사용한다.

포토트랜지스터phototransistor

빛에 닿으면 전기 신호를 생성하고 그 결과 신호를 증폭하는 트랜지스터의 일종이다.

표면실장surface mount

부품을 회로기판 한 면에 바로 납땜하는 연결 방식이다.

필터filter

특정 유형의 전기 신호 또는 빛 파장만 통과하도록 하는 장치로, 공기 필터 또는 정수 필터에 비유할 수 있다.

하이브리드 회로hybrid circuit

여러 부품이 모여 구성된 부품이다. 예를 들어 집적회로와 수동소자, 이를 연결하는 세라믹 또는 유리섬유 회로기판으로 구성된다.

회전자rotor

모터에서 회전하는 부분을 가리킨다.

후막thick film

세라믹 기판 위에 (도자기 유약처럼 소성된) 실크스크린 처리된 전도성 및 저항성 필름을 사용하는 회로 제작 기술이다.

USBuniversal serial bus

컴퓨터와 주변기기 사이의 통신을 위한 케이블, 커넥터 및 프로토콜에 대한 컴퓨터 산업 표준이다.

E 3
E 4
130Ω2
P M S 14 × 8 × 4 D
PMS 8×14×4D
URO 2-T2
2 4 6 8 10 12 14 C 13 11 9 7 5 3 1
H

찾아보기

한글

ㅅ

ㅇ

영문